よくわかる 計算問題の 解き方

第3次改訂版

第一種冷凍機械及び
第二種冷凍機械資格
取得への近道

KHK
高圧ガス保安協会

監修のことば

　冷凍機械に関する高圧ガス製造保安責任者の資格を取得するために受験する国家試験では、法令に対する正しい知識と保安管理技術および学識として冷凍装置の原理と機能についての理解度を確認することが目的である。第一種冷凍機械および第二種冷凍機械の問題には、いわゆる計算問題がかなりの部分を占めるが、選択式であっても正解を見付けるのに計算が必要なものも少なくない。

　熱は高温から低温に伝わるという一般の常識に反して、冷凍では低温部の熱を高温部に送ることを目的としているので、それがどのような原理で実現できるのかについて正しく現象を理解することが問題を解く上で最も重要な出発点である。

　熱力学では、加熱、冷却における熱の移動量や蒸発、凝縮における潜熱の移動量を定量的に表現する数式が定義されており、計算問題ではそれを如何に上手く応用するかを問うものである。これは、使い方を単に理解しただけでは必ずしも正しく解けるとは限らず、色々な演習問題を多く解くことによって正しい式の使い方を会得することが計算問題を解く鍵なのである。いきなり解答を見るのではなく、自分で解いてみて解答と照合することによって自分の理解度を確認する方法が理解向上には効果的である。

　「昔から数学は苦手なのだ」という人は多いが、この計算問題は数学の問題ではなく、冷凍サイクルの能力を定量的にわかりやすく表現するための計算であるとすれば、むしろそれによって冷凍機械に対する定量的な理解を更に深めることができるはずである。

　そのような人も計算問題を容易に理解できるようになる手助けを目的として本書は編纂されている。

　本書では、過去に出題された問題が収録されているので、これから国家試験を受験される諸氏にとっては出題のポイントを理解する上でも参考になる。しかし、同時に本書は冷凍技術に関する基本的な知識が網羅されているので、受験者に限らず現場の技術者にとってもわかりやすい解説書であるので、日常業務の上でも積極的に利用されることを期待している。

東京工業大学名誉教授

大　島　榮　次

はじめに

　高圧ガス製造保安責任者の資格のうち、第一種冷凍機械については国家試験および講習・検定において従来はすべて記述式の出題形式を採用していたが、平成17年度以降は、国家試験および講習・検定の「保安管理技術」の科目は選択式に変わった。したがって、ハードルが高いのは「学識」の科目の計算問題であると考えている人も多いのではないだろうか。実際、「学識」の80％程度は計算問題に配点されているので、これが合格点（満点の60％）に達しなければ、全体の合格は難しくなることは確かである。

　しかしながら、出題されているものは冷凍装置の保安管理を行う上で有用な機械工学の基礎的な学識とその応用力、思考力を問うものが多く、少々努力して工業高校レベルプラスアルファの理解が得られれば、それほど難しいものではない。

　一方、第二種冷凍機械については国家試験および講習・検定において従来から選択式の出題形式を採用しているが、「学識」の20〜30％程度が計算問題に配点されていて決してその比重は軽くなく、計算問題の理解は合格に必須であるともいえる。

　出題内容はもちろん第二種冷凍機械のほうがやさしく基礎的な問題であり、第一種冷凍機械はこの基礎の上に応用および複数の知識の組合せなどにより高度なものになっている。しかし、出題実績からいえば、出題範囲はそれほど大きく違わないので、本書は第一種冷凍機械・第二種冷凍機械を一括して編集してある。

　本書は、過去20年位遡って、出題された第一種冷凍機械および第二種冷凍機械の問題を分類、整理し、典型的な解き方、着眼点などをやさしいものからやや高度なものまで順を追って説明したものであり、例題で典型的な問題の解き方を理解し、豊富な演習問題で応用力を高められるようになっている。これから第一種冷凍機械または第二種冷凍機械の資格取得を目指す人、第二種冷凍機械をもっていて第一種冷凍機械に興味をもっている人などに読んでもらい、自信をもって挑戦する人が増え、それによって高圧ガス保安のレベルが少しでも高くなることを期待して書いたものである。

　本書で勉強することが、単に計算力をつけるだけではなく、計算結果から法則類の定量的な理解と確認がされ、それが現場の保安管理に活かされていくことも併せて願うものである。

　なお、受験者が本書の内容を理解しやすいように、計算式に用いる量記号や、その説明のための冷凍サイクルの機器フロー図、$p-h$ 線図などについては、社団法人

日本冷凍空調学会※の承諾を得て、主に講習会で使用している社団法人 日本冷凍空調学会編集・発行の冷凍受験テキストから引用している。

　ここに、社団法人 日本冷凍空調学会の関係者に深く感謝の意を表します。

2011 年 7 月 29 日

宇野　洋　　田中　豊

※　現（公益社団法人）日本冷凍空調学会

本書の使用にあたっての注意事項

1
収録範囲

本書は計算問題の解き方を解説したものです。第一種冷凍機械の学識の問題には、計算問題以外に文章で記述することを求める問題もあります。また、第二種冷凍機械の学識の問題には、計算問題以外に文章形式の択一式問題が出題されていますので、本書以外に講習テキストなども併せて学習される必要があります。

2
例題、演習問題の形式

第二種冷凍機械の実際の問題は択一式で出題されていますが、本書は計算問題の演習書であり、解き方に重点をおいていますので、例題および演習問題は択一式の形式はとっていないものがほとんどです。

3
問題の種類の区別

第一種冷凍機械または第二種冷凍機械について、出題頻度の高かった節・項および例題・演習問題の出典を次のように表示してあります。狙う資格または目的に応じて活用してください。

第一種冷凍機械　→　　一冷

第二種冷凍機械　→　　二冷

なお、実際には出題されていない創作問題については、著者の判断で相当すると思われる資格の種類を（　二冷　）のように括弧書きで示してあります。

4
例題の表示

目次には例題の内容がわかるように示してありますので、特に学習したい部分の選択などに活用してください。

5
出題された出典の表示

次のように表しています。

なお、出題された問題の分割、簡略化、または表現を変えて使用しているものは「類似」としています。

(1) 国家試験の表示例

令和 2 年度　第一種冷凍機械　→　R 2 一冷国家試験

平成 20 年度　第二種冷凍機械　→　H20 二冷国家試験

(2) 講習・検定の表示例

平成 15 年度　第一種冷凍機械　　　　　→　H15 一冷検定

平成 21 年度第 1 回　第二種冷凍機械　→　H21-1 二冷検定

3章 伝 熱

■ 演習問題の解答

■ 付録　よく使われる数学の公式

1章

単位および冷凍の原理

　この章では、計算問題を解くにあたって必要な基礎知識として、冷凍関係で用いられる単位のSI、冷媒の状態変化および冷凍の原理について述べる。

　これらの基礎知識は、次章以降の計算問題を解くために必要な基礎知識であり、十分理解しておく必要がある。

1 単 位

1・1・1 SI 単位

　高圧ガスの計算には、「世界共通に使える実用単位系」である国際単位系(**SI**)が主に用いられる。

　SI には 7 個の**基本単位**があるが、冷凍関係では右表のように 4 個の基本単位が主に使用される。

　これらの単位を組み合わせることによって、他の必要な単位(**組立単位**)を表すことができる。例えば、「単位質量当たりの体積」である比体積は基本単位を使って m^3/kg となる。

SI 基本単位

量	単位の名称	記 号
時　間	秒	s
長　さ	メートル	m
質　量	キログラム	kg
熱力学温度(絶対温度)	ケルビン	K

　また、圧力の単位の Pa(パスカル)のように、固有の名称が付けられているものもある。

　冷凍関係の計算でよく使われる組立単位の代表的なものを下表に示す。

代表的な SI 組立単位

量	単位の名称	記 号	備 考
面　積	平方メートル	m^2	
体　積	立方メートル	m^3	
速さ、速度	メートル毎秒	m/s	
加速度	メートル毎秒毎秒	m/s^2	
密　度	キログラム毎立方メートル	kg/m^3	
比体積	立方メートル毎キログラム	m^3/kg	
流量(体積流量)	立方メートル毎秒	m^3/s	
質量流量	キログラム毎秒	kg/s	
力	ニュートン	N	$kg \cdot m \cdot s^{-2}$
圧力、応力	パスカル	Pa	$Pa = N/m^2$
セルシウス温度	セルシウス度	℃	
エネルギー、仕事、熱量	ジュール	J	$J = N \cdot m$
工率、仕事率、動力	ワット	W	$W = J/s$
熱伝導率	ワット毎メートル毎ケルビン	$W/(m \cdot K)$	
熱伝達率、熱通過率	ワット毎平方メートル毎ケルビン	$W/(m^2 \cdot K)$	
比熱容量、比熱	ジュール毎キログラム毎ケルビン	$J/(kg \cdot K)$	

　また、数値が小さなもの、または大きなものに対応して、単位に付記して使うメガ($M = 10^6$)、キロ($k = 10^3$)などの**接頭語**がある。

1・1・2 主な単位

(1) 温度の単位

温度の単位としては、**ケルビン**(K)のほか、**セルシウス度**(℃)も使われる。

ケルビン T (K)とセルシウス度 t (℃)の関係は

$$t = T - 273^{※} \quad\text{..} \quad (1.1)$$

である。

また、温度差の場合は、ΔT (K) $= \Delta t$ (℃)である。

(2) 力、圧力、応力の単位

力 F は、質量(kg)と加速度(m/s^2)の積であり、その単位は**ニュートン** N(N = kg·m/s^2)である。

また、**圧力**は、単位面積(m^2)当たりに作用する力(N)であり、その単位は**パスカル** Pa (Pa = N/m^2) である。

圧力の表し方には、絶対真空をゼロとして表す**絶対圧力**と、大気圧をゼロとして表す**ゲージ圧力**があり、絶対圧力 p とゲージ圧力 p_g との関係は、大気圧を p_a とすると

$$p_g = p - p_a \quad\text{..} \quad (1.2)$$

である。

例えば、絶対圧力 1 MPa をゲージ圧力に換算する場合、大気圧はおよそ 0.1 MPa(絶対圧力)$^{※※}$であるから、ゲージ圧力 p_g の値は、式(1.2)から次のようになる。

$$p_g = (1 - 0.1)\,\text{MPa(ゲージ圧力)} = 0.9\,\text{MPa(ゲージ圧力)}$$

ガスの圧縮の際、圧縮機の吐出し圧力 p_d と吸込み圧力 p_s の比(p_d/p_s)を圧力比(圧縮比)といい、冷凍関係でもよく計算に用いられるが、これに用いる圧力は絶対圧力であり、ゲージ圧力ではないので理解しておく。

また、Pa は応力 (応力の定義については 6・1・1 項参照) の単位としても使われるが、応力の単位は本書では 1 mm^2 当たりの力 N/mm^2 を用いる。1 N/mm^2 は次に示すように 1 MPa と等しい。

$$1\,\text{N/mm}^2 = 1 \times 10^6\,\text{N/m}^2 = 1 \times 10^6\,\text{Pa} = 1\,\text{MPa}$$

(3) エネルギー、仕事、熱量の単位

SI では**仕事**や**熱量**などのエネルギーの単位には、**ジュール**(J)が使われる。1 ジュール (J)

※　厳密には $t = T - 273.15$。実用上は 273 を使用しても誤差は少ない。

※※　標準的な大気圧の値として**標準大気圧**が用いられており、標準大気圧 = 101.3 kPa = 0.1013 MPa である。

は、物体に1Nの力が作用して、距離1mを動かす仕事であり、J＝N·mである。冷凍の計算によく用いられる**比エンタルピー**は、単位質量当たりのエンタルピー（エンタルピーの定義については2·2·1項参照）で、単位としては主にkJ/kgが用いられる。冷媒1kgがもっているエネルギー（熱量）と考えるとよい。

また、単位時間に移動するエネルギーを**仕事率**、**動力**などといい、その単位は**ワット**（W＝J/s）である。冷凍関係では圧縮機の軸動力、冷凍能力、凝縮負荷などの単位として使われ、接頭語を使ってkW（＝kJ/s）の単位がよく用いられる。

また、冷凍関係で使われる1**日本冷凍トン**（1 JRt）とは、0℃の水1000 kgを1日（24時間）で0℃の氷にする場合の冷凍能力の単位のことで

$$1 \text{ JRt} = 13900 \text{ kJ/h} \fallingdotseq 3.861 \text{ kW} \quad \cdots\cdots\cdots\cdots (1.3)$$

である。

1 2 冷媒の状態変化

一冷 二冷

熱の授受の役割をする冷媒は、冷凍装置の中で圧縮、冷却、加熱などの作用を受けて、液体、気体などに状態変化する。

本節では、**p–h線図**を用いてこれらの状態変化を理解する。

p–h線図は、縦軸を圧力p（MPa絶対圧力）、横軸を比エンタルピーh（kJ/kg）とし、飽和液線、乾き飽和蒸気線のほか、無数の等温線t、等比体積線v、断熱圧縮線（等比エントロピー線）s、等乾き度線xなどを書き込んだものであり、冷媒の熱力学的状態値を読み取れるようにしてある。

この線図において、冷媒を一定圧力下で加熱して状態aからeまで変化させたときの状態変化を、一定質量の可動ピストンを有するシリンダを例にとって説明する。

冷媒は、状態aでは液体であり、**飽和液**（蒸

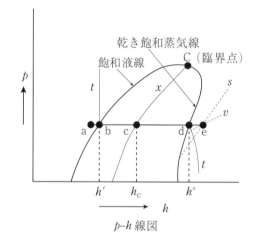

p–h線図

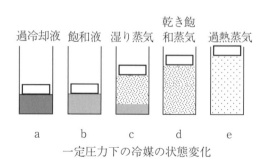

一定圧力下の冷媒の状態変化

発直前の状態）b より温度の低い**過冷却液**である。状態 c は**湿り蒸気**であり、飽和液と乾き飽和蒸気が混在している状態である。状態 d は冷媒が蒸発してすべて蒸気になった**乾き飽和蒸気**の状態である。また、状態 e は乾き飽和蒸気 d より温度の高い**過熱蒸気**である。

　ある一定圧力における上記の飽和液と過冷却液との温度差を**過冷却度**、また、乾き飽和蒸気と過熱蒸気との温度差を**過熱度**という。

　なお、定圧変化では、加えた熱量 Q はエンタルピーの増加 ΔH に等しいので、冷媒が a から e へと変化するとき、加えた熱量に比例して比エンタルピー h が増加することになる。

　また、湿り蒸気のうちの乾き飽和蒸気の質量割合を**乾き度**といい、状態 c の冷媒の乾き度 x_c は次式で表される。

$$x_c = \frac{h_c - h'}{h'' - h'} \quad\cdots\cdots\cdots\cdots\cdots\cdots\cdots\cdots\cdots\cdots\cdots\cdots\cdots (1.4)$$

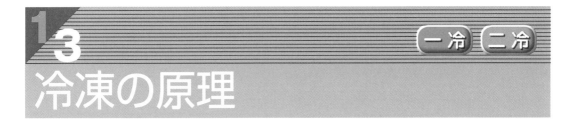

　式(1.4)については、乾き度の定義から湿り蒸気 1 kg の中には、比エンタルピー h'' の乾き飽和蒸気が x_c kg、比エンタルピー h' の飽和液が $(1 - x_c)$ kg 含まれるから、乾き度 x_c の湿り蒸気の比エンタルピー h_c は次の式で表される。

$$h_c = h''x_c + h'(1 - x_c)$$

この式から式(1.4)の関係式が得られる。

1 3 冷凍の原理

一冷　二冷

　物質を冷却する方法には種々あるが、ここでは最も一般的な蒸気圧縮式による冷凍の原理について述べる。

　蒸気圧縮式は、フルオロカーボンやアンモニアなどの冷媒液が気化するときに必要な蒸発熱を空気や水などの被冷却物から奪うことによって冷凍作用を行わせるものであり、次の(1)〜(4)の過程を繰り返すことによって冷媒は循環使用される。

　すなわち、(1)蒸発器では主として低温の冷媒液を気化させて冷凍作用を行わせ、(2)蒸気となった冷媒を液化させるために圧縮し、(3)圧縮により温度が上昇した冷媒蒸気を空気や水などで冷却して凝縮液化させ、(4)液化した冷媒は膨張弁を通して絞り膨張させ低温の冷媒液（蒸気 + 液）とする。

　以下に、最も基本的な冷凍サイクルである単段圧縮冷凍サイクルのフローと $p\text{-}h$ 線図を用いて冷凍の過程を少し詳しく述べる。

なお、図において、「1→2→3→4→1」は理論冷凍サイクルを、また、「1→2′→3→4→1」は、圧縮の過程での諸損失を考慮した実際の冷凍サイクルを示している。

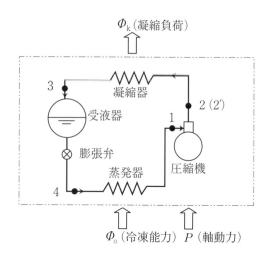

(1) 蒸発(状態 4→状態 1)

冷却作用をする過程で、低温の冷媒は、一定圧力下で湿り蒸気→乾き飽和蒸気→過熱蒸気へと変化し、主として冷媒液の蒸発熱により冷凍作用を行う。

(2) 圧縮(状態 1→状態 2 または 2′)

蒸発器を出た過熱蒸気を液化させるため、圧縮して、冷媒蒸気を昇圧・昇温する過程である。

(3) 凝縮(状態 2 または 2′→状態 3)

圧縮機を出た過熱蒸気が液化する過程であり、冷媒は、空気や水などで冷却され、一定圧力下で過熱蒸気→乾き飽和蒸気→飽和液→過冷却液の状態へと変化する。

(4) 絞り膨張(状態 3→状態 4)

凝縮器を出た過冷却液は膨張弁を通して絞り膨張し、低圧・低温の湿り蒸気へと変化する。

単段圧縮冷凍サイクルのフローと熱（エネルギー）の出入り[1]

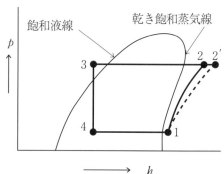

単段圧縮冷凍サイクルの p-h 線図[1]

冷凍装置は、全体としては冷媒に関して熱と仕事だけが出入りする「**閉じた系**」であり、エネルギー保存則により装置全体のエネルギー収支は、冷凍装置の**冷凍能力**を Φ_o(kW = kJ/s)、圧縮機の**軸動力**を P(kW)、**凝縮負荷** を Φ_k(kW) とすると次のように表される。

$$\Phi_\text{o} + P = \Phi_\text{k} \quad\cdots\cdots\cdots\cdots\cdots\cdots\cdots\cdots\cdots\cdots\cdots\cdots (1.5)$$

この式は、系への他の熱の出入りなどがない場合に成立するが、出入りがある場合（たとえば、圧縮機吐出しガスの放熱器（冷却器）が取り付けられたサイクル）には、その出入りの熱のプラス、マイナスを考慮する必要がある。また、2 章で説明するが、軸動力 P について、圧縮機の機械的摩擦損失仕事の熱が系に入るか入らないかによっても扱いが異なることに注意する。

なお、実際には配管系での圧力損失などのため、$p\text{-}h$ 線図は上図と若干異なる形になるが、本書では講習テキストと同様に圧縮の過程での諸損失のみを考慮したサイクルを「実際の冷凍サイクル」として示す。

力、圧力の単位

次の記述のうち正しいものはどれか。

イ．質量 2 kg の物体に 5 m/s^2 の加速度を生じる力は 10 ニュートン（N）である。

ロ．容器内において、100 kPa（絶対圧力）の気体が壁を押す力は、1 m^2 当たり 10^3 N である。

ハ．10 MPa は 10 N/mm^2 に等しい。

ニ．1 m^3 の水の質量を 1000 kg として、高さ 1 m の水柱の底面が受ける水のみによる圧力は、およそ 10 kPa である。

 解説

力、圧力の定義とその単位である N、Pa を理解しておけば、容易に解ける問題である。

イ．（○）　力 F は質量 m と加速度 α により、次のように定義される。

$$F = m\alpha \quad\cdots\cdots ①$$

質量を kg、加速度を m·s^{-2} で表すと、式①で求める力 F の単位は N であり、基本単位で表すと

$$N = kg \cdot m \cdot s^{-2}$$

である。

式①に与えられた値を代入すると

$$F = 2\,kg \times 5\,m \cdot s^{-2} = 10\,kg \cdot m \cdot s^{-2} = 10\,N$$

となる。

ロ．（×）　力を F、力のかかる面積を A とすると、単位面積当たりの力、すなわち圧力 p は

$$p = \frac{F}{A} \quad\cdots\cdots ②$$

で表される。

力 F の単位を N、面積 A の単位を m^2 で表すと、圧力 p は Pa の単位になる。なお、Pa を基本単位で表すと

$$Pa = \frac{N}{m^2} = N \cdot m^{-2} = kg \cdot m \cdot s^{-2} \times m^{-2} = kg \cdot m^{-1} \cdot s^{-2}$$

kPa $= 10^3$ Pa であるから、式②を変形して値を代入すると

$$F = pA = 100 \times 10^3\,Pa \times 1\,m^2 = 100 \times 10^3\,N \cdot m^{-2} \times 1\,m^2 = 100 \times 10^3\,N$$

ハ．（○）　MPa $= 10^6$ Pa $= 10^6$ N·m^{-2} の関係を用い、m を mm 単位にして計算する。1 m $= 10^3$ mm であるので

$$10\,MPa = 10 \times 10^6\,N \cdot m^{-2} = 10 \times 10^6\,N \times (10^3\,mm)^{-2}$$
$$= 10 \times 10^6 \times 10^{-6}\,N \cdot mm^{-2} = 10\,N/mm^2$$

この N/mm^2 の単位は、材料力学の応力の計算でよく使われる。

ニ．（○）　図のように、底面積 1 m^2、高さ 1 m の水 1 m^3 = 1000 kg の容器の底面に加

えられる力（重力）を計算するとよい。

重力の加速度 g は $9.8\,\text{m/s}^2$ であるから、水の質量 1000 kg に働く力 F は、イの式①より

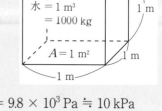

$$F = mg = 1000\,\text{kg} \times 9.8\,\text{m·s}^{-2}$$
$$= 9.8 \times 10^3\,\text{kg·m·s}^{-2} = 9.8 \times 10^3\,\text{N}$$

底面積は $1\,\text{m}^2$ であるので、圧力 p はロの式②より

$$p = \frac{F}{A} = \frac{9.8 \times 10^3\,\text{N}}{1\,\text{m}^2} = 9.8 \times 10^3\,\text{N·m}^{-2} = 9.8 \times 10^3\,\text{Pa} \fallingdotseq 10\,\text{kPa}$$

（答　イ、ハ、ニ）

例 題—1.2　　　　　　　　　　　　　（二冷）

絶対温度・セルシウス温度および絶対圧力・ゲージ圧力

次の記述のうち正しいものはどれか。

イ．絶対圧力に $101.3\,\text{kPa}$ を加えたものはゲージ圧力である。

ロ．気体の絶対圧力が $5.0\,\text{MPa}$ のとき、ブルドン管圧力計が示すゲージ圧力は、およそ $4.9\,\text{MPa}$ である。

ハ．$10\,℃$ を絶対温度で表すと $263\,\text{K}$ である。

ニ．絶対温度 T（K）とセルシウス度 t（℃）の関係は
$$T = t + 273$$
である。

ホ．ゲージ圧力で $0.12\,\text{MPa}$ のガスを $1.2\,\text{MPa}$ まで圧縮したとき、この圧力比は 10 である。

解説

絶対温度とセルシウス温度および絶対圧力とゲージ圧力の関係を理解しておけば、容易に解くことができる。

イ．（×）　絶対圧力 p、ゲージ圧力 p_g および大気圧 p_a の関係は、式 (1.2) のように
$$p_\text{g} = p - p_\text{a} \quad\cdots\cdots\cdots\cdots\cdots\cdots\cdots\cdots\cdots\cdots\cdots\cdots\cdots\cdots ①$$
すなわち、ゲージ圧力は、絶対圧力から大気圧を引いた圧力であって、絶対圧力に標準大気圧の $101.3\,\text{kPa}$ を加えるというものではない。

ロ．（○）　ブルドン管圧力計は通常、大気圧を零としたゲージ圧力を指示する。
したがって、絶対圧力 $p = 5.0\,\text{MPa}$ のときのゲージ圧力 p_g は、イの式①から
$$p_\text{g} = p - p_\text{a} = 5.0\,\text{MPa} - 0.101\,\text{MPa} \fallingdotseq 4.9\,\text{MPa}（ゲージ圧力）$$
ここでは、大気圧として標準大気圧 $0.101\,\text{MPa}$ を使用している。

ハ．（×）　絶対温度 T（K）とセルシウス度 t（℃）の関係は、式 (1.1) のとおり
$$t = T - 273 \quad\cdots\cdots\cdots\cdots\cdots\cdots\cdots\cdots\cdots\cdots\cdots\cdots\cdots\cdots ②$$
である。

式②を変形して、$t = 10\,℃$ を代入すると

$$T = (t + 273)\mathrm{K} = (10 + 273)\mathrm{K} = 283\,\mathrm{K}$$

ニ．（○）　同様にハの式②を変形すると

$$T = t + 273$$

となり、設問の式と同形になる。

ホ．（×）　圧力比は絶対圧力で計算する。

圧縮前の圧力　$p_1 = 0.12\,\mathrm{MPa}$（ゲージ圧力）$+ 0.101\,\mathrm{MPa}$
$= 0.221\,\mathrm{MPa}$（絶対圧力）

圧縮後の圧力　$p_2 = 1.2\,\mathrm{MPa}$（ゲージ圧力）$+ 0.101\,\mathrm{MPa}$
$= 1.301\,\mathrm{MPa}$（絶対圧力）

したがって、圧力比は

$$圧力比 = \frac{p_2}{p_1} = \frac{1.301\,\mathrm{MPa}}{0.221\,\mathrm{MPa}} = 5.9$$

（答　ロ、ニ）

例題 — 1.3　　　　　　　　　　　　　　　　　　　　（二冷）

仕事率

次の記述のうち正しいものはどれか。

イ．仕事率、動力の単位として、ワット（W）が用いられている。

ロ．5 kJ の仕事を 1 分間で行ったときの仕事率は、およそ 50 W である。

ハ．0 ℃の水 1 トンを 1 日で氷にする熱流量を 1 日本冷凍トン（1 JRt）といい、
1 JRt $= 13900\,\mathrm{kJ/h}$ とすると、5 JRt はおよそ 10 kW である。

解説

イ．（○）　仕事率や動力は、単位時間当たりの仕事量または熱量を表しており、単位にはワット（W）が用いられている。1 W は 1 秒（s）当たり 1 J の仕事量（熱量）であり

$$1\,\mathrm{J/s} = 1\,\mathrm{W}$$

である。

ロ．（×）　$5\,\mathrm{kJ} = 5000\,\mathrm{J}$ の仕事を $1\,\mathrm{min} = 60\,\mathrm{s}$ で行ったのであるから、1 秒（s）当たりの仕事になおすと仕事率（W）が得られる。

$$仕事率 = \frac{5000\,\mathrm{J}}{60\,\mathrm{s}} = 83.3\,\mathrm{J/s} = 83.3\,\mathrm{W}$$

ハ．（×）　JRt 単位を kJ/s 単位になおすと kW が得られる。

1 JRt は $13900\,\mathrm{kJ/h}$ であり、5 JRt はその 5 倍の熱流量であるから

$$5\,\mathrm{JRt} = 13900\,\mathrm{kJ/h} \times 5（倍） = 69.5 \times 10^3\,\mathrm{kJ/h}$$

$$= 69.5 \times 10^3\,\mathrm{kJ/h} \times \frac{1}{3600\,\mathrm{s/h}} = 19.3\,\mathrm{kJ/s} = 19.3\,\mathrm{kW}$$

（答　イ）

乾き度の計算

R 410 A 冷凍装置において、冷媒温度 − 10 ℃ における飽和液および乾き飽和蒸気の比エンタルピーは次のとおりである。同じ温度、圧力において、比エンタルピー $h_c = 265$ kJ/kg である湿り蒸気の乾き度 x_c はいくらか。

飽和液の比エンタルピー　　　　　= 185 kJ/kg

乾き飽和蒸気の比エンタルピー　 = 418 kJ/kg

(H29-2 二冷検定 類似)

解説

冷媒液を断熱膨張(絞り膨張)させると、比エンタルピーは一定のまま液の一部が蒸発して温度、圧力が下がり、冷媒は乾き飽和蒸気と飽和液が混在する湿り蒸気になる。この状態の全冷媒中の乾き飽和蒸気の質量割合を乾き度といっている。

図のように、乾き飽和蒸気の比エンタルピーを h'' (kJ/kg)、飽和液の比エンタルピーを h' (kJ/kg) とすると、乾き度 x_c は次式のように各比エンタルピーの差の比となる。

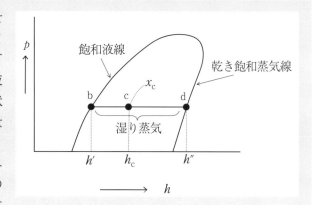

$$x_c = \frac{h_c - h'}{h'' - h'} \quad \cdots\cdots\cdots\cdots\cdots\cdots\cdots\cdots\cdots\cdots\cdots\cdots\cdots\cdots\cdots ①$$

なお、この式から x_c は乾き飽和蒸気の状態($h_c = h''$)では 1.0 となることが確認できる。

与えられた数値を式①に代入して x_c を求める。

$$x_c = \frac{h_c - h'}{h'' - h'} = \frac{(265 - 185)\ \text{kJ/kg}}{(418 - 185)\ \text{kJ/kg}} = 0.34$$

すなわち、質量割合で 34 % の乾き飽和蒸気と 66 % の飽和液が混在する湿り蒸気であることがわかる。

(答　$x_c = 0.34$)

演習問題 1-1　　　（二冷）

次の記述のうち正しいものはどれか。

イ．質量 5 kg の物体に作用して、重力の加速度を生じさせる力はおよそ 5 N である。

ロ．面積 1 平方センチメートル(cm²)の面に垂直に 10 N の力が均一にかかるときの圧力は 100 kPa である。

ハ．0.1013 MPa は 101.3 kPa である。

ニ．1 Pa = 1 N/m² である。

演習問題 1-2 （二冷）

次の記述のうち正しいものはどれか。

イ．絶対温度 200 K はセルシウス度 73 ℃ である。

ロ．温度差の数値は、セルシウス度で表しても絶対温度で表しても同じである。

ハ．絶対圧力からゲージ圧力を引いた圧力は大気圧である。

ニ．1 Pa = 1 J/s² である。

ホ．0.30 MPa（ゲージ圧力）のガスを圧縮して 1.5 MPa（ゲージ圧力）にした。このときの圧力比はおよそ 4 である。

演習問題 1-3 （二冷）

次の記述のうち正しいものはどれか。

イ．物体に 100 N の力が働いて、距離 1 m を動かす仕事は 100 J である。

ロ．地上で 1 kg の物体を 1 m の高さに持ち上げたとき、物体が受けた仕事量はおよそ 10 J である。

ハ．3 分間で 90 kJ の仕事をしたとき、この仕事率は 500 W である。

ニ．30 kW = 0.3 MW である。

演習問題 1-4

R 404A 湿り蒸気の乾き度 x_c が 0.3 のとき、この湿り蒸気の比エンタルピー h_c は何 kJ/kg か。ただし、この湿り蒸気の圧力、温度に対応する飽和液および乾き飽和蒸気の比エンタルピーは次のとおりとする。

飽和液の比エンタルピー　　　　　$h' = 160 \text{ kJ/kg}$

乾き飽和蒸気の比エンタルピー　$h'' = 350 \text{ kJ/kg}$

（H29 二冷国家試験 類似）

2章 冷凍サイクル

　この章では、各種冷凍サイクルについて、冷凍能力、圧縮機の軸動力、凝縮負荷、成績係数などの計算問題を扱う。第一種冷凍機械および第二種冷凍機械を受験する場合には必須の項目である。

　特に、「単段圧縮冷凍サイクル」については、主に第二種冷凍機械で出題されているが、すべての冷凍サイクルを理解する上で最も基本となる冷凍サイクルであり、十分理解しておく必要がある。

　また、この本で紹介している冷凍サイクルとは一部異なる冷凍サイクルも出題されているが、重要なのは計算式を丸憶えするのではなく、その基本原理を理解して速やかに計算式を誘導し、応用問題にも柔軟に対応できるようにしておくことである。

1 圧縮機の軸動力

圧縮機には、容積式や遠心式のものがあるが、ここでは、主として容積式の往復圧縮機の性能について説明する。

2・1・1 圧縮機の吸込み蒸気量と冷媒循環量

圧縮機が単位時間に実際に吸い込む**吸込み蒸気量** q_{vr}（m³/s）は、圧縮機の構造、回転数などで定まる**ピストン押しのけ量** V（m³/s）よりも小さくなる。これはシリンダのすき間容積内の圧縮された冷媒蒸気の再膨張による吸込み弁の動作遅れなどによるものであるが、この割合（q_{vr}/V）を**体積効率** η_v といい、これらの関係は次式で表される。

$$q_{vr} = V\eta_v \quad\quad\quad\quad\quad\quad\quad\quad\quad\quad\quad\quad (2.1a)$$

また、密度、比体積を用いた質量と体積の相互関係は、頻繁に使われるので、よく理解をしておく。すなわち

$$質量（kg）= 体積（m³）× 密度（kg/m³）= \frac{体積（m³）}{比体積（m³/kg）}$$

$$体積（m³）= 質量（kg）× 比体積（m³/kg）= \frac{質量（kg）}{密度（kg/m³）}$$

$$密度（kg/m³）= \frac{1}{比体積（m³/kg）} \quad または、\quad 比体積（m³/kg）= \frac{1}{密度（kg/m³）}$$

密度と比体積はそれぞれ逆数の関係にある。

吸込み蒸気量 q_{vr}（m³/s）は吸込み状態の温度・圧力での体積流量であるが、質量流量で表した流量を**冷媒循環量** q_{mr}（kg/s）といい、吸込み蒸気の比体積を v（m³/kg）とすると、上記の関係を用いて次の関係式ができる。

$$q_{mr} = \frac{q_{vr}}{v} = \frac{V\eta_v}{v} \quad\quad\quad\quad\quad\quad\quad\quad\quad\quad (2.1b)$$

参考▼

往復圧縮機のシリンダ断面積を A（m²）、ピストン行程を L（m）、回転速度を n（s⁻¹）とすると、ピストン押しのけ量 V（m³/s）は次式で表せる。

$$V = ALn$$

なお、上記の「冷媒蒸気の再膨張」とは、ピストンが上死点から下方に動く際にすき間容積内に残っている高圧の冷媒蒸気が膨張することである。吸込み弁はすき間容積内の圧力が吸込み圧力まで下がらないと開かないので、吸込み弁の開くのが遅れることになる。

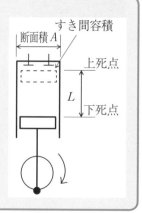

2章　冷凍サイクル

2·1·2 圧縮機の軸動力

吸込み蒸気を比エンタルピー h_1（kJ/kg）の状態1から比エンタルピー h_2（kJ/kg）の状態2まで断熱圧縮する場合の圧縮機の**理論断熱圧縮動力** P_{th}（kW = kJ/s）は、加えられた仕事量のすべてが冷媒のエンタルピー増加に使われるから（2.2.1項参照）、圧縮前後の総エンタルピー差、すなわち、圧縮前後の比エンタルピー差と冷媒循環量 q_{mr} の積に等しい。さらに、式(2.1b)を代入すると次式を得る。この式は計算に頻繁に使われる。

$$P_{th} = q_{mr}(h_2 - h_1) = \frac{V\eta_v(h_2 - h_1)}{v} \quad \cdots\cdots\cdots\cdots\cdots\cdots\cdots\cdots (2.2a)$$

実際の圧縮機駆動の軸動力 P を求めるためには、次の諸効率を考慮に入れる必要がある。

断熱効率（圧縮効率）$\eta_c = \dfrac{P_{th}}{P_c}$ 　　機械効率 $\eta_m = \dfrac{P_c}{P}$ 　　または

全断熱効率 $\eta_{tad} = \eta_c \eta_m = \dfrac{P_{th}}{P}$

P、P_c、P_{th} などの関係を図に示す。

P		
P_c		P_m
P_{th}	（圧縮損失）	P_m

P ：実際の圧縮機駆動の軸動力
P_c ：蒸気の圧縮のみに必要な動力
P_m ：機械的摩擦損失動力
P_{th} ：理論断熱圧縮動力

これらの効率を用いて実際の圧縮機駆動の軸動力 P を表すと、式 (2.2a) を用いて

$$P = \frac{P_{th}}{\eta_c \eta_m} = \frac{q_{mr}(h_2 - h_1)}{\eta_c \eta_m} = \frac{V\eta_v(h_2 - h_1)}{v\eta_c \eta_m} \quad \cdots\cdots\cdots\cdots\cdots\cdots (2.2b)$$

例 題 — **2.1** 　　　　　　　　　　　　　　　　　　　　　**二冷**

冷媒循環量、圧縮機の効率を用いて軸動力を求める

　R 134a 冷凍装置が下記の条件で運転されているとき、実際の圧縮機の駆動軸動力は何 kW か。

（条件）

冷媒循環量	$q_{mr} = 0.50$ kg/s
圧縮機吸込み蒸気の比エンタルピー	$h_1 = 400$ kJ/kg
理論断熱圧縮後の吐出しガスの比エンタルピー	$h_2 = 445$ kJ/kg
圧縮機の断熱効率	$\eta_c = 0.70$
圧縮機の機械効率	$\eta_m = 0.90$

（H22-2 二冷検定 類似）

2章　冷凍サイクル

015

冷媒循環量 q_{mr} などが設問で与えられていて、実際の軸動力を計算する問題である。この q_{mr} と比エンタルピー差 $(h_2 - h_1)$ の積が理論圧縮動力 P_{th} であり、それを全断熱効率 $\eta_c \eta_m$ で除したものが実際の軸動力 P である。

式(2.2b)から

$$P = \frac{P_{th}}{\eta_c \eta_m} = \frac{q_{mr}(h_2 - h_1)}{\eta_c \eta_m} \quad \cdots\cdots\cdots\cdots\cdots\cdots\cdots\cdots\cdots\cdots\cdots\cdots\cdots ①$$

式①に示された値を代入する。

$$P = \frac{0.50 \text{ kg/s} \times (445 - 400) \text{ kJ/kg}}{0.70 \times 0.90} = 35.7 \text{ kJ/s} = 35.7 \text{ kW}$$

（答　35.7 kW）

例 題 — 2.2　　　　　　　　　　　　　　　　　　　　　　　　二冷

ピストン押しのけ量を用いて圧縮機の軸動力を求める

アンモニア冷凍装置が下記の条件で使用されている。このとき、実際の圧縮機の駆動軸動力はおよそ何 kW か。

（条件）

ピストン押しのけ量	$V = 0.07 \text{ m}^3/\text{s}$
圧縮機吸込み蒸気の比体積	$v_1 = 0.43 \text{ m}^3/\text{kg}$
圧縮機吸込み蒸気の比エンタルピー	$h_1 = 1450 \text{ kJ/kg}$
理論断熱圧縮後の吐出しガスの比エンタルピー	$h_2 = 1670 \text{ kJ/kg}$
圧縮機の体積効率	$\eta_v = 0.75$
圧縮機の断熱効率	$\eta_c = 0.80$
圧縮機の機械効率	$\eta_m = 0.90$

（H25 二冷国家試験 類似）

解説

圧縮機のピストン押しのけ量 V から式(2.1b)を用いて冷媒循環量 q_{mr} を求め、それに比エンタルピー差を乗じて理論断熱圧縮動力 P_{th} を計算し、全断熱効率で除すと実際の軸動力 P が得られる。

式(2.1b)から

$$q_{mr} = \frac{V \eta_v}{v_1} = \frac{0.07 \text{ m}^3/\text{s} \times 0.75}{0.43 \text{ m}^3/\text{kg}} = 0.1221 \text{ kg/s}$$

式(2.2a)から

$$P_{th} = q_{mr}(h_2 - h_1) = 0.1221 \text{ kg/s} \times (1670 - 1450) \text{ kJ/kg} = 26.86 \text{ kW}$$

式(2.2b)の前段を用いて、求める実際の軸動力 P は

$$P = \frac{P_{\mathrm{th}}}{\eta_c \eta_m} = \frac{26.86\,\mathrm{kW}}{0.80 \times 0.90} = 37.3\,\mathrm{kW}$$

（答　37.3 kW）

順を追って計算したが、式(2.2b)の後段を用いて一気に計算すると

$$P = \frac{V \eta_v (h_2 - h_1)}{v_1 \eta_c \eta_m} = \frac{0.07\,\mathrm{m^3/s} \times 0.75 \times (1670 - 1450)\,\mathrm{kJ/kg}}{0.43\,\mathrm{m^3/kg} \times 0.80 \times 0.90} = 37.3\,\mathrm{kW}$$

演習問題 2-1　　　　　　　二冷

R 410A 単段圧縮冷凍装置が下記の条件で運転されているとき、圧縮機の体積効率 η_v はいくらか。

（条件）

圧縮機のピストン押しのけ量	$V = 0.04\,\mathrm{m^3/s}$
圧縮機の軸動力	$P = 21\,\mathrm{kW}$
圧縮機吸込み蒸気の比エンタルピー	$h_1 = 424\,\mathrm{kJ/kg}$
理論断熱圧縮後の吐出しガスの比エンタルピー	$h_2 = 460\,\mathrm{kJ/kg}$
圧縮機吸込み蒸気の比体積	$v_1 = 0.08\,\mathrm{m^3/kg}$
圧縮機の断熱効率	$\eta_c = 0.80$
圧縮機の機械効率	$\eta_m = 0.80$

（H30-2 二冷検定 類似）

演習問題 2-2　　　　　　　二冷

アンモニア冷凍装置が次の条件で運転されている。このとき圧縮機のピストン押しのけ量はおよそ何 $\mathrm{m^3/h}$ か。

（条件）

圧縮機吸込み蒸気の比体積	$v_1 = 0.60\,\mathrm{m^3/kg}$
圧縮機の吸込み蒸気の比エンタルピー	$h_1 = 1450\,\mathrm{kJ/kg}$
理論断熱圧縮後の吐出しガスの比エンタルピー	$h_2 = 1710\,\mathrm{kJ/kg}$
実際の圧縮機駆動軸動力	$P = 65\,\mathrm{kW}$
圧縮機の体積効率	$\eta_v = 0.75$
圧縮機の断熱効率	$\eta_c = 0.80$
圧縮機の機械効率	$\eta_m = 0.90$

（H27 二冷国家試験 類似）

2 単段圧縮冷凍サイクル(乾式蒸発器)

2・2・1 基本的な単段圧縮冷凍サイクル 一冷 二冷

　これから種々の冷凍サイクルの性能に関する計算式を示すが、最も基本になるのがこの節で述べる乾式蒸発器（その出口の冷媒の状態が過熱蒸気であるもの）を用いた単段圧縮冷凍サイクルの式である。設問の内容から速やかに概略フロー図およびp-h線図が描けるようにするとともに、冷凍能力Φ_o、凝縮負荷Φ_kおよび軸動力Pについて冷媒循環量q_{mr}と比エンタルピー差の関係をきちんと理解しておくことが重要である。

　なお、以下に記述する軸動力P、凝縮負荷Φ_k、冷凍能力Φ_o、比エンタルピーhなどには正負の符号をもたせず、常に正の値として用いるので、例えば変化前後の比エンタルピーの差を計算する場合は、大きい値から小さい値を引いて式を導いている。間違えないようにすることが大事である。なお、各位置の比エンタルピーh_iは、フロー図、またはp-h線図の位置(i)を添字として表している。

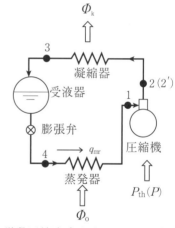

単段圧縮冷凍サイクルフロー図[1]

(1) 理論冷凍サイクル

　冷媒循環量をq_{mr}、比エンタルピーをhで表すと、各機器の性能などは以下のようになる。

　① 冷凍能力（冷凍負荷）Φ_o

　　蒸発器を通るq_{mr}とその前後の比エンタルピー差の積がΦ_oである。

$$\Phi_o = q_{mr}(h_1 - h_4) \quad \cdots\cdots\cdots\cdots (2.3\mathrm{a})$$

　② 圧縮機の理論圧縮動力P_{th}

　　圧縮機で圧縮するq_{mr}とその前後の比エンタルピー差の積がP_{th}である。

$$P_{th} = q_{mr}(h_2 - h_1) \quad \cdots\cdots\cdots\cdots (2.3\mathrm{b})$$

　もちろん、式(2.2a)のピストン押しのけ量、体積効率および比体積を用いて求められることを確認しておく。

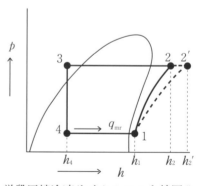

単段圧縮冷凍サイクルのp-h線図[1]

③ 理論凝縮負荷 $\Phi_{\mathrm{th,k}}$

凝縮器を通る q_{mr} とその前後の比エンタルピー差の積が $\Phi_{\mathrm{th,k}}$ である。

$$\Phi_{\mathrm{th,k}} = q_{\mathrm{mr}}(h_2 - h_3) \quad\cdots\cdots\cdots\cdots\cdots\cdots\cdots\cdots\cdots\cdots\cdots\cdots (2.3\mathrm{c})$$

④ 膨張弁前後の比エンタルピーの変化

絞り膨張なので比エンタルピーの変化はない。

$$h_3 = h_4$$

⑤ 理論成績係数 $(COP)_{\mathrm{th,R}}$

理論成績係数 $(COP)_{\mathrm{th,R}}$ は冷凍能力 Φ_{o} と理論圧縮動力 P_{th} の比である。

$$(COP)_{\mathrm{th,R}} = \frac{\Phi_{\mathrm{o}}}{P_{\mathrm{th}}} = \frac{h_1 - h_4}{h_2 - h_1} = \frac{w_{\mathrm{r}}}{l_{\mathrm{s}}} \quad\cdots\cdots\cdots\cdots\cdots\cdots\cdots\cdots (2.3\mathrm{d})$$

ここで、冷媒 1 kg 当たりの**断熱圧縮仕事**と**冷凍効果**をそれぞれ l_{s}、w_{r} として

$$l_{\mathrm{s}} = h_2 - h_1 \quad (\mathrm{kJ/kg})$$

$$w_{\mathrm{r}} = h_1 - h_4 \quad (\mathrm{kJ/kg})$$

である。

参考▼

式(2.3a)〜式(2.3d)は、以下に述べるエネルギー収支から導かれる。

① 冷凍能力 Φ_{o}

蒸発過程(状態 4 →状態 1)において、単位時間に蒸発器に出入りするエネルギーは、内部エネルギー U、流れを継続するために圧力 p により冷媒を蒸発器に押し込む(または押し出す)仕事 pV および冷凍負荷 Φ_{o} である※。

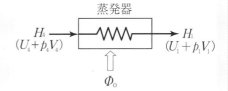

エネルギー保存則により、単位時間に蒸発器に流入するエネルギーと流出するエネルギーは等しいから

$$U_4 + p_4 V_4 + \Phi_{\mathrm{o}} = U_1 + p_1 V_1$$

エンタルピー H の定義式($H = U + pV$)を上式に代入して変形すると

$$H_4 + \Phi_{\mathrm{o}} = H_1$$

$$\therefore \quad \Phi_{\mathrm{o}} = H_1 - H_4$$

質量流量 q_{mr}、比エンタルピー h を用いると上式は

$$\Phi_{\mathrm{o}} = q_{\mathrm{mr}}(h_1 - h_4)$$

② 圧縮機の理論圧縮動力 P_{th}

蒸発器と同様に、出入りするエネルギー、すなわち、仕事(P_{th})とエンタルピー

※ 内部エネルギーは分子の運動エネルギーおよび分子間の位置のエネルギーとして保有するエネルギーである。また、仕事 pV は、管路の断面積を A、単位時間に冷媒が進む距離を l、単位時間に流れる冷媒の体積を V とすると、冷媒を系に押し込む力 F は pA で表されるので

　　仕事 ＝ 力 × 距離 ＝ Fl ＝ $(pA)l$ ＝ $p(Al)$ ＝ pV

$(q_{mr}h_1$、$q_{mr}h_2)$ の収支から導かれる。

③ 理論凝縮負荷 $\Phi_{th,k}$

蒸発器と同様に、出入りするエネルギーの収支から導かれる。

④ 膨張弁前後の比エンタルピーの変化

膨張弁における絞り膨張過程(状態3→状態4)では、熱の出入りも仕事の出入りもないので、その前後において比エンタルピーの変化はなく、「$h_3 = h_4$」である。

⑤ 理論成績係数 $(COP)_{th,R}$

冷凍サイクルの効率を表すもので、冷凍能力と圧縮機の理論圧縮動力の比である。この値が大きいことは、少ない動力で大きな冷凍能力が得られることを示す。

式(2.3a)、(2.3b)から

$$(COP)_{th,R} = \frac{\Phi_o}{P_{th}} = \frac{h_1 - h_4}{h_2 - h_1} = \frac{w_r}{l_s}$$

参考欄に示したように、冷凍サイクルの各過程のように、熱量、仕事、エンタルピーなどのエネルギーの出入りがある流れ系においては、系に出入りするエネルギー収支から計算式を導くことができる。すなわち、圧縮機の理論圧縮動力は圧縮前後のエンタルピー差(比エンタルピー差と質量流量の積)として、また、冷凍能力・凝縮負荷は蒸発・凝縮前後のエンタルピー差として求めることができる。この関係は他の複雑な冷凍サイクルにも当てはまるので、よく理解しておく。

(2) 実際の冷凍サイクル

蒸発過程および絞り膨張過程では理論冷凍サイクルと同じ計算式を用いるが、他の機器の性能は、圧縮後の吐出しガスの状態点を「2′」として以下の式で計算する。$h_{2'}$ と圧縮機の効率 η_c、η_m の関係は、基本的な単段圧縮冷凍サイクルばかりではなく、他の冷凍サイクルにも適用されるものである。

① 実際の圧縮機駆動の軸動力 P

$$P = \frac{q_{mr}(h_2 - h_1)}{\eta_c \eta_m} = \frac{V \eta_v (h_2 - h_1)}{v_1 \eta_c \eta_m} \ \cdots\cdots\cdots\cdots\cdots\cdots\cdots\cdots\cdots (2.4a)$$

実際の圧縮機駆動の軸動力 P を計算する場合は、機械的摩擦損失仕事 P_m の熱が冷媒に加わるか加わらないかに関係なく、必ず断熱効率および機械効率で除して計算する。

② 凝縮負荷 Φ_k

$$\Phi_k = q_{mr}(h_{2'} - h_3) \ \cdots\cdots\cdots\cdots\cdots\cdots\cdots\cdots\cdots\cdots\cdots (2.4b)$$

凝縮負荷を計算する場合は、機械的摩擦損失仕事の熱が冷媒に加わるか加わらないかによって、$h_{2'}$ の値が異なることに注意する。

機械的摩擦損失仕事の熱が冷媒に加わる場合は

$$h_2' - h_1 = \frac{h_2 - h_1}{\eta_c \eta_m} \quad \text{または、} \quad h_2' = h_1 + \frac{h_2 - h_1}{\eta_c \eta_m} \quad \cdots\cdots\cdots\cdots (2.4\mathrm{c})$$

機械的摩擦損失仕事の熱が冷媒に加わらない場合は

$$h_2' - h_1 = \frac{h_2 - h_1}{\eta_c} \quad \text{または、} \quad h_2' = h_1 + \frac{h_2 - h_1}{\eta_c} \quad \cdots\cdots\cdots\cdots (2.4\mathrm{d})$$

③ 実際の成績係数 $(COP)_\mathrm{R}$

$$(COP)_\mathrm{R} = \frac{\varPhi_\mathrm{o}}{P} = \frac{h_1 - h_4}{h_2 - h_1} \times \eta_c \eta_m \quad \cdots\cdots\cdots\cdots\cdots\cdots\cdots\cdots (2.4\mathrm{e})$$

参考▼

機械的摩擦損失仕事の熱が冷媒に加わる場合は、圧縮の過程で冷媒に加えられる動力は圧縮機の軸動力 P、すなわち、「$P_c + P_m$」であるから、2·1 節の式 (2.2b) を使うと

$$q_{mr}(h_2' - h_1) = P_c + P_m = \frac{P_{th}}{\eta_c \eta_m} = \frac{q_{mr}(h_2 - h_1)}{\eta_c \eta_m}$$

これから式 (2.4c) が導かれる。

機械的摩擦損失仕事の熱が冷媒に加わらない場合は、圧縮の過程で冷媒に加えられるエネルギーは圧縮動力 P_c だけであるから（下図参照）

$$q_{mr}(h_2' - h_1) = P_c = \frac{P_{th}}{\eta_c} = \frac{q_{mr}(h_2 - h_1)}{\eta_c}$$

これから式 (2.4d) が導かれる。

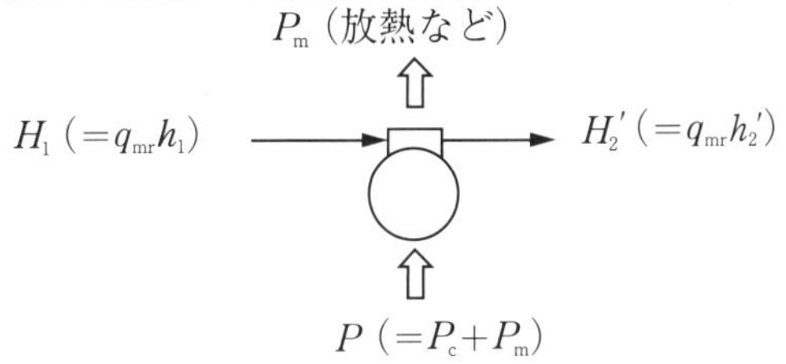

$$P_m \text{（放熱など）}$$
$$\Uparrow$$
$$H_1 (= q_{mr} h_1) \longrightarrow \boxed{}\bigcirc \longrightarrow H_2' (= q_{mr} h_2')$$
$$\Uparrow$$
$$P (= P_c + P_m)$$

021

例題 — 2.3 〔二冷〕

$(COP)_\mathrm{R}$ を用いて圧縮機のピストン押しのけ量を求める

アンモニア冷凍装置が下記の条件で運転されているとき、圧縮機のピストン押しのけ量はおよそ何 $\mathrm{m^3/h}$ か。

（条件）

実際の圧縮機駆動の軸動力	$P = 46\,\mathrm{kW}$
圧縮機吸込み蒸気の比エンタルピー	$h_1 = 1450\,\mathrm{kJ/kg}$
蒸発器入口の冷媒の比エンタルピー	$h_4 = 330\,\mathrm{kJ/kg}$
圧縮機の吸込み蒸気の比体積	$v_1 = 0.43\,\mathrm{m^3/kg}$
圧縮機の体積効率	$\eta_v = 0.75$

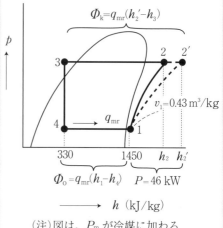

$$\Phi_k = q_{mr}(h_2' - h_3)$$

$v_1 = 0.43 \, \text{m}^3/\text{kg}$

$\Phi_o = q_{mr}(h_1 - h_4)$　　$P = 46 \, \text{kW}$

（注）図は、P_m が冷媒に加わる
場合の例である。

解説

設問の条件から、このサイクルの p–h 線図は右のように描くことができる。

冷凍サイクルの問題は、このように軸動力 P、冷凍能力 Φ_o、凝縮負荷 Φ_k、冷媒循環量 q_{mr} および比エンタルピー h などを関係づけて把握するとよい。

図および式（2.4e）のとおり

$$(COP)_R = \frac{\Phi_o}{P} \quad\cdots\cdots\cdots\cdots ①$$

であり、さらに式（2.3a）から

$$\Phi_o = q_{mr}(h_1 - h_4)$$
$$= \frac{V \eta_v (h_1 - h_4)}{v_1} \quad\cdots\cdots\cdots ②$$

式①、②からピストン押しのけ量 V が求められる。

$$(COP)_R \cdot P = \frac{V \eta_v (h_1 - h_4)}{v_1}$$

$$\therefore \quad V = \frac{(COP)_R \cdot P \cdot v_1}{\eta_v (h_1 - h_4)} \quad\cdots\cdots\cdots\cdots\cdots\cdots\cdots\cdots\cdots\cdots\cdots ③$$

式③に示された値を代入する。

$$V = \frac{3.65 \times 46 \, \text{kJ/s} \times 0.43 \, \text{m}^3/\text{kg}}{0.75 \times (1450 - 330) \, \text{kJ/kg}} = 0.08595 \, \text{m}^3/\text{s} = 309 \, \text{m}^3/\text{h}$$

（答　309 m³/h）

例題 — 2.4　　　　　　　　　　　　　　　　二冷

q_{mr}、p–h 線図を用いて、Φ_o、$\Phi_{th,k}$、$(COP)_{th,R}$ などを求める

下図の理論冷凍サイクルにおいて、この冷凍サイクルの冷凍能力（日本冷凍トン）、凝縮負荷（kW）、理論成績係数、蒸発器入口の冷媒の乾き度はいくらか。ただし、装置の冷媒循環量は 2700 kg/h である。

（R2 二冷国家試験　類似）

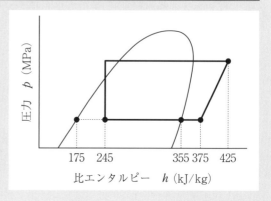

(1) 冷凍能力（日本冷凍トン）

式(2.3a)を使う。1 JRt = 13900 kJ/h であるから

$$\Phi_\mathrm{o} = q_\mathrm{mr}(h_1 - h_4) = 2700\,\mathrm{kg/h} \times (375 - 245)\,\mathrm{kJ/kg} = 351000\,\mathrm{kJ/h}$$

$$= \frac{351000\,\mathrm{kJ/h}}{13900\,\mathrm{kJ/(h \cdot JRt)}} = 25.3\,\mathrm{JRt}$$

（答　$\Phi_\mathrm{o} = 25.3\,\mathrm{JRt}$）

(2) 凝縮負荷（kW）

式(2.3c)を使う。答を kW(kJ/s) とするため、冷媒循環量 q_mr は単位を kg/s に換算して代入する。

$$\Phi_\mathrm{th,k} = q_\mathrm{mr}(h_2 - h_3) = (2700/3600)\,\mathrm{kg/s} \times (425 - 245)\,\mathrm{kJ/kg}$$

$$= 0.750\,\mathrm{kg/s} \times 180\,\mathrm{kJ/kg} = 135\,\mathrm{kW}$$

（答　$\Phi_\mathrm{th,k} = 135\,\mathrm{kW}$）

(3) 理論成績係数

式(2.3d)を使う。

$$(COP)_\mathrm{th,R} = \frac{\Phi_\mathrm{o}}{P_\mathrm{th}} = \frac{q_\mathrm{mr}(h_1 - h_4)}{q_\mathrm{mr}(h_2 - h_1)} = \frac{h_1 - h_4}{h_2 - h_1} = \frac{(375 - 245)\,\mathrm{kJ/kg}}{(425 - 375)\,\mathrm{kJ/kg}} = 2.60$$

なお、(1)、(2) の結果を用いて $P_\mathrm{th}(= \Phi_\mathrm{th,k} - \Phi_\mathrm{o})$ を算出し、求めることもできる。

（答　$(COP)_\mathrm{th,R} = 2.60$）

(4) 蒸発器入口の冷媒の乾き度

式(2.3d)を使う。

$$x_\mathrm{c} = \frac{h_\mathrm{c} - h'}{h'' - h'} = \frac{(245 - 175)\,\mathrm{kJ/kg}}{(355 - 175)\,\mathrm{kJ/kg}} = 0.389$$

（答　0.389）

例題 — 2.5　二冷

冷凍能力、p-h 線図を用いて圧縮機軸動力を求める

R410A 冷凍装置が図の理論サイクルで運転されている。冷凍能力 Φ_o が 246 kW のとき、圧縮機の実際の軸動力 P は何 kW か。ただし、圧縮機の断熱効率 η_c は 0.8、機械効率 η_m は 0.9 とする。

（H22 二冷国家試験 類似）

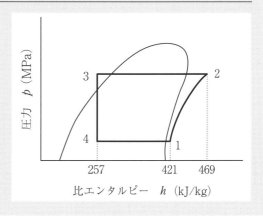

解説

実際の軸動力 P、理論圧縮動力 P_{th} および冷凍能力 $\Phi_\circ$ の関係式を導く。

冷媒循環量を q_{mr} として、式 (2.2b)、(2.3a) から

$$P = \frac{P_{th}}{\eta_c \eta_m} = \frac{q_{mr}(h_2 - h_1)}{\eta_c \eta_m} \quad\cdots\cdots\cdots\cdots\cdots\cdots\cdots ①$$

$$\Phi_\circ = q_{mr}(h_1 - h_4) \quad\cdots\cdots\cdots\cdots\cdots\cdots\cdots ②$$

①、②より q_{mr} を消去し、P を求める式にすると

$$P = \frac{\Phi_\circ(h_2 - h_1)}{\eta_c \eta_m (h_1 - h_4)} \quad\cdots\cdots\cdots\cdots\cdots\cdots\cdots ③$$

図から読み取った比エンタルピーと与えられた圧縮機効率の値を式③に代入して

$$P = \frac{246\,\mathrm{kW} \times (469 - 421)\,\mathrm{kJ/kg}}{0.8 \times 0.9 \times (421 - 257)\,\mathrm{kJ/kg}} = 100\,\mathrm{kW}$$

なお、ここでは q_{mr} を消去して計算したが、式②で q_{mr} を計算して式①に代入してもよい。

(答　100 kW)

例題 — 2.6 二冷

圧縮機効率、p-h 線図を用いて $(COP)_R$ を求める

図はアンモニア冷凍装置の理論サイクルであり、実際の圧縮機は次の効率で運転されている。このとき、この装置の実際の成績係数 $(COP)_R$ はいくらか。配管での熱の出入りおよび圧力損失はないものとする。

(圧縮機の効率)

断熱効率　$\eta_c = 0.80$

機械効率　$\eta_m = 0.90$

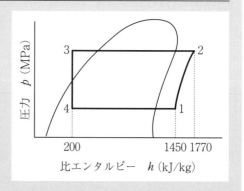

(H24 二冷国家試験 類似)

解説

実際の成績係数 $(COP)_R$ は式(2.4e)のとおり、冷凍能力 $\Phi_\circ$ と実際の圧縮機軸動力 P の比で表される。すなわち

$$(COP)_R = \frac{\Phi_\circ}{P} \quad\cdots\cdots\cdots\cdots\cdots\cdots\cdots ①$$

冷媒循環量を q_{mr} とすると、$\Phi_\circ$ と P は式(2.3a)、(2.4a)のとおり

$$\Phi_\circ = q_{mr}(h_1 - h_4)$$

$$P = \frac{q_{mr}(h_2 - h_1)}{\eta_c \eta_m}$$

これを式①に代入すると次の式(2.4e)が得られる。

$$(COP)_{\mathrm{R}} = \frac{\varPhi_{\mathrm{o}}}{P} = \frac{h_1 - h_4}{h_2 - h_1} \cdot \eta_{\mathrm{c}} \eta_{\mathrm{m}} \quad \text{\dotfill} \quad ②$$

式②に値を代入して

$$(COP)_{\mathrm{R}} = \frac{(1450 - 200)\,\mathrm{kJ/kg}}{(1770 - 1450)\,\mathrm{kJ/kg}} \times 0.80 \times 0.90 = 2.81$$

（答　2.81）

例 題 — **2.7**　　　　　　　　　　　　　　　　　　　　二冷

膨張弁後の乾き度を用いて $(COP)_{\mathrm{th,R}}$ を求める

　下図の R 134a 理論冷凍サイクルにおいて、この冷凍サイクルの理論成績係数の値はいくらか。ただし、下図のうち、点5は蒸発圧力に対する飽和液の状態、点6は乾き飽和蒸気の状態、x_4 は点4における乾き度を示す。

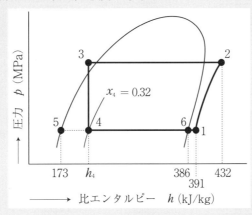

（H27-1 二冷検定 類似）

　h_4 の値が示されていないが、乾き度 x_4 から計算できる。h_4 が決まれば、式(2.3d)により次式で $(COP)_{\mathrm{th,R}}$ を求めることができる。

$$(COP)_{\mathrm{th,R}} = \frac{h_1 - h_4}{h_2 - h_1} \quad \text{\dotfill} \quad ①$$

x_4 と h_6、h_5 および h_4 の関係は、式(1.4)から

$$x_4 = \frac{h_4 - h_5}{h_6 - h_5}$$

$$\therefore \quad h_4 = x_4(h_6 - h_5) + h_5 \quad \text{\dotfill} \quad ②$$

$p\text{-}h$ 線図に示されている値を式②に代入し、h_4 を計算する。

$$h_4 = 0.32 \times (386 - 173)\,\mathrm{kJ/kg} + 173\,\mathrm{kJ/kg} = 241.2\,\mathrm{kJ/kg}$$

したがって、$(COP)_{\mathrm{th,R}}$ は式①から

$$(COP)_{\text{th,R}} = \frac{(391 - 241.2)\,\text{kJ/kg}}{(432 - 391)\,\text{kJ/kg}} = \frac{149.8\,\text{kJ/kg}}{41\,\text{kJ/kg}} = 3.65$$

(答　3.65)

ポリトロープ圧縮と断熱圧縮の比較

　下図は、R 410A を冷媒とするある冷凍装置の理論冷凍サイクルであるが、実際には図の点 2 の比エンタルピーが 465 kJ/kg となるポリトロープ圧縮となった。この条件のもとでの成績係数は、断熱圧縮時に比べてこの場合の圧縮時のほうが何 % 大きいか。なお、実際の圧縮における圧縮損失、機械損失はないものとする。

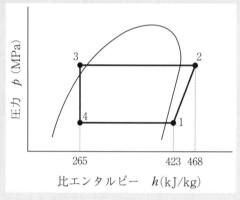

(H29-2 二冷検定 類似)

解説

　断熱圧縮を A、ポリトロープ圧縮を P の添字で表す。

　題意により、実際の圧縮においても圧縮損失、機械損失はないことから、理論冷凍サイクルの COP の式 (2.3d) を用いることができるので、それぞれ次のように書ける。

$$(COP)_{\text{R,A}} = \frac{h_1 - h_4}{h_{2,\text{A}} - h_1} \quad \text{①}$$

$$(COP)_{\text{R,P}} = \frac{h_1 - h_4}{h_{2,\text{P}} - h_1} \quad \text{②}$$

　それぞれに値を代入しても計算できるが、ここでは A に対する P の COP 比を求めるとよいので、②/①から

$$\frac{(COP)_{\text{R,P}}}{(COP)_{\text{R,A}}} = \frac{h_{2,\text{A}} - h_1}{h_{2,\text{P}} - h_1} \quad \text{③}$$

　式③に値を代入すると

$$\frac{(COP)_{\text{R,P}}}{(COP)_{\text{R,A}}} = \frac{(468 - 423)\,\text{kJ/kg}}{(465 - 423)\,\text{kJ/kg}} = \frac{45\,\text{kJ/kg}}{42\,\text{kJ/kg}} = 1.071$$

　すなわち、ポリトロープ圧縮のほうが 7.1 % 大きい。

ポリトロープ圧縮は断熱圧縮に比べて圧縮熱の一部が放散するので、温度が断熱圧縮より低くなり、動力が減少して、成績係数は大きくなる。

(答 71％大きい)

例題 ― 2.9 [二冷]

$(COP)_{th,R}$ を用いて凝縮負荷を求める

下図に示す理論冷凍サイクルで運転されている R 134a の冷凍装置において、凝縮器からの放熱量は何 kW か。ただし、ピストン押しのけ量 $V = 0.12\ \mathrm{m^3/s}$、圧縮機の体積効率 $\eta_v = 0.8$、装置の理論成績係数 $(COP)_{th,R} = 3.5$ とする。

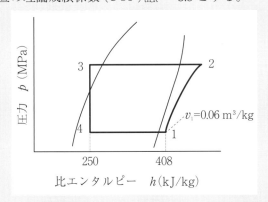

(H17-1 二冷検定 類似)

2章 冷凍サイクル

027

▽ 解説

$(COP)_{th,R}$ は $h_1 - h_4$ と $h_2 - h_1$ の比であるので、示されていない $h_2 - h_1$ を既知の $h_1 - h_4$ で表すと理論圧縮動力 P_{th} が得られることに注意する。

冷凍能力を $\varPhi_o$、凝縮負荷を $\varPhi_{th,k}$ として、式(2.3d)より

$$(COP)_{th,R} = \frac{\varPhi_o}{P_{th}} = \frac{h_1 - h_4}{h_2 - h_1} = 3.5$$

$$\therefore\quad h_2 - h_1 = \frac{h_1 - h_4}{3.5} \quad\cdots\cdots\cdots\cdots\cdots\cdots\cdots\cdots\cdots\cdots\cdots ①$$

$\varPhi_{th,k}$ は式(1.5)と①より、冷媒循環量を q_{mr} として

$$\varPhi_{th,k} = P_{th} + \varPhi_o = q_{mr}(h_2 - h_1) + q_{mr}(h_1 - h_4) = q_{mr}\left\{\frac{h_1 - h_4}{3.5} + (h_1 - h_4)\right\}$$

$$= \frac{4.5}{3.5} \cdot q_{mr}(h_1 - h_4) \quad\cdots\cdots\cdots\cdots\cdots\cdots\cdots\cdots\cdots ②$$

また、q_{mr} は、式(2.1b)から

$$q_{mr} = \frac{V\eta_v}{v_1} = \frac{0.12\ \mathrm{m^3/s} \times 0.8}{0.06\ \mathrm{m^3/kg}} = 1.60\ \mathrm{kg/s}$$

式②より

$$\varPhi_{\mathrm{th,k}} = \frac{4.5}{3.5} \times 1.60\,\mathrm{kg/s} \times (408 - 250)\,\mathrm{kJ/kg} = 325\,\mathrm{kJ/s} = 325\,\mathrm{kW}$$

（答　325 kW）

（別解）

式①から h_2 を計算し、式(2.3c)を用いて $\varPhi_{\mathrm{th,k}}$ を求める。

式①を変形して、示された値を代入すると

$$h_2 = h_1 + \frac{h_1 - h_4}{3.5} = \left(408 + \frac{408 - 250}{3.5}\right)\mathrm{kJ/kg} = 453.1\,\mathrm{kJ/kg}$$

q_{mr} を計算して、式(2.3c)に代入する。

$$\varPhi_{\mathrm{th,k}} = q_{\mathrm{mr}}(h_2 - h_3) = 1.60\,\mathrm{kg/s} \times (453.1 - 250)\,\mathrm{kJ/kg} = 325\,\mathrm{kW}$$

例題— 2.10　　　　　　　　　　　　　　　　　二冷

p-h 線図から $(COP)_\mathrm{R}$、q_mr、$\varPhi_\mathrm{k}$ などを求める

下図は、R 410A の冷凍装置の理論冷凍サイクルを示したものである。次の(1)～(4)の値を求めよ。ただし、実際の冷凍サイクルの条件は次のとおりとし、機械的摩擦損失仕事は熱となって冷媒に加えられるものとする。

（条件）

圧縮機の体積効率	$\eta_\mathrm{v} = 0.75$
圧縮機の断熱効率	$\eta_\mathrm{c} = 0.85$
圧縮機の機械効率	$\eta_\mathrm{m} = 0.90$
圧縮機のピストン押しのけ量	$V = 0.05\,\mathrm{m^3/s}$

(1)　実際の成績係数 $(COP)_\mathrm{R}$

(2)　実際の冷媒循環量 q_mr

(3)　実際の圧縮機駆動の軸動力 P

(4)　実際の凝縮器での負荷 $\varPhi_\mathrm{k}$

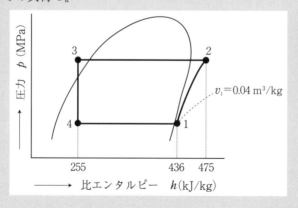

（H27-1 二冷検定　類似）

解説

(1) 実際の成績係数 $(COP)_R$

式(2.4e)より

$$(COP)_R = \frac{\Phi_o}{P} = \frac{(h_1 - h_4)\,\eta_c\eta_m}{h_2 - h_1}$$

$$= \frac{(436 - 255)\,\text{kJ/kg} \times 0.85 \times 0.90}{(475 - 436)\,\text{kJ/kg}} = 3.55$$

(答　3.55)

(2) 実際の冷媒循環量 q_{mr}

式(2.1b)より

$$q_{mr} = \frac{V\eta_v}{v_1} = \frac{0.05\,\text{m}^3/\text{s} \times 0.75}{0.04\,\text{m}^3/\text{kg}} = 0.938\,\text{kg/s}$$

(答　0.938 kg/s)

(3) 実際の軸動力 P

式(2.4a)から

$$P = \frac{q_{mr}(h_2 - h_1)}{\eta_c\eta_m} = \frac{0.938\,\text{kg/s} \times (475 - 436)\,\text{kJ/kg}}{0.85 \times 0.90} = 47.8\,\text{kW}$$

(答　47.8 kW)

(4) 実際の凝縮負荷 Φ_k

機械的摩擦損失仕事の熱が冷媒に加えられるとしているので、式(1.5)がそのまま使用できる。

$$\Phi_k = \Phi_o + P = q_{mr}(h_1 - h_4) + P$$

$$= 0.938\,\text{kg/s} \times (436 - 255)\,\text{kJ/kg} + 47.8\,\text{kJ/s} = 218\,\text{kW}$$

なお、Φ_o は $(COP)_R \times P$ から求めることもできる。

(答　218 kW)

(別解)

実際の吐出しガスの比エンタルピー h_2' を求めて、次の式から計算する。

$$\Phi_k = q_{mr}(h_2' - h_3) \quad\cdots\cdots\cdots\cdots\cdots\cdots\cdots\cdots\cdots ①$$

h_2' は

$$h_2' = h_1 + \frac{h_2 - h_1}{\eta_c\eta_m} = 436\,\text{kJ/kg} + \frac{(475 - 436)\,\text{kJ/kg}}{0.85 \times 0.90} = 487.0\,\text{kJ/kg}$$

$$\therefore \quad \Phi_k = 0.938\,\text{kg/s} \times (487.0 - 255)\,\text{kJ/kg} = 218\,\text{kW}$$

例題 — 2.11　　二冷

冷媒循環量の変化による $(COP)_{th,R}$ の変化などを求める

　R 410A の冷凍装置が次の図の理論冷凍サイクルで運転されているとき、次の(1)～(4)について答えよ。ただし、理論圧縮動力は 25 kW、冷媒循環量は 0.5 kg/s である。

(1) 理論冷凍能力は何 kW か。

(2) 状態2の比エンタルピー h_2 は何 kJ/kg か。

(3) この冷凍装置の理論成績係数 $(COP)_{\text{th,R}}$ はいくらか。

(4) このサイクルの冷媒循環量を2倍にすると、冷凍装置の理論成績係数は何倍になるか。

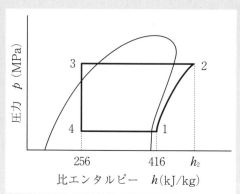

（H21-2 二冷検定　類似）

(1) 理論冷凍能力 Φ_{o}

冷媒循環量 $q_{\text{mr}} = 0.5\ \text{kg/s}$ であるから、式(2.3a)より

$$\Phi_{\text{o}} = q_{\text{mr}}(h_1 - h_4) = 0.5\ \text{kg/s} \times (416 - 256)\ \text{kJ/kg} = 80\ \text{kW}$$

（答　80 kW）

(2) 状態2の比エンタルピー h_2

理論圧縮動力を P_{th} として、式(2.3b)から

$$P_{\text{th}} = q_{\text{mr}}(h_2 - h_1)$$

$$\therefore\quad h_2 = \frac{P_{\text{th}}}{q_{\text{mr}}} + h_1 = \frac{25\ \text{kJ/s}}{0.5\ \text{kg/s}} + 416\ \text{kJ/kg} = 466\ \text{kJ/kg}$$

（答　466 kJ/kg）

(3) $(COP)_{\text{th,R}}$

式(2.3d)を用いて

$$(COP)_{\text{th,R}} = \frac{\Phi_{\text{o}}}{P_{\text{th}}} = \frac{80\ \text{kW}}{25\ \text{kW}} = 3.2$$

（答　3.2）

(4) q_{mr} を2倍にしたときの $(COP)_{\text{th,R}}$

(3)と同様に

$$(COP)_{\text{th,R}} = \frac{\Phi_{\text{o}}}{P_{\text{th}}} = \frac{h_1 - h_4}{h_2 - h_1}$$

である。すなわち、理論冷凍サイクルが同じであれば、$(COP)_{\text{th,R}}$ は q_{mr} に無関係であり、かつ、$h_1 \sim h_4$ は変化しないので $(COP)_{\text{th,R}}$ は変わらない。

（答　変化しない）

運転条件の変更に伴う Φ_{o}、P の変化

　R 22 冷凍装置が下図の 1　2　3　4　1 で示す理論冷凍サイクルの条件で運転されている。いま、蒸発圧力を下げて $1'-2-3-4'-1'$ の理論サイクルに運転を変更した。圧縮機のピストン押しのけ量は $0.03\ \mathrm{m^3/s}$ である。これについて、次の(1)および(2)の問に答えよ。ただし、圧縮機の効率は下表の値とし、冷媒の各状態点での比エンタルピーは次のとおりとする。

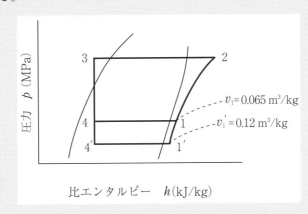

比エンタルピー　$h\,(\mathrm{kJ/kg})$

　各状態点の比エンタルピー
$$h_1 = 405.8\ \mathrm{kJ/kg}$$
$$h_1' = 400.8\ \mathrm{kJ/kg}$$
$$h_2 = 455.2\ \mathrm{kJ/kg}$$
$$h_3 = 243.6\ \mathrm{kJ/kg}$$

　圧縮機の効率

	サイクル $1-2-3-4-1$	サイクル $1'-2-3-4'-1'$
体積効率 η_{v}	0.74	0.62
断熱効率 η_{c}	0.76	0.66
機械効率 η_{m}	0.80	0.75

(1)　変更後($1'-2-3-4'-1'$)の実際の冷凍能力は、変更前の($1-2-3-4-1$)の実際の冷凍能力の何%になるか。

(2)　変更後($1'-2-3-4'-1'$)の実際の圧縮機軸動力は、変更前($1-2-3-4-1$)の実際の圧縮機軸動力の何%になるか。

(H16 一冷国家試験 類似)

解説

(1)　冷凍能力 Φ_{o} の変化

　冷媒循環量 q_{mr} の変化から Φ_{o} の変化を計算する。

　変更後を「′」(ダッシュ)を付け、変更前はそのままの表示とすると

$$q_{mr} = \frac{V\eta_v}{v_1} = \frac{0.03\ \text{m}^3/\text{s} \times 0.74}{0.065\ \text{m}^3/\text{kg}} = 0.3415\ \text{kg/s}$$

$$q_{mr}{}' = \frac{V\eta_v{}'}{v_1{}'} = \frac{0.03\ \text{m}^3/\text{s} \times 0.62}{0.12\ \text{m}^3/\text{kg}} = 0.1550\ \text{kg/s}$$

$h_3 = h_4 = h_4{}'$ として、式(2.3a)から

$$\Phi_o = q_{mr}(h_1 - h_4) = 0.3415\ \text{kg/s} \times (405.8 - 243.6)\ \text{kJ/kg} = 55.39\ \text{kW}$$

$$\Phi_o{}' = q_{mr}{}'(h_1{}' - h_4) = 0.1550\ \text{kg/s} \times (400.8 - 243.6)\ \text{kJ/kg} = 24.37\ \text{kW}$$

$$\therefore\ \frac{\Phi_o{}'}{\Phi_o} = \frac{24.37\ \text{kW}}{55.39\ \text{kW}} = 0.440$$

（答　44.0 %）

なお、次の式を用いて、一気に計算することができる。

$$\frac{\Phi_o{}'}{\Phi_o} = \frac{q_{mr}{}'(h_1{}' - h_4)}{q_{mr}(h_1 - h_4)} = \frac{v_1\,\eta_v{}'}{v_1{}'\eta_v} \cdot \frac{h_1{}' - h_4}{h_1 - h_4}$$

(2)　軸動力 P の変化

式(2.4a)より

$$P = \frac{P_{th}}{\eta_c \eta_m} = \frac{q_{mr}(h_2 - h_1)}{\eta_c \eta_m} = \frac{0.3415\ \text{kg/s} \times (455.2 - 405.8)\ \text{kJ/kg}}{0.76 \times 0.80}$$

$$= 27.75\ \text{kW}$$

$$P' = \frac{P_{th}{}'}{\eta_c{}'\eta_m{}'} = \frac{q_{mr}{}'(h_2 - h_1{}')}{\eta_c{}'\eta_m{}'} = \frac{0.1550\ \text{kg/s} \times (455.2 - 400.8)\ \text{kJ/kg}}{0.66 \times 0.75}$$

$$= 17.03\ \text{kW}$$

$$\therefore\ \frac{P'}{P} = \frac{17.03\ \text{kW}}{27.75\ \text{kW}} = 0.614$$

（答　61.4 %）

なお、次の式を立てて、一気に計算することができる。

$$\frac{P'}{P} = \frac{q_{mr}{}'}{q_{mr}} \cdot \frac{\dfrac{h_2 - h_1{}'}{\eta_c{}'\eta_m{}'}}{\dfrac{h_2 - h_1}{\eta_c \eta_m}} = \frac{v_1\,\eta_v{}'}{v_1{}'\eta_v} \cdot \frac{(h_2 - h_1{}')\,\eta_c\eta_m}{(h_2 - h_1)\,\eta_c{}'\eta_m{}'}$$

例 題 — 2.13　　　　　　　　　　　　　　　　　一冷

圧力比から η_v を求めて実際と理論サイクルの Φ_o の比を求める

R 22 冷凍装置を運転し各部の計測を行ったところ、次の図の理論冷凍サイクル1–2–3–4–1 に対し、実際のサイクルは 1′–1″–2′–2″–2–3–4–1′ で運転されていた。圧縮機のピストン押しのけ量を 0.03 m³/s として、実際の冷凍サイクルの理論冷凍サイクルに対する冷凍能力の比が何%になるかを計算せよ。

実測の測定点の値は次の表の値とし、理論冷凍サイクルの比エンタルピー、圧縮機の体積効率は次の図による。

計測点		圧力 （MPa g）	比体積 （m³/kg）	比エンタルピー （kJ/kg）
蒸発器出口	1′	0.10	0.12	400.8
圧縮機吸込み口	1″	0.05	0.17	407.1
圧縮機吐出し口	2′	1.77	—	501.2

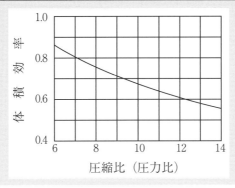

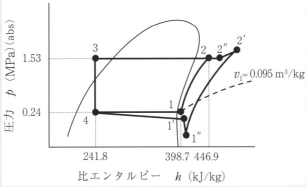

（H12 一冷国家試験 類似）

解説

（1）　体積効率（η_{vth}、η_{v}）を読み取る

　圧縮機の吸込み圧力を p_{s}、吐出し圧力を p_{d} とすると、理論サイクルの場合は図から

$$p_{\text{s}} = 0.24\,\text{MPa (abs)}、\qquad p_{\text{d}} = 1.53\,\text{MPa (abs)}$$

であるので、その圧力比は

$$\left(\frac{p_{\text{d}}}{p_{\text{s}}}\right)_{\text{th}} = \frac{1.53\,\text{MPa}}{0.24\,\text{MPa}} = 6.4$$

　体積効率の図から η_{vth} を読み取ると、およそ

$$\eta_{\text{vth}} = 0.84$$

　実際のサイクルの圧力比は、ゲージ圧力を絶対圧力になおして

$$\frac{p_{\text{d}}}{p_{\text{s}}} = \frac{(1.77 + 0.101)\,\text{MPa}}{(0.05 + 0.101)\,\text{MPa}} = 12.4$$

同様に、図から体積効率 η_v を読み取ると、およそ

$$\eta_v = 0.60$$

(ク)　冷凍能力 Φ_o の比の計算

ピストン押しのけ量を V、冷媒循環量を理論サイクルは q_{mrth}、実際のサイクルを単に q_{mr} と表せば

$$q_{mrth} = \frac{V\eta_{vth}}{v_1}、\qquad q_{mr} = \frac{V\eta_v}{v_1''}$$

であるから、冷凍能力 Φ_o の比は次のようになる。比エンタルピー h に状態点の番号を付けて表すと

$$\frac{\Phi_o}{\Phi_{oth}} = \frac{q_{mr}(h_1' - h_4)}{q_{mrth}(h_1 - h_4)} = \frac{\dfrac{V\eta_v}{v_1''}(h_1' - h_4)}{\dfrac{V\eta_{vth}}{v_1}(h_1 - h_4)}$$

$$= \frac{\eta_v}{\eta_{vth}} \cdot \frac{v_1}{v_1''} \cdot \frac{h_1' - h_4}{h_1 - h_4}$$

$$= \frac{0.60}{0.84} \times \frac{0.095 \,\mathrm{m^3/kg}}{0.17 \,\mathrm{m^3/kg}} \times \frac{(400.8 - 241.8) \,\mathrm{kJ/kg}}{(398.7 - 241.8) \,\mathrm{kJ/kg}} = 0.405$$

理論サイクルに対する実際のサイクルの冷凍能力は 40.5 %である。

（答　40.5 %）

演習問題 2-3

R 410A 冷凍装置が下記の運転条件で使用されている。このとき、実際の圧縮機の駆動軸動力 $P(\mathrm{kW})$ と実際の成績係数 $(COP)_R$ を求めよ。

（運転条件）

冷凍能力	$\Phi_o = 120 \,\mathrm{kW}$
圧縮機吸込み蒸気の比エンタルピー	$h_1 = 419 \,\mathrm{kJ/kg}$
理論断熱圧縮後の吐出しガスの比エンタルピー	$h_2 = 476 \,\mathrm{kJ/kg}$
蒸発器入口の冷媒液の比エンタルピー	$h_3 = 266 \,\mathrm{kJ/kg}$
圧縮機の断熱効率	$\eta_c = 0.8$
圧縮機の機械効率	$\eta_m = 0.9$

（R2-1 二冷検定　類似）

R 410A 冷凍装置が次の条件で運転されている。この装置の実際の冷凍能力は何 kW か。

　　（運転条件）

圧縮機吸込み蒸気の比エンタルピー	$h_1 = 436\,\text{kJ/kg}$
理論断熱圧縮後の吐出しガスの比エンタルピー	$h_2 = 475\,\text{kJ/kg}$
膨張弁入口の冷媒液の比エンタルピー	$h_3 = 255\,\text{kJ/kg}$
実際の圧縮機駆動軸動力	$P = 48\,\text{kW}$
圧縮機の断熱効率	$\eta_c = 0.85$
圧縮機の機械効率	$\eta_m = 0.90$

　　　　　　　　　　　　　　　　　　　（H20-1 二冷検定　類似）

下図は R 134a 冷凍装置の理論冷凍サイクルである。冷凍能力が 119 kW であるとき、次の(1)～(3)に答えよ。ただし、圧縮機の断熱効率 η_c を 0.70、機械効率 η_m を 0.85 とし、機械的摩擦損失仕事は熱になって冷媒に加えられるものとする。

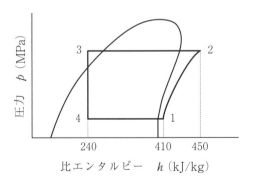

(1)　冷媒循環量は何 kg/s か。

(2)　この冷凍装置の実際の成績係数はいくらか。

(3)　実際の圧縮機吐出しガスの比エンタルピーは何 kJ/kg か。

　　　　　　　　　　　　　　　　　　　（H18 二冷国家試験　類似）

演習問題 2-6

下記の運転条件で使用されている R 410A 冷凍装置がある。実際の圧縮機駆動の軸動力が 20 kW のとき、圧縮機のピストン押しのけ量は何 m³/s か。

(運転条件)

圧縮機の吸込み蒸気の比体積	$v_1 = 0.07 \text{ m}^3/\text{kg}$
圧縮機の吸込み蒸気の比エンタルピー	$h_1 = 420 \text{ kJ/kg}$
理論断熱圧縮後の吐出しガスの比エンタルピー	$h_2 = 468 \text{ kJ/kg}$
圧縮機の体積効率	$\eta_\text{v} = 0.7$
圧縮機の断熱効率	$\eta_\text{c} = 0.8$
圧縮機の機械効率	$\eta_\text{m} = 0.9$

(H21-2 二冷検定 類似)

演習問題 2-7

アンモニア冷凍装置が図の理論冷凍サイクルで運転されているとき、次の(1)～(4)に答えよ。ただし、理論冷凍能力 Φ_o は 57.2 kW である。

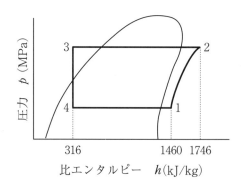

(1) 冷媒循環量 q_mr(kg/s)を求めよ。

(2) 理論圧縮動力 P_th(kW)を求めよ。

(3) 理論成績係数 $(COP)_\text{th,R}$ を求めよ。

(4) 理論凝縮負荷 $\Phi_\text{th,k}$(kW)を求めよ。

(H23-1 二冷検定 類似)

R 404A 冷凍装置が下図の理論冷凍サイクルで運転されている。このときの冷凍能力（日本冷凍トン）、凝縮器放熱量(kW)、成績係数、蒸発器入口の冷媒の乾き度はいくらか。ただし、装置の冷媒循環量は 0.92 kg/s である。

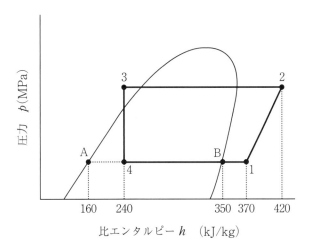

（H29 二冷国家試験 類似）

アンモニア冷凍装置が次の条件で運転されている。このときの冷凍能力 Φ_o と成績係数 $(COP)_R$ を求めよ。ただし、圧縮機における機械的摩擦損失仕事は熱となって冷媒に加えられるものとし、配管での熱の出入りはないものとする。

（運転条件）

圧縮機のピストン押しのけ量	$V = 250 \, \text{m}^3/\text{h}$
圧縮機吸込み蒸気の比体積	$v_1 = 0.43 \, \text{m}^3/\text{kg}$
圧縮機吸込み蒸気の比エンタルピー	$h_1 = 1450 \, \text{kJ/kg}$
理論断熱圧縮後の吐出しガスの比エンタルピー	$h_2 = 1670 \, \text{kJ/kg}$
蒸発器入口冷媒の比エンタルピー	$h_4 = 340 \, \text{kJ/kg}$
圧縮機の体積効率	$\eta_v = 0.75$
圧縮機の断熱効率	$\eta_c = 0.80$
圧縮機の機械効率	$\eta_m = 0.90$

（H23 二冷国家試験 類似）

ピストン押しのけ量 $0.014\ \mathrm{m^3/s}$ の圧縮機を使用した R 22 冷凍装置が下図の $1-2-3-4-1$（A サイクル）で運転されている。いま、低圧圧力を下げて $1'-2-3-4'-1'$（B サイクル）に運転状態を変更した。この場合、A サイクルに対して B サイクルの冷凍能力および圧縮機の所要軸動力はそれぞれ何 % になるか。ただし、図の A、B サイクルはともに理論冷凍サイクルであり、圧縮機の効率は下表の値とし、図中の冷媒の各状態点の比エンタルピーは下記のとおりとする。

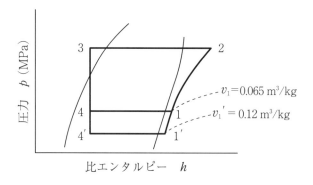

各状態点の比エンタルピー

$h_1 = 405.8\ \mathrm{kJ/kg}$

$h_1' = 400.8\ \mathrm{kJ/kg}$

$h_2 = 455.2\ \mathrm{kJ/kg}$

$h_3 = 243.6\ \mathrm{kJ/kg}$

圧縮機の効率

	体積効率 η_v	断熱効率 η_c	機械効率 η_m
A サイクル	0.75	0.77	0.81
B サイクル	0.63	0.66	0.76

（H11 一冷国家試験 類似）

(3) ヒートポンプサイクル

　凝縮負荷を暖房の熱源として用いる**ヒートポンプサイクル**は、対応する冷凍サイクルと比較して、単に利用する熱が凝縮負荷 Φ_k か冷凍能力 Φ_o かの違いであるので、成績係数以外の性能は冷凍サイクルと同じ計算式を用いることができる。

　ヒートポンプサイクルの理論成績係数 $(COP)_{th,H}$ および実際の成績係数 $(COP)_H$ は、凝

縮負荷と圧縮機の軸動力の比で表され、相当する冷凍サイクルの値より 1 だけ大きい値となる。

すなわち、式(1.5)の関係($\Phi_{\mathrm{th,k}} = \Phi_{\mathrm{o}} + P_{\mathrm{th}}$)を用いると

$$(COP)_{\mathrm{th,H}} = \frac{\Phi_{\mathrm{th,k}}}{P_{\mathrm{th}}} = \frac{\Phi_{\mathrm{o}} + P_{\mathrm{th}}}{P_{\mathrm{th}}} = \frac{\Phi_{\mathrm{o}}}{P_{\mathrm{th}}} + 1 = (COP)_{\mathrm{th,R}} + 1 \quad \cdots\cdots\cdots (2.5\mathrm{a})$$

$$(COP)_{\mathrm{H}} = \frac{\Phi_{\mathrm{k}}}{P} = \frac{\Phi_{\mathrm{o}} + P}{P} = \frac{\Phi_{\mathrm{o}}}{P} + 1 = (COP)_{\mathrm{R}} + 1 \quad \cdots\cdots\cdots\cdots (2.5\mathrm{b})$$

だたし、式(2.5b)は、圧縮機の機械的摩擦損失仕事の熱が冷媒に加えられる場合に成立する式であり、圧縮機の機械的摩擦損失仕事の熱が冷媒に加えられない場合は、その分、利用する熱量が減少するので分子の P の代わりに圧縮動力 P_{c} を用いて計算する。すなわち、$P_{\mathrm{c}} = P\eta_{\mathrm{m}}$ から、式(2.5b)は

$$(COP)_{\mathrm{H}} = \frac{\Phi_{\mathrm{k}}}{P} = \frac{\Phi_{\mathrm{o}} + P_{\mathrm{c}}}{P} = \frac{\Phi_{\mathrm{o}}}{P} + \eta_{\mathrm{m}} = (COP)_{\mathrm{R}} + \eta_{\mathrm{m}} \quad \cdots\cdots\cdots (2.5\mathrm{c})$$

となる。

例題 — **2.14**　　　　　　　　　　　　　　　　　　　二冷

$p-h$ 線図、P_{th} から Φ_{o}、$(COP)_{\mathrm{th,R}}$、$(COP)_{\mathrm{th,H}}$ を求める

R 134a 冷凍装置が下図の理論冷凍サイクルで運転されている。理論圧縮動力は 94 kW である。このときの冷凍能力 Φ_{o}(kW)、理論成績係数$(COP)_{\mathrm{th,R}}$、ヒートポンプとして用いたときの理論成績係数$(COP)_{\mathrm{th,H}}$ はいくらか。

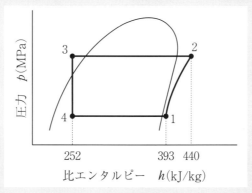

(H30-1 二冷検定 類似)

(1) 冷凍能力 Φ_{o}(kW)

理論圧縮動力 P_{th} が与えられているから、式(2.3b)を使って冷媒循環量 q_{mr} を求め、次いで式(2.3a)を使って冷凍能力 Φ_{o} を求める。

$$q_{\mathrm{mr}} = \frac{P_{\mathrm{th}}}{h_2 - h_1} = \frac{94\ \mathrm{kJ/s}}{(440 - 393)\ \mathrm{kJ/kg}} = 2.00\ \mathrm{kg/s}$$

$$\Phi_{\mathrm{o}} = q_{\mathrm{mr}}(h_1 - h_4) = 2.00\ \mathrm{kg/s} \times (393 - 252)\mathrm{kJ/kg} = 282\ \mathrm{kJ/s} = 282\ \mathrm{kW}$$

（答　$\Phi_{\mathrm{o}} = 282\ \mathrm{kW}$）

(2) 理論成績係数 $(COP)_{\mathrm{th,R}}$

理論圧縮動力 P_{th} と冷凍能力 Φ_{o} がわかったので、式(2.3d)を使う。

$$(COP)_{\mathrm{th,R}} = \frac{\Phi_{\mathrm{o}}}{P_{\mathrm{th}}} = \frac{282\ \mathrm{kW}}{94\ \mathrm{kW}} = 3.00$$

（答　$(COP)_{\mathrm{th,R}} = 3.00$）

(3) ヒートポンプとして用いたときの理論成績係数 $(COP)_{\mathrm{th,H}}$

式(2.5a)を使う。

$$(COP)_{\mathrm{th,H}} = (COP)_{\mathrm{th,R}} + 1 = 3.00 + 1 = 4.00$$

（答　$(COP)_{\mathrm{th,H}} = 4.00$）

例 題 — 2.15　　　　　　　　　　　　　　　　　　　　二冷

ヒートポンプの理論成績係数を求める

R 410A ヒートポンプ加熱装置が下記の条件の理論サイクルで運転されている。この装置の理論成績係数はいくらか。

（条件）

圧縮機の吸込み蒸気の比エンタルピー	h_1	$= 432.4\ \mathrm{kJ/kg}$
圧縮機の吐出しガスの比エンタルピー	h_2	$= 472.1\ \mathrm{kJ/kg}$
凝縮器出口冷媒液の比エンタルピー	h_3	$= 275.5\ \mathrm{kJ/kg}$
蒸発器入口冷媒の比エンタルピー	h_4	$= h_3$

（H16-2 二冷検定 類似）

解説

運転条件を図にすると右のようになる。

理論凝縮負荷を $\Phi_{\text{th,k}}$、理論圧縮動力を P_{th} とすると、式(2.5a)により

$$(COP)_{\text{th,H}} = \frac{\Phi_{\text{th,k}}}{P_{\text{th}}} = \frac{h_2 - h_3}{h_2 - h_1} \cdots ①$$

式①に各比エンタルピーの値を代入して

$$(COP)_{\text{th,H}} = \frac{(472.1 - 275.5)\ \text{kJ/kg}}{(472.1 - 432.4)\ \text{kJ/kg}}$$

$$= 4.95 \fallingdotseq 5.0$$

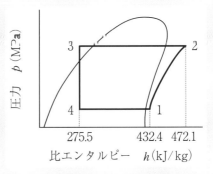

(答 5.0)

(別解)

$(COP)_{\text{th,R}}$ を計算して 1 を加える。

$$(COP)_{\text{th,R}} = \frac{h_1 - h_4}{h_2 - h_1} = \frac{(432.4 - 275.5)\ \text{kJ/kg}}{(472.1 - 432.4)\ \text{kJ/kg}} = 3.95$$

$$\therefore \quad (COP)_{\text{th,H}} = (COP)_{\text{th,R}} + 1 = 3.95 + 1 = 4.95 \fallingdotseq 5.0$$

例題 — 2.16 【二冷】

$(COP)_{\text{th,H}}$ から h_1 を求める

R 22 ヒートポンプ装置が下図に示す理論ヒートポンプサイクルで運転されている。この装置の理論成績係数が 6.0 であるとき、圧縮機の吸込み蒸気の比エンタルピー h_1 は何 kJ/kg か。

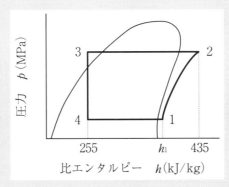

(H18-2 二冷検定 類似)

理論圧縮動力 P_{th}、理論凝縮負荷 $\Phi_{\text{th,k}}$、ヒートポンプの理論成績係数 $(COP)_{\text{th,H}}$ および各比エンタルピーの関係は、式(2.5a)から

$$(COP)_{\text{th,H}} = \frac{\Phi_{\text{th,k}}}{P_{\text{th}}} = \frac{h_2 - h_3}{h_2 - h_1} \quad \text{............................} ①$$

式①を h_1 について解くと

$$h_1 = h_2 - \frac{h_2 - h_3}{(COP)_{\text{th,H}}} \quad \text{............................} ②$$

各比エンタルピーを図から読み取り、$(COP)_{\text{th,H}}$ の値とともに式②に代入すると

$$h_1 = 435\,\text{kJ/kg} - \frac{(435 - 255)\,\text{kJ/kg}}{6.0} = (435 - 30)\,\text{kJ/kg} = 405\,\text{kJ/kg}$$

（答　405 kJ/kg）

演習問題 2-11

　図は R 404A 冷凍装置の理論冷凍サイクルである。この冷凍装置をヒートポンプ加熱装置として使用した場合の理論成績係数 $(COP)_{\text{th,H}}$ を求めよ。

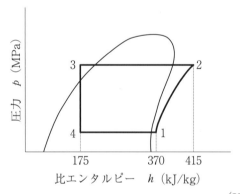

（H24 二冷国家試験 類似）

演習問題 2-12

　R 134a 冷凍装置が下図の理論冷凍サイクルで運転されているとき、次の(1)、(2)に答えよ。

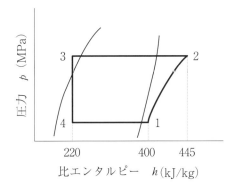

(1) この冷凍装置の理論成績係数 $(COP)_{\text{th,R}}$ はいくらか。

(2) この装置を上記サイクルで運転し、ヒートポンプとして用いたときの理論成績係数 $(COP)_{\text{th,H}}$ はいくらか。

（H19-2 二冷検定 類似）

演習問題 2-13 　二冷

R 22 ヒートポンプ装置において、理論ヒートポンプサイクルが図に示す 1−2−3−4−1 となった。実際の圧縮機軸動力は何 kW か。

ただし

凝縮器での実際の加熱能力（凝縮負荷）	$\Phi_{\text{k}} = 32.0\,\text{kW}$
圧縮機の断熱効率	$\eta_{\text{c}} = 0.75$
圧縮機の機械効率	$\eta_{\text{m}} = 0.85$

とし、圧縮機の機械的摩擦損失仕事は熱となって冷媒に加えられるものとする。

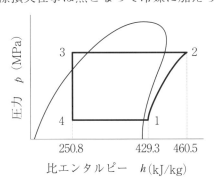

（H13-2 二冷検定 類似）

2·2·2 液ガス熱交換器付き単段圧縮冷凍サイクル 一冷 二冷

図に示すように、蒸発器を出る冷媒蒸気の過熱度を大きくして(状態7→1)湿り圧縮を防止し、また、凝縮器を出た冷媒液の過冷却度を大きくして(状態3→5)液管でのフラッシュガスの発生を防止したりする目的で使用されるサイクルである。各機器の性能の計算には、基本的に2·2·1単段圧縮冷凍サイクルと同じ計算式が使える。

なお、状態4は概略図には示されていないが、状態3の液が絞り膨張して蒸発圧力になったと仮定した状態であり、p-h線図上のみに示した。

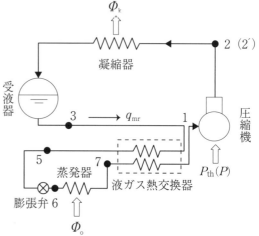

液ガス熱交換器付き単段圧縮冷凍サイクルのフロー図[1]

(1) 理論冷凍サイクル

① 冷凍能力 Φ_o

冷媒循環量を q_{mr} として、蒸発器を通る q_{mr} と前後の比エンタルピー差の積が冷凍能力 Φ_o であるから

$$\Phi_o = q_{mr}(h_7 - h_6) = q_{mr}(h_1 - h_4)$$
.... (2.6a)

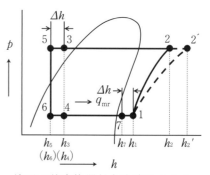

液ガス熱交換器付き冷凍サイクルの p-h 線図[1]

② 圧縮機の理論圧縮動力 P_{th}

圧縮機で圧縮される q_{mr} と前後の比エンタルピー差の積が P_{th} であるから

$$P_{th} = q_{mr}(h_2 - h_1) \quad \cdots\cdots\cdots\cdots (2.6b)$$

③ 理論凝縮負荷 $\Phi_{th,k}$

凝縮器を通る q_{mr} と前後の比エンタルピー差の積が理論凝縮負荷 $\Phi_{th,k}$ であるから

$$\Phi_{th,k} = q_{mr}(h_2 - h_3) \quad \cdots\cdots\cdots\cdots\cdots\cdots\cdots\cdots\cdots\cdots\cdots\cdots\cdots\cdots\cdots (2.6c)$$

④ 膨張弁前後の比エンタルピーの関係

絞り膨張では比エンタルピーの変化はないから

$$h_5 = h_6 \qquad (同様に\ h_3 = h_4)$$

⑤ 理論成績係数 $(COP)_{th,R}$

$(COP)_{th,R}$ は Φ_o と P_{th} の比であるから

$$(COP)_{th,R} = \frac{\Phi_o}{P_{th}} = \frac{h_7 - h_6}{h_2 - h_1} = \frac{h_1 - h_4}{h_2 - h_1} \quad \cdots\cdots\cdots\cdots\cdots\cdots\cdots\cdots (2.6d)$$

式(2.6a)について補足する。

液ガス熱交換器では、過冷却度を大きくするために過冷却液3から除去する熱量 q_{mr} $(h_3 - h_5)$（kW）と過熱度を大きくするために過熱蒸気7に加えられる熱量 $q_{mr}(h_1 - h_7)$（kW）は等しいから

$$q_{mr}(h_3 - h_5) = q_{mr}(h_1 - h_7) = q_{mr}\Delta h$$

この関係式と $h_5 = h_6$ および $h_3 = h_4$ の関係から式(2.6a)が導かれる。

式(2.6a)は、状態3の冷媒が状態1に変化する過程での熱の授受を考えると、液ガス熱交換器においては相殺されてゼロであるから、結局、状態3の冷媒が受け取る熱量は蒸発器で系外から受け取る熱量 Φ_o のみであり、前項の単段圧縮冷凍サイクルと同じ計算式が使えることを示している。

(2) 実際の冷凍サイクル

計算式は省略するが、理論冷凍サイクルの各計算式に準じて行う。圧縮機の断熱効率 η_c、機械効率 η_m を考慮し、機械的摩擦損失仕事の熱が冷媒に加えられるか、加えられないかによって次の式を用いることは、基本的な単段圧縮冷凍サイクルの場合と同じである。

$$h_{2'} - h_1 = \frac{h_2 - h_1}{\eta_c \eta_m} \quad （加えられる場合）$$

または

$$h_{2'} - h_1 = \frac{h_2 - h_1}{\eta_c} \quad （加えられない場合）$$

例題 — 2.17　　　

液ガス熱交換器付きサイクルの理論成績係数を求める

図は液ガス熱交換器付き冷凍装置の理論冷凍サイクルである。

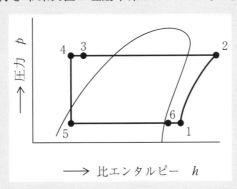

下記の運転条件において、受液器出口の冷媒液と蒸発器出口の冷媒蒸気との間で熱交換を行うとき、この理論冷凍サイクルの成績係数の値はいくらか。

（条件）

理論断熱圧縮後の吐出しガスの比エンタルピー	$h_2 = 470\ \mathrm{kJ/kg}$
受液器出口の冷媒液の比エンタルピー	$h_3 = 236\ \mathrm{kJ/kg}$
膨張弁手前の冷媒液の比エンタルピー	$h_4 = 220\ \mathrm{kJ/kg}$
蒸発器出口の冷媒蒸気の比エンタルピー	$h_6 = 404\ \mathrm{kJ/kg}$

（H16-1 二冷検定 類似）

このサイクルの各位置の比エンタルピーを p–h 線図に書き込むと次の図のようになる。

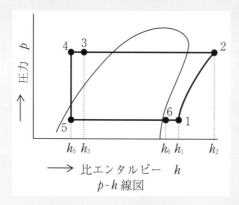

p–h 線図

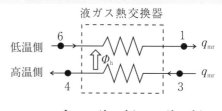

$$\varPhi_\mathrm{h} = q_\mathrm{mr}(h_3 - h_4) = q_\mathrm{mr}(h_1 - h_6)$$

液ガス熱交換器における熱の授受関係の図

液ガス熱交換器付き冷凍サイクルの理論成績係数 $(COP)_\mathrm{th,R}$ は、式(2.6d)のとおり

$$(COP)_\mathrm{th,R} = \frac{\varPhi_\mathrm{o}}{P_\mathrm{th}} = \frac{h_6 - h_5}{h_2 - h_1} \quad \cdots\cdots\cdots \text{①}$$

で求められる。絞り膨張時の冷媒の比エンタルピーは変わらないから $h_5 = h_4$ であるので、式①は h_1 が決まると計算できる。

熱交換器内の熱の授受の関係は図のとおり、受熱量と放熱量 $\varPhi_\mathrm{h}$ は等しいので

$$h_1 - h_6 = h_3 - h_4$$

$$\therefore\ h_1 = h_3 - h_4 + h_6$$

$$= (236 - 220 + 404)\ \mathrm{kJ/kg} = 420\ \mathrm{kJ/kg}$$

式①にこの値を代入して

$$(COP)_\mathrm{th,R} = \frac{(404 - 220)\ \mathrm{kJ/kg}}{(470 - 420)\ \mathrm{kJ/kg}} = 3.68$$

（答　3.68）

液ガス熱交換器付きサイクルの冷凍能力と蒸発器出口の乾き度の計算

　図に示す液ガス熱交換器付きの R 410A 冷凍装置が次の条件で運転されている。

　次の(1)、(2)の問に答えよ。ただし、配管での熱の出入りおよび圧力損失はないものとする。

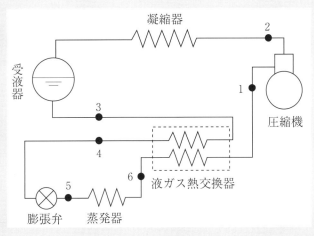

（条件）

圧縮機吸込み蒸気の比エンタルピー	$h_1 = 437 \text{ kJ/kg}$
受液器出口の液の比エンタルピー	$h_3 = 276 \text{ kJ/kg}$
膨張弁直前の液の比エンタルピー	$h_4 = 250 \text{ kJ/kg}$
蒸発圧力における乾き飽和蒸気の比エンタルピー	$h_D = 421 \text{ kJ/kg}$
蒸発圧力における飽和液の比エンタルピー	$h_B = 200 \text{ kJ/kg}$
圧縮機のピストン押しのけ量	$V = 21.6 \text{ m}^3/\text{h}$
圧縮機の体積効率	$\eta_v = 0.80$
圧縮機吸込み蒸気の比体積	$v_1 = 0.036 \text{ m}^3/\text{kg}$

(1)　冷凍能力 $\Phi_o (\text{kW})$ を求めよ。

(2)　蒸発器出口（点 6）の冷媒の状態は湿り蒸気か、乾き飽和蒸気か、過熱蒸気かを示し、湿り蒸気の場合は乾き度 x_6 を求めよ。

（H25 一冷国家試験 類似）

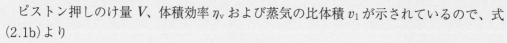

▼ 解説

このサイクルの p-h 線図を描くと右のようになる。ここで、点B、Dはそれぞれ飽和液および乾き飽和蒸気の位置である。なお、蒸発器出口の点6の位置は、仮に点Dより左側（湿り蒸気側）にしてある。

(1) 冷凍能力 Φ_o。

冷媒循環量を q_mr として、式(2.6a)のとおり

$$\Phi_\mathrm{o} = q_\mathrm{mr}(h_6 - h_5) \ \cdots\cdots ①$$

ピストン押しのけ量 V、体積効率 η_v および蒸気の比体積 v_1 が示されているので、式(2.1b)より

$$q_\mathrm{mr} = \frac{V\eta_\mathrm{v}}{v_1} = \frac{21.6\,\mathrm{m^3/h} \times 0.80}{3600\,\mathrm{s/h} \times 0.036\,\mathrm{m^3/kg}} = 0.1333\,\mathrm{kg/s}$$

右の図に示すとおり、液ガス熱交換器内の熱交換量（Φ_h）を考えると、高温側の放熱量と低温側の受熱量は等しいので

$$\Phi_\mathrm{h} = q_\mathrm{mr}(h_3 - h_4) = q_\mathrm{mr}(h_1 - h_6)$$

したがって

$$h_6 = h_1 - h_3 + h_4 \ \cdots\cdots\cdots ②$$

であり、$h_4 = h_5$ であるから、式①は

$$\Phi_\mathrm{o} = q_\mathrm{mr}(h_6 - h_5) = q_\mathrm{mr}(h_1 - h_3 + h_4 - h_4) = q_\mathrm{mr}(h_1 - h_3)$$
$$= 0.1333\,\mathrm{kg/s} \times (437 - 276)\,\mathrm{kJ/kg} = 21.5\,\mathrm{kW}$$

（答　21.5 kW）

(2) 蒸発器出口の状態および乾き度 x_6

式②から h_6 の値を求め、$h_6 < h_\mathrm{D}$ であれば湿り蒸気、$h_6 = h_\mathrm{D}$ であれば乾き飽和蒸気、$h_6 > h_\mathrm{D}$ ならば過熱蒸気と判断できる。

$$h_6 = h_1 - h_3 + h_4 = (437 - 276 + 250)\,\mathrm{kJ/kg}$$
$$= 411\,\mathrm{kJ/kg} < h_\mathrm{D}(= 421\,\mathrm{kJ/kg})$$

したがって、点6の蒸気は湿り蒸気である。

式(1.4)から

$$x_6 = \frac{h_6 - h_\mathrm{B}}{h_\mathrm{D} - h_\mathrm{B}} = \frac{(411 - 200)\,\mathrm{kJ/kg}}{(421 - 200)\,\mathrm{kJ/kg}} = 0.955$$

（答　湿り蒸気、$x_6 = 0.955$）

2章 冷凍サイクル

048

凝縮負荷を用いて液ガス熱交換器付き冷凍サイクルの $(COP)_R$ を求める

図に示す液ガス熱交換器付きの R 404A 冷凍装置を次の条件で運転することにした。

（運転条件）

圧縮機の吸込み蒸気の比エンタルピー	$h_1 = 370 \text{ kJ/kg}$
圧縮機の理論断熱圧縮後の吐出しガスの比エンタルピー	$h_2 = 410 \text{ kJ/kg}$
受液器出口の冷媒液の比エンタルピー	$h_3 = 250 \text{ kJ/kg}$
凝縮器の凝縮負荷	$\Phi_k = 150 \text{ kW}$
圧縮機の断熱効率	$\eta_c = 0.65$
圧縮機の機械効率	$\eta_m = 0.85$

この冷凍装置について、次の(1)、(2)に答えよ。

ただし、圧縮機の機械的摩擦損失仕事は熱となって冷媒に加わるものとし、配管での熱の出入りはないものとする。

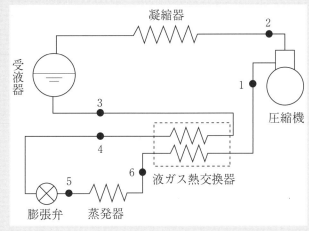

(1)　冷凍能力 Φ_o は何 kW か。

(2)　この冷凍装置の実際の成績係数 $(COP)_R$ はいくらか。

（H20 一冷国家試験 類似）

示された状態（サイクル）を p-h 線図に表すと右のようになる。

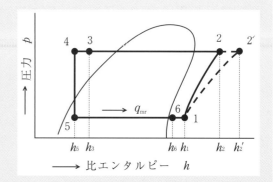

凝縮負荷 Φ_k が与えられているので、これを用いて冷媒循環量 q_{mr} を計算することができる。

冷媒に機械的摩擦損失仕事の熱が加えられるので、実際の吐出しガスの比エンタルピーを h_2' として式(2.6c)を応用し

$$\Phi_k = q_{mr}(h_2' - h_3)$$

$$= q_{mr}\left\{h_1 + \frac{h_2 - h_1}{\eta_c \eta_m} - h_3\right\}$$

$$\therefore \quad q_{mr} = \frac{\Phi_k}{(h_1 - h_3) + \dfrac{h_2 - h_1}{\eta_c \eta_m}}$$

値を代入して

$$q_{mr} = \frac{150\,\text{kJ/s}}{(370 - 250)\,\text{kJ/kg} + \dfrac{(410 - 370)\,\text{kJ/kg}}{0.65 \times 0.85}} = 0.7796\,\text{kg/s}$$

(1) 冷凍能力 Φ_o

式(2.6a)を用いて（Φ_o は理論と実際は同じである）

$$\Phi_o = q_{mr}(h_6 - h_5) = q_{mr}(h_1 - h_3) \quad\cdots\cdots\cdots\cdots\cdots\cdots\cdots\cdots ①$$

式①に q_{mr} および比エンタルピーの値を代入して

$$\Phi_o = 0.7796\,\text{kg/s} \times (370 - 250)\,\text{kJ/kg} = 93.6\,\text{kW}$$

（答　93.6 kW）

(2) 実際の成績係数 $(COP)_R$

式(2.6d)と同様に、軸動力を P として

$$(COP)_R = \frac{\Phi_o}{P} \quad\cdots\cdots\cdots\cdots\cdots\cdots\cdots\cdots\cdots\cdots\cdots ②$$

また、P は

$$P = \frac{q_{mr}(h_2 - h_1)}{\eta_c \eta_m}$$

であるから、式②は

$$(COP)_R = \frac{\Phi_o}{P} = \frac{q_{mr}(h_1 - h_3)}{\dfrac{q_{mr}(h_2 - h_1)}{\eta_c \eta_m}} = \frac{(h_1 - h_3)\,\eta_c \eta_m}{h_2 - h_1}$$

$$= \frac{(370 - 250)\,\text{kJ/kg} \times 0.65 \times 0.85}{(410 - 370)\,\text{kJ/kg}} = 1.66$$

（答　1.66）

なお、$P = \Phi_k - \Phi_o$ の関係を用いて P を計算することもできる。

冷凍能力から液ガス熱交換器付き冷凍サイクルの $(COP)_R$ などを求める

下図に示す液ガス熱交換器付きの R 404A 冷凍装置が下記の条件で運転されている。次の(1)、(2)の問に答えよ。

ただし、圧縮機の機械的摩擦損失仕事は吐出しガスに熱として加わるものとする。また、配管での熱の出入りおよび圧力損失はないものとする。

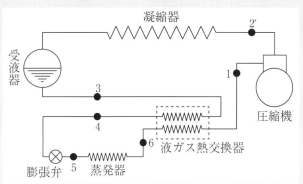

（条件）

圧縮機の吸込み蒸気の比エンタルピー	$h_1 = 374 \text{ kJ/kg}$
圧縮機の理論断熱圧縮後の吐出しガスの比エンタルピー	$h_2 = 418 \text{ kJ/kg}$
受液器出口の冷媒液の比エンタルピー	$h_3 = 238 \text{ kJ/kg}$
膨張弁手前の冷媒液の比エンタルピー	$h_4 = 215 \text{ kJ/kg}$
冷凍能力	$\Phi_o = 100 \text{ kW}$
圧縮機の断熱効率	$\eta_c = 0.75$
圧縮機の機械効率	$\eta_m = 0.90$

(1) 液ガス熱交換器における熱交換量 Φ_h (kW) を求めよ。

(2) この冷凍装置の実際の成績係数 $(COP)_R$ を求めよ。

（R2 一冷国家試験 類似）

 解説

(1) 液ガス熱交換器における熱交換量 Φ_h (kW)

熱交換量 Φ_h は冷媒循環量 q_{mr} と液ガス熱交換器前後の比エンタルピー差の積であり、問題文の記号を用いて表すと

$$\Phi_h = q_{mr}(h_3 - h_4) \cdots\cdots ①$$

また、冷媒循環量 q_{mr} は、冷凍能力 Φ_o を用いて式(2.6a) より

$$q_{mr} = \frac{\Phi_o}{h_1 - h_3} \cdots\cdots ②$$

式①に式②を代入し、値を代入する。

051

2章 冷凍サイクル

$$\Phi_h = \frac{\Phi_o}{h_1 - h_3}(h_3 - h_4) = \frac{100\,\text{kJ/s}}{(374 - 238)\,\text{kJ/kg}} \times (238 - 215)\,\text{kJ/kg}$$

$$= 16.9\,\text{kJ/s} = 16.9\,\text{kW}$$

（答　$\Phi_h = 16.9\,\text{kW}$）

(2)　**実際の成績係数 $(COP)_R$**

　冷凍能力 Φ_o の計算式(2.6a)と実際の圧縮機駆動の軸動力 P の計算式(2.4a)を、実際の成績係数$(COP)_R$の計算式(2.4e)に代入し、値を代入する。

$$(COP)_R = \frac{\Phi_o}{P} = \frac{q_{mr}(h_1 - h_3) \cdot \eta_c \eta_m}{q_{mr}(h_2 - h_1)} = \frac{(h_1 - h_3) \cdot \eta_c \eta_m}{h_2 - h_1}$$

$$= \frac{(374 - 238)\,\text{kJ/kg} \times 0.75 \times 0.90}{(418 - 374)\,\text{kJ/kg}} = 2.09$$

（答　$(COP)_R = 2.09$）

演習問題 2-14　　　　　　　　　　　　　　　　　　　　一冷

　図に示す液ガス熱交換器付き冷凍装置が次の条件で運転されている。

（運転条件）

圧縮機のピストン押しのけ量	$V = 0.01\,\text{m}^3/\text{s}$
圧縮機の体積効率	$\eta_v = 0.8$
圧縮機吸込み蒸気の比エンタルピー	$h_1 = 410\,\text{kJ/kg}$
受液器出口の冷媒液の比エンタルピー	$h_3 = 239\,\text{kJ/kg}$
蒸発器出口の冷媒蒸気の比エンタルピー	$h_6 = 390\,\text{kJ/kg}$
圧縮機吸込み蒸気の比体積	$v_1 = 0.0699\,\text{m}^3/\text{kg}$

このとき、(1)～(3)の問に答えよ。ただし、配管での熱の出入りはないものとする。

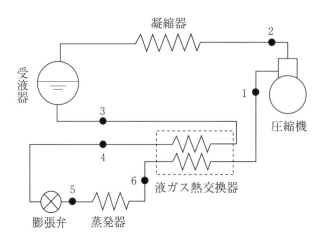

(1) この冷凍装置の理論冷凍サイクルの p–h 線図を書き、$1 \sim 6$ の各点をその p–h 線図上に示せ。

(2) 液ガス熱交換器の熱交換量 Φ_h (kW) を求めよ。

(3) この装置の冷凍能力 Φ_o (kW) を求めよ。

（H24 一冷検定 類似）

演習問題 2-15

ある冷凍装置の冷凍サイクルが下記のとおり運転されている。

圧縮機吸込み蒸気の比エンタルピー	$h_1 = 398.7 \ \text{kJ/kg}$
理論断熱圧縮後の吐出しガスの比エンタルピー	$h_2 = 451.0 \ \text{kJ/kg}$
受液器出口液の比エンタルピー	$h_3 = 241.8 \ \text{kJ/kg}$
冷媒循環量	$q_{mr} = 0.0556 \ \text{kg/s}$
圧縮機の断熱効率	$\eta_c = 0.75$
圧縮機の機械効率	$\eta_m = 0.85$

この装置の運転状態 h_1、h_2、h_3 の値を変えることなく、図のように液ガス熱交換器を用いて過冷却度を大きくし、膨張弁手前の冷媒液の比エンタルピーを $h_4 = 226.5 \ \text{kJ/kg}$ とした。この装置について(1)～(3)に答えよ。ただし、蒸発圧力での飽和液と乾き飽和蒸気の比エンタルピー値は、それぞれ $h' = 171.1 \ \text{kJ/kg}$、$h'' = 394.6 \ \text{kJ/kg}$ とし、配管での熱の出入りはないものとする。

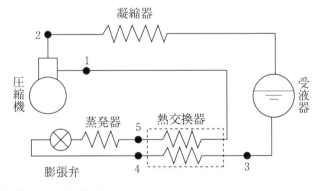

(1) 液ガス熱交換器での交換熱量 Φ_h は何 kW か。

(2) 液ガス熱交換器入口点 5 の湿り蒸気の乾き度 x_5 はいくらか。

(3) 冷凍装置の成績係数 $(COP)_R$ はいくらか。

（H5 一冷国家試験 類似）

　下図に示す液ガス熱交換器付きの R 404A 冷凍装置が次の条件で運転されている。次の(1)〜(4)の問に答えよ。

　ただし、圧縮機の機械的摩擦損失仕事は吐出しガスに熱として加わるものとする。また、配管での熱の出入りおよび圧力損失はないものとする。

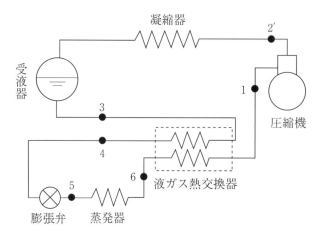

（条件）

圧縮機吸込み蒸気の比エンタルピー	$h_1 = 376 \, \text{kJ/kg}$
圧縮機の理論断熱圧縮後の吐出しガスの比エンタルピー	$h_2 = 420 \, \text{kJ/kg}$
受液器出口の液の比エンタルピー	$h_3 = 240 \, \text{kJ/kg}$
膨張弁直前の液の比エンタルピー	$h_4 = 217 \, \text{kJ/kg}$
実際の凝縮器の凝縮負荷	$\Phi_k = 180 \, \text{kW}$
圧縮機の断熱効率	$\eta_c = 0.70$
圧縮機の機械効率	$\eta_m = 0.85$

(1)　冷凍能力 $\Phi_o \, (\text{kW})$ を求めよ。

(2)　液ガス熱交換器での熱交換量 $\Phi_h \, (\text{kW})$ を求めよ。

(3)　この冷凍装置の実際の成績係数 $(COP)_R$ を求めよ。

(4)　液ガス熱交換器の使用目的を二つ記せ。

（H28 一冷国家試験 類似）

演習問題 2-17　　　　　　　　　　　　　　　　　　　　一冷

図に示す液ガス熱交換器付きのR22冷凍装置が下記の条件で運転されている。

圧縮機の吸込み蒸気の比エンタルピー	$h_1 = 411 \text{ kJ/kg}$
理論断熱圧縮後の吐出しガスの比エンタルピー	$h_2 = 466 \text{ kJ/kg}$
受液器出口の冷媒液の比エンタルピー	$h_3 = 237 \text{ kJ/kg}$
膨張弁手前の冷媒液の比エンタルピー	$h_4 = 214 \text{ kJ/kg}$
水冷凝縮器の冷却水量	$q_{mW} = 6 \text{ kg/s}$
水冷凝縮器の冷却水の比熱	$c_W = 4.18 \text{ kJ/(kg·K)}$
水冷凝縮器の冷却水の出入口温度差	$\Delta t_W = 5 \text{ K}$
圧縮機の断熱効率	$\eta_c = 0.70$
圧縮機の機械効率	$\eta_m = 0.80$

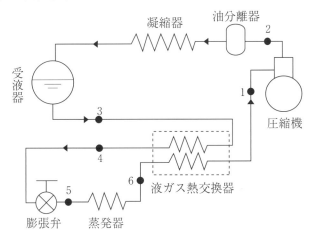

このとき、次の(1)～(3)に答えよ。ただし、圧縮機の機械的摩擦損失仕事の熱は冷媒に加えられるものとする。

(1) 実際の冷凍装置の冷媒循環量 q_{mr}(kg/s) を求めよ。

(2) 実際の液ガス熱交換器での交換熱量 Φ_h(kW) を求めよ。

(3) 実際の冷凍装置の成績係数 $(COP)_R$ を求めよ。

（H15 一冷検定 類似）

2·2·3　2台の蒸発器を1台の圧縮機で運転する単段圧縮冷凍サイクル　一冷

1台の圧縮機で蒸発温度（蒸発圧力）の異なる2台の蒸発器を使用することがある。この場合は図のように、受液器出口の冷媒液を低い蒸発温度（圧力）の蒸発器IIとそれより蒸発温度（圧力）の高い蒸発器Iの2台に分液し、それが熱を吸収して蒸気になった後、圧力の高い蒸発器Iの出口に絞り弁などを付けて減圧（絞り膨張）させ、蒸発器IIからの蒸気と合流して圧縮機の吸込み蒸気にするものである。フロー図とそのp-h線図を次に示すが、各位置の関

係を理解するとともに、蒸発器出口の合流点でのエネルギーバランスをよく理解しておく。

⑴ 理論冷凍サイクル

蒸発器I、IIの記号としてそれぞれ1、2の添字を用い、冷媒循環量をq_{mr}、冷凍能力をΦ_o、凝縮負荷をΦ_kおよび理論圧縮動力をP_{th}で表す。

① 冷凍能力 Φ_o および冷媒循環量 q_{mr}

a）蒸発器Iの冷凍能力 $\Phi_{o,1}$

$\Phi_{o,1}$ は蒸発器Iを通る $q_{mr,1}$ と前後の比エンタルピー差の積であるから

$$\Phi_{o,1} = q_{mr,1}(h_5 - h_4) \quad \cdots \text{(2.7a)}$$

b）蒸発器IIの冷凍能力 $\Phi_{o,2}$

$\Phi_{o,2}$ は蒸発器IIを通る $q_{mr,2}$ と前後の比エンタルピー差の積であるから

$$\Phi_{o,2} = q_{mr,2}(h_8 - h_7) \quad \cdots \text{(2.7b)}$$

c）合計の冷凍能力 Φ_o

$$\Phi_o = \Phi_{o,1} + \Phi_{o,2} \quad\cdots\cdots\cdots \text{(2.7c)}$$

d）冷媒循環量 q_{mr}

$$q_{mr} = q_{mr,1} + q_{mr,2} \quad\cdots\cdots \text{(2.7d)}$$

② 圧縮機の理論圧縮動力 P_{th}

理論圧縮動力 P_{th} は圧縮機で圧縮される q_{mr} と前後の比エンタルピー差の積であるので、1台の蒸発器の場合と同じ式になる。

$$P_{th} = q_{mr}(h_2 - h_1) \quad\cdots\cdots \text{(2.7e)}$$

③ 理論凝縮負荷 $\Phi_{k,th}$

凝縮器を通る冷媒循環量 q_{mr} と前後の比エンタルピー差の積として、1台の蒸発器の場合と同じ式になる。

$$\Phi_{k,th} = q_{mr}(h_2 - h_3) \quad\cdots\cdots\cdots\cdots\cdots\cdots\cdots\cdots\cdots\cdots \text{(2.7f)}$$

④ 膨張弁前後の比エンタルピーの関係

絞り膨張なので（$p\text{-}h$ 線図を見ると明らかであるが）

$$h_3 = h_4 = h_7$$

$$h_5 = h_6$$

⑤ 理論成績係数 $(COP)_{th,R}$

式(2.7a)〜(2.7c)、(2.7e)より

$$(COP)_{th,R} = \frac{\Phi_o}{P_{th}} = \frac{\Phi_{o,1} + \Phi_{o,2}}{P_{th}} = \frac{q_{mr,1}(h_5 - h_4) + q_{mr,2}(h_8 - h_7)}{q_{mr}(h_2 - h_1)}$$

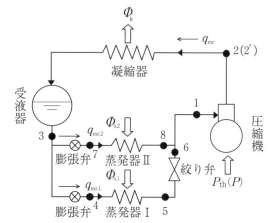

2台の蒸発器を1台の圧縮機で運転する単段圧縮冷凍サイクルのフロー図[1]

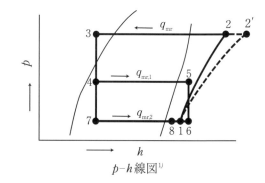

$p\text{-}h$ 線図[1]

$$\cdots\cdots\cdots\cdots\cdots\cdots\cdots\cdots\cdots\cdots\cdots\cdots\cdots\cdots\cdots (2.7\text{g})$$

⑥ 合流点（吸込み蒸気）の比エンタルピー h_1

点1、6、8のエネルギーバランスから

$$h_1 = \frac{q_{\mathrm{mr},1}\, h_6 + q_{\mathrm{mr},2}\, h_8}{q_{\mathrm{mr}}} \quad\cdots\cdots\cdots\cdots\cdots\cdots\cdots\cdots\cdots\cdots\cdots\cdots (2.7\text{h})$$

⑵ 実際の冷凍サイクル

計算式は省略するが、理論冷凍サイクルの各計算式に準じて行う。圧縮機の断熱効率 η_{c}、機械効率 η_{m} を考慮し、機械的摩擦損失仕事の熱が冷媒に加えられるか、加えられないかによって次の式を用いることは、前述のサイクルの場合と同じである。

$$h_2' - h_1 = \frac{h_2 - h_1}{\eta_{\mathrm{c}}\eta_{\mathrm{m}}} \quad （加えられる場合）$$

または

$$h_2' - h_1 = \frac{h_2 - h_1}{\eta_{\mathrm{c}}} \quad （加えられない場合）$$

例題 — **2.21**　　　　　　　　　　　　　　　　　　　　一冷

2台の蒸発器のサイクルにおける冷凍能力、成績係数の式

　保冷温度の異なる2室の冷蔵庫の蒸発器を1台の圧縮機で冷却する図のような冷凍装置がある。この装置について次の(1)、(2)に答えよ。

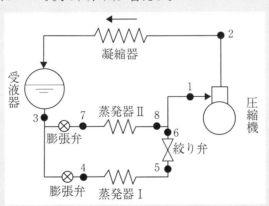

(1)　この冷凍装置の理論冷凍サイクルを p–h 線図上に示し、図の点1～点8の各点をその図に書き入れよ。

(2)　この冷凍装置の蒸発器Ⅰの冷媒流量を q_{mr1}(kg/s)、蒸発器Ⅱの冷媒流量を q_{mr2} (kg/s)、圧縮機の冷媒流量を $q_{\mathrm{mr}} = q_{\mathrm{mr1}} + q_{\mathrm{mr2}}$、点1～点8における冷媒の比エンタルピーを $h_1 \sim h_8$(kJ/kg)とおき、圧縮機吸込み蒸気の比エンタルピー h_1(kJ/kg)、蒸発器Ⅰの冷凍能力 Φ_{o1}(kW)、蒸発器Ⅱの冷凍能力 Φ_{o2}(kW)、この冷凍装置の理論成績係数 $(COP)_{\mathrm{th.R}}$ を表す式をそれぞれ書け。

　　　　　　　　　　　　　　　　　　　　　　　　（H14 一冷国家試験 類似）

(1) p-h 線図

蒸発器Ⅰの出口ガス（点5）は絞り弁で減圧されて蒸発器Ⅱからのガス（点8）と合流するので、蒸発器ⅠはⅡよりも高圧であることに注意してp-h線図を作成する。各点の位置を合わせると次の図のとおりになる。なお、図中のq_{mr}、hなどは(2)の理解のために便宜上書き入れたものであり、答案にはもちろん書く必要はない。

(2) 冷凍能力、成績係数など

① 圧縮機吸込み蒸気の比エンタルピー h_1

点1、6、8の熱（エネルギー）バランスをとると$q_{mr1}(h_6 - h_1) = q_{mr2}(h_1 - h_8)$および$q_{mr} = q_{mr1} + q_{mr2}$から、または、単に$q_{mr}h_1 = q_{mr1}h_6 + q_{mr2}h_8$から式(2.7h)が導かれる。

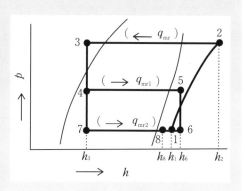

$$h_1 = \frac{q_{mr1}h_6 + q_{mr2}h_8}{q_{mr}}$$

$$\left(答 \quad h_1 = \frac{q_{mr1}h_6 + q_{mr2}h_8}{q_{mr}} \right)$$

② 冷凍能力 Φ_{o1}、Φ_{o2}

蒸発器の冷凍能力は、冷媒流量とその前後の比エンタルピー差の積であるから、式(2.7a)、(2.7b)と同形の

$$\Phi_{o1} = q_{mr1}(h_5 - h_4)$$
$$\Phi_{o2} = q_{mr2}(h_8 - h_7)$$

$$\left(答 \quad \Phi_{o1} = q_{mr1}(h_5 - h_4)、 \Phi_{o2} = q_{mr2}(h_8 - h_7) \right)$$

③ 理論成績係数 $(COP)_{th,R}$

装置の理論成績係数は、蒸発器Ⅰ、Ⅱの合計の冷凍能力 Φ_o を理論圧縮動力 P_{th} で割った商である。

式(2.7a)〜(2.7c)より、冷凍能力 Φ_o は

$$\Phi_o = \Phi_{o1} + \Phi_{o2} = q_{mr1}(h_5 - h_4) + q_{mr2}(h_8 - h_7)$$

理論圧縮動力 P_{th} は、q_{mr} と圧縮前後の比エンタルピー差の積であるから、式(2.7e)のとおり

$$P_{th} = q_{mr}(h_2 - h_1)$$

したがって、$(COP)_{th,R}$ は

$$(COP)_{th,R} = \frac{\Phi_o}{P_{th}} = \frac{q_{mr1}(h_5 - h_4) + q_{mr2}(h_8 - h_7)}{q_{mr}(h_2 - h_1)}$$

$$\left(答 \quad (COP)_{th,R} = \frac{q_{mr1}(h_5 - h_4) + q_{mr2}(h_8 - h_7)}{q_{mr}(h_2 - h_1)} \right)$$

2台の蒸発器サイクルの冷媒循環量、圧縮動力、成績係数などを求める

　下図は、蒸発温度の異なる2台の蒸発器を1台の圧縮機で運転する冷凍装置を示し、この装置の実際の運転状態は次のとおりである。

（運転状態）

蒸発器Iの冷凍能力	$\Phi_{oI} = 200\,\mathrm{kW}$
蒸発器IIの冷凍能力	$\Phi_{oII} = 100\,\mathrm{kW}$
圧縮機吐出しガスの比エンタルピー	$h_2 = 495\,\mathrm{kJ/kg}$
受液器出口の冷媒液の比エンタルピー	$h_3 = 257\,\mathrm{kJ/kg}$
蒸発器I出口の冷媒蒸気の比エンタルピー	$h_5 = 428\,\mathrm{kJ/kg}$
蒸発器II出口の冷媒蒸気の比エンタルピー	$h_8 = 419\,\mathrm{kJ/kg}$

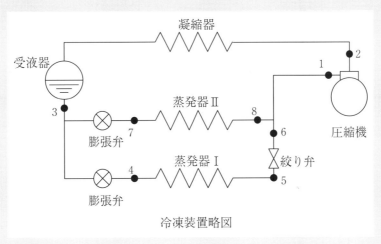

冷凍装置略図

　このとき、次の(1)～(5)について答えよ。ただし、上記 h_2 の値は、圧縮機の機械的摩擦損失仕事が熱として冷媒に加わったものであり、また、機器および配管と周囲との熱の授受はないものとする。

(1)　蒸発器Iの冷媒循環量 q_{mrI} を求めよ。

(2)　蒸発器IIの冷媒循環量 q_{mrII} を求めよ。

(3)　圧縮機の吸込み蒸気の比エンタルピー $h_1(\mathrm{kJ/kg})$ を求めよ。

(4)　圧縮機の所要駆動軸動力 $P(\mathrm{kW})$ を求めよ。

(5)　冷凍装置の成績係数 $(COP)_R$ を求めよ。

（H29 一冷検定 類似）

　設問の冷凍サイクルを p–h 線図に表すと、右図のようになる。

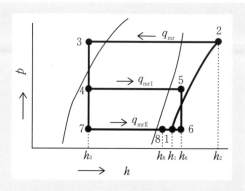

(1) 蒸発器Ⅰの冷媒循環量 q_{mrI}(kg/s)

　式(2.7a)を冷媒循環量 q_{mr} を求める式に変形し、値を代入する。$h_4 = h_3$ であるから

$$q_{mrI} = \frac{\varPhi_{oI}}{h_5 - h_4} = \frac{\varPhi_{oI}}{h_5 - h_3}$$

$$= \frac{200\,\text{kJ/s}}{(428 - 257)\,\text{kJ/kg}}$$

$$= 1.17\,\text{kg/s}$$

（答　$q_{mrI} = 1.17\,\text{kg/s}$）

(2) 蒸発器Ⅱの冷媒循環量 q_{mrII}(kg/s)

　式(2.7b)を使って(1)と同様にして求める。$h_7 = h_3$ であるから

$$q_{mrII} = \frac{\varPhi_{oII}}{h_8 - h_7} = \frac{\varPhi_{oII}}{h_8 - h_3} = \frac{100\,\text{kJ/s}}{(419 - 257)\,\text{kJ/kg}} = 0.617\,\text{kg/s}$$

（答　$q_{mrII} = 0.617\,\text{kg/s}$）

(3) 圧縮機の吸込み蒸気の比エンタルピー h_1(kJ/kg)

　前例題と同様に、点1、6、8のエネルギーバランスの式(2.7h)を使う。

$$h_1 = \frac{q_{mrI}h_6 + q_{mrII}h_8}{q_{mrI} + q_{mrII}} = \frac{q_{mrI}h_5 + q_{mrII}h_8}{q_{mrI} + q_{mrII}}$$

$$= \frac{1.17\,\text{kg/s} \times 428\,\text{kJ/kg} + 0.617\,\text{kg/s} \times 419\,\text{kJ/kg}}{(1.17 + 0.617)\,\text{kg/s}} = 425\,\text{kJ/kg}$$

（答　$h_1 = 425\,\text{kJ/kg}$）

(4) 圧縮機の所要駆動軸動力 P(kW)

　式(2.7e)を基に圧縮機の効率を考慮すると

$$P = (q_{mrI} + q_{mrII})\frac{h_2 - h_1}{\eta_c\eta_m} = (q_{mrI} + q_{mrII})\left(h_1 + \frac{h_2 - h_1}{\eta_c\eta_m} - h_1\right)$$

$$= (q_{mrI} + q_{mrII})(h_2' - h_1)$$

　この問題では、h_2 は圧縮機の機械的摩擦損失仕事が加わったものであり、$h_2' = h_2$ であるから

$$P = (q_{mrI} + q_{mrII})(h_2 - h_1) = (1.17 + 0.617)\,\text{kg/s} \times (495 - 425)\,\text{kJ/kg}$$

$$= 125\,\text{kJ/s} = 125\,\text{kW}$$

（答　$P = 125\,\text{kW}$）

(5) 成績係数 $(COP)_R$

　式(2.7g)を基に実際の成績係数を求める。

$$(COP)_R = \frac{\varPhi_{oI} + \varPhi_{oII}}{P} = \frac{(200 + 100)\,\text{kW}}{125\,\text{kW}} = 2.40$$

（答　$(COP)_R = 2.40$）

演習問題 2-18

　図は、保冷温度の異なる2室の冷蔵庫の蒸発器を1台の圧縮機で運転する冷凍装置であり、その理論冷凍サイクルおよび運転条件は次のとおりである。

　　　（理論冷凍サイクルおよび運転条件）

蒸発器Iの冷媒流量	$q_{mrI} = 0.2\,\text{kg/s}$
蒸発器IIの冷媒流量	$q_{mrII} = 0.4\,\text{kg/s}$
受液器出口冷媒の比エンタルピー	$h_3 = 243\,\text{kJ/kg}$
蒸発器I出口の冷媒蒸気の比エンタルピー	$h_5 = 412\,\text{kJ/kg}$
蒸発器II出口の冷媒蒸気の比エンタルピー	$h_8 = 406\,\text{kJ/kg}$
水冷凝縮器の冷却水量	$q_{mW} = 6.6\,\text{kg/s}$
水冷凝縮器の冷却水の比熱	$c_W = 4.18\,\text{kJ/(kg·K)}$
水冷凝縮器の冷却水の出入口温度差	$\Delta t_W = 5\,\text{K}$

このとき次の(1)〜(4)に答えよ。

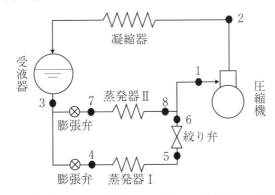

(1)　この冷凍装置の理論冷凍サイクルと点1〜点8の各点を p-h 線図に書け。

(2)　各蒸発器の冷凍能力 Φ_I(kW)および Φ_{II}(kW)を求めよ。

(3)　圧縮機の吸込み蒸気の比エンタルピー h_1(kJ/kg)を求めよ。

(4)　この冷凍装置の圧縮機の理論圧縮動力 P_{th}(kW)を求めよ。

（H20 一冷検定 類似）

演習問題 2-19

　アンモニアを冷媒とする蒸発温度の異なる2台の蒸発器を1台の圧縮機で冷却する冷凍装置を図に示す。この装置において、蒸発器Iを流れる流量（kg/s）と蒸発器IIを流れる流量（kg/s）の比は1：1である。この装置の冷凍サイクルの運転条件と圧縮機の効率は次のとおりである。

次の(1)〜(4)の問に答えよ。

ただし、配管での熱の出入りはないものとする。

(冷凍サイクル運転条件)

圧縮機の理論断熱圧縮後の吐出しガスの比エンタルピー	$h_2 = 1830\,\mathrm{kJ/kg}$
膨張弁直前の冷媒の比エンタルピー	$h_3 = 510\,\mathrm{kJ/kg}$
蒸発器Ⅰの出口冷媒の比エンタルピー	$h_5 = 1610\,\mathrm{kJ/kg}$
蒸発器Ⅱの出口冷媒の比エンタルピー	$h_8 = 1590\,\mathrm{kJ/kg}$
圧縮機吸込み蒸気の比体積	$v_1 = 0.4\,\mathrm{m^3/kg}$
圧縮機のピストン押しのけ量	$V = 360\,\mathrm{m^3/h}$

(圧縮機の効率)

体積効率	$\eta_v = 0.8$
断熱効率	$\eta_c = 0.7$
機械効率	$\eta_m = 0.9$

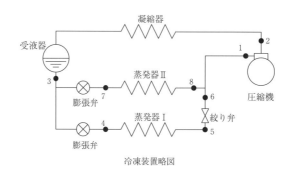

冷凍装置略図

(1) 凝縮器を流れる実際の冷媒循環量 $q_{mr}\,(\mathrm{kg/s})$ を求めよ。

(2) 蒸発器Ⅰと蒸発器Ⅱの合計の実際の冷凍能力 $\Phi_o\,(\mathrm{kW})$ を求めよ。

(3) 圧縮機の実際の圧縮軸動力 $P\,(\mathrm{kW})$ を求めよ。

(4) 実際の成績係数 $(COP)_R$ を求めよ。

(H22 一冷国家試験 類似)

2・2・4 ホットガスバイパス式の容量制御冷凍サイクル 一冷

　圧縮機の容量制御方法の一つとして、圧縮機の吐出しガスなどを一部凝縮させずに吸込み側にバイパスするホットガスバイパス方式が使われている。

　バイパス先として膨張弁出口側（蒸発器入口側）などがあり、また、バイパスするガスとしては、凝縮器前の吐出しガス、凝縮器の未凝縮ガスなどがあって、これらの冷凍サイクルが計算問題として出題されている。

バイパスするガスは圧縮機で再圧縮されるので、圧縮機の軸動力は変わらない場合が多いが、膨張弁を通る冷媒液量が減少するので冷凍能力は低下する。したがって、成績係数 $(COP)_R$ も低下する。

よく使用される膨張弁直後に吐出しガスをバイパスするサイクルのフロー図およびその p–h 線図を下の図に示す。計算には、各ラインを流れる冷媒量、または、冷媒循環量 q_{mr} の 1 kg 当たりのバイパス量 (kg) の割合 q_P を用いるのが一般的である。

基本的な計算式は、2・2・1 の単段圧縮冷凍サイクル（基本的なサイクル）の式が使えるが、設問の主旨から p–h 線図が描けるように訓練しておく。

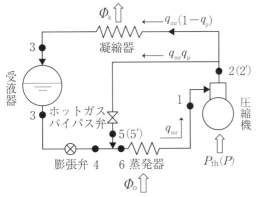

ホットガスバイパス式容量制御冷凍サイクルのフロー図[1]

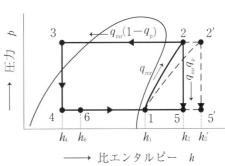

ホットガスバイパス式容量制御冷凍サイクルの p–h 線図[1]

(1) 理論冷凍サイクル

冷媒循環量を q_{mr}、冷媒循環量の 1 kg 当たりのバイパス量 (kg) の割合を q_p、容量制御時をpの添字で表し容量制御時の冷媒の状態 1 ～ 4 が全負荷時と同じであるとすると、上の図に対応する理論式は次のとおりである。

① 冷凍能力 $\varPhi_{o,p}$

蒸発器入口の冷媒（状態点6）は、状態点4と5の冷媒が合流したものであり、その冷媒流量は q_{mr} である。したがって、冷凍能力 $\varPhi_{o,p}$ は、q_{mr} とその前後の比エンタルピー差の積であるから

$$\varPhi_{o,p} = q_{mr}(h_1 - h_6) \quad\cdots\cdots (2.8a)$$

② 圧縮機の理論圧縮動力 $P_{th,p}$

$$P_{th,p} = q_{mr}(h_2 - h_1) = P_{th} \quad\cdots\cdots (2.8b)$$

③ 理論凝縮負荷 $\varPhi_{th,k,p}$

凝縮器を通過する冷媒量 $q_{mr}(1 - q_p)$ とその前後の比エンタルピー差の積が凝縮負荷 $\varPhi_{th,k,p}$ であるから

$$\varPhi_{th,k,p} = q_{mr}(1 - q_p)(h_2 - h_3) \quad\cdots\cdots (2.8c)$$

④ 膨張弁前後およびホットガスバイパス弁前後の比エンタルピー

いずれも絞り膨張であるので

$$h_3 = h_4 \quad \text{および} \quad h_2 = h_5$$

⑤ 理論成績係数 $(COP)_{\text{th,R,p}}$

$$(COP)_{\text{th,R,p}} = \frac{\Phi_{\text{o,p}}}{P_{\text{th,p}}} = \frac{h_1 - h_6}{h_2 - h_1} = (COP)_{\text{th,R}} - \frac{q_{\text{p}}(h_5 - h_4)}{h_2 - h_1} \quad \cdots\cdots\cdots\cdots (2.8\text{d})$$

⑥ 合流点後（蒸発器入口）の比エンタルピー h_6 の計算式

$$h_6 = (1 - q_{\text{p}})h_4 + q_{\text{p}}h_5 \quad \cdots\cdots\cdots\cdots\cdots\cdots\cdots\cdots\cdots\cdots\cdots\cdots\cdots\cdots (2.8\text{e})$$

参考▼

点 4、5、6 について、冷媒循環量 1 kg 当たりのエネルギーバランスから、式(2.8e)

$$h_6 = (1 - q_{\text{p}})h_4 + q_{\text{p}}h_5 \quad \cdots\cdots\cdots\cdots\cdots\cdots\cdots\cdots\cdots\cdots\cdots\cdots\cdots ①$$

が導かれる。

また、式(2.8d)の後段は、式①を用いて

$$(COP)_{\text{th,R,p}} = \frac{h_1 - h_6}{h_2 - h_1} = \frac{h_1 - \{(1 - q_{\text{p}})h_4 + q_{\text{p}}h_5\}}{h_2 - h_1}$$

$$= \frac{h_1 - h_4}{h_2 - h_1} - \frac{q_{\text{p}}(h_5 - h_4)}{h_2 - h_1} = (COP)_{\text{th,R}} - \frac{q_{\text{p}}(h_5 - h_4)}{h_2 - h_1}$$

となる。

すなわち、ホットガスバイパスによって、第2項の分だけ成績係数が低下することを示している。

⑵ 実際の冷凍サイクル

計算式は省略するが、圧縮機の断熱効率 η_{c} および機械効率 η_{m} を考慮し、理論冷凍サイクルの各計算式に準じて式をつくる。

例題 — 2.23 〔一冷〕

ホットガスバイパスの割合 q_{p} と h から Φ_{o}、$(COP)_{\text{R,p}}/(COP)_{\text{R}}$ などを求める

下図に示す R410A 冷凍装置は、負荷減少時に圧縮機出口直後の吐出しガスの一部を蒸発器入口にバイパス弁を通して絞り膨張させて容量制御を行っており、下記の条件で運転するものとする。

圧縮機の吐出しガス量の 20 % をバイパスして容量制御を行っているとき、次の(1)〜(3)の問に答えよ。

ただし、圧縮機の機械的摩擦損失仕事は吐出しガスに熱として加わるものとする。また、配管での熱の出入りおよび圧力損失はないものとする。

（運転条件）

圧縮機の冷媒循環量	$q_{mr} = 0.50$ kg/s
圧縮機の吸込み蒸気の比エンタルピー	$h_1 = 421$ kJ/kg
圧縮機の理論断熱圧縮後の吐出しガスの比エンタルピー	$h_2 = 475$ kJ/kg
膨張弁直前の液の比エンタルピー	$h_3 = 241$ kJ/kg
圧縮機の断熱効率	$\eta_c = 0.70$
圧縮機の機械効率	$\eta_m = 0.85$

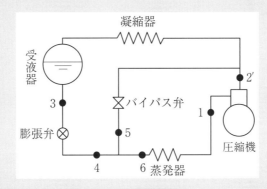

(1) バイパスされる冷媒ガスの比エンタルピー h_5 (kJ/kg) を求めよ。

(2) 容量制御時の冷凍能力 Φ_o (kW) を求めよ。

(3) 容量制御時の冷媒の状態1、2、3、4は全負荷時と同じであるとして、容量制御時の成績係数は、全負荷時の何 % になるかを求めよ。

(H26 一冷国家試験 類似)

 解説

　容量制御時の圧縮機吐出しガスからのバイパス量は、冷媒循環量 q_{mr} の 20 % であるから、バイパスの割合 q_p は、$q_p = 0.2$ である。また、点4と点5が合流する点6の位置および冷媒流量は右の p-h 線図のように表すことができる。

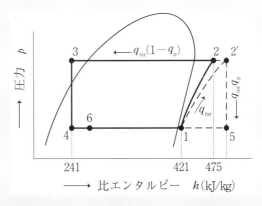

(1) バイパスされる冷媒ガスの比エンタルピー h_5 (kJ/kg)

　バイパスされる冷媒ガスは圧縮機の吐出しガスが絞り膨張したものであり、$h_5 = h_{2'}$ である。また、圧縮機の機械的摩擦損失仕事は吐出しガスに熱として加わるから、式 (2.4c) を使って

$$h_5 = h_{2'} = h_1 + \frac{h_2 - h_1}{\eta_c \eta_m} = 421 \text{ kJ/kg} + \frac{(475 - 421)\text{kJ/kg}}{0.70 \times 0.85} = 512 \text{ kJ/kg}$$

(答　512 kJ/kg)

(2) 容量制御時の冷凍能力 Φ_o（kW）

容量制御時の冷凍能力 Φ_o は、蒸発器を流れる冷媒の流量とその前後の比エンタルピー差の積であり（式（2.8a））

$$\Phi_\mathrm{o} = q_{mr}(h_1 - h_6) \quad\cdots\cdots\cdots\cdots\cdots\cdots\cdots\cdots\cdots ①$$

蒸発器入口（点6）の比エンタルピー h_6 は点4、5、6のエネルギーバランス（式（2.8e））から求める。$h_4 = h_3$ であるから

$$h_6 = (1 - q_\mathrm{p})h_3 + q_\mathrm{p}h_5 \quad\cdots\cdots\cdots\cdots\cdots\cdots\cdots ②$$

式②に値を入れ h_6 を求め、式①で冷凍能力 Φ_o を求める。

$$h_6 = (1 - 0.2) \times 241\,\mathrm{kJ/kg} + 0.2 \times 512\,\mathrm{kJ/kg} = 295.2\,\mathrm{kJ/kg}$$

$$\Phi_\mathrm{o} = 0.50\,\mathrm{kg/s} \times (421 - 295.2)\,\mathrm{kJ/kg} = 62.9\,\mathrm{kW}$$

（答　62.9 kW）

(3) 全負荷時の成績係数に対する容量制御時の成績係数の割合（%）

全負荷時の冷凍能力を $\Phi_\mathrm{o,F}$ とすると、(2)と同様に

$$\Phi_\mathrm{o,F} = q_{mr}(h_1 - h_4) = 0.50\,\mathrm{kg/s} \times (421 - 241)\,\mathrm{kJ/kg} = 90.0\,\mathrm{kW}$$

圧縮機の軸動力を P、成績係数を $(COP)_\mathrm{R}$ とし、容量制御時は無添字、全負荷時はFの添字で表すと、容量制御時も全負荷時も、h_1、h_2、q_{mr} は変わらないので、η_c、η_m は同じであり、圧縮機の軸動力 P も同じである。したがって、

$$(COP)_\mathrm{R} = \frac{\Phi_\mathrm{o}}{P} \quad\cdots\cdots\cdots\cdots\cdots\cdots\cdots\cdots\cdots\cdots ③$$

$$(COP)_\mathrm{R,F} = \frac{\Phi_\mathrm{o,F}}{P} \quad\cdots\cdots\cdots\cdots\cdots\cdots\cdots\cdots ④$$

求める COP の比は③／④から

$$\frac{(COP)_\mathrm{R}}{(COP)_\mathrm{R,F}} = \frac{\Phi_\mathrm{o}}{\Phi_\mathrm{o,F}} = \frac{62.9\,\mathrm{kW}}{90.0\,\mathrm{kW}} = 0.699$$

（答　69.9 %）

例題 — 2.24　　　　　　　　　　　　　　　　　　　　　　　一冷

負荷減少割合と h から q_p および $(COP)_\mathrm{R}$ を求める

図は、負荷減少時に圧縮機吐出しガスの一部を膨張弁直後の低圧側にバイパス弁を通して絞り膨張させ容量制御する小形 R 22 冷凍装置の略図で、下記の理論冷凍サイクルの条件で全負荷運転されている。

（運転条件）

圧縮機吸込み蒸気の比エンタルピー　　　$h_1 = 400\,\mathrm{kJ/kg}$

圧縮機吐出しガスの比エンタルピー　　　$h_2 = 461\,\mathrm{kJ/kg}$

膨張弁直前の冷媒液の比エンタルピー　　$h_3 = 255\,\mathrm{kJ/kg}$

負荷が減少したため容量制御運転を行い、装置の冷凍能力を全負荷時の 80 % にした。これについて次の(1)～(3)に答えよ。

ただし、容量制御運転は、状態点1、2、3および4の冷媒状態並びに圧縮機吐出しガス量が全負荷時と変わることなくできるものとする。

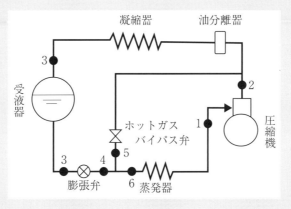

(1) この装置の容量制御時のサイクルを p-h 線図上に書き、点1〜点6の各点を書き入れよ。

(2) 低圧側にバイパスされる冷媒量は圧縮機吐出しガス量の何%か。

(3) 容量制御運転時における成績係数はいくらか。

（H19 一冷検定 類似）

(1) p-h 線図

バイパスラインの圧縮機の吐出しガスは、絞り膨張となるので、点2と点5の比エンタルピーは同じであり、かつ、合流後の点6は点1と点4の間になるので、p-h 線図は右のように描くことができる。

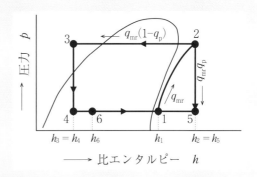

なお、比エンタルピー h_1 〜 h_6 および q_{mr} とバイパスの割合 q_p は、(2)以降の説明のために書き入れたものである（答案には書かなくてよい）。

(2) バイパスされる冷媒量の割合 q_p

冷媒循環量 1 kg 当たりバイパスする量 (kg) の割合を q_p とし、点4、5、6の熱（エネルギー）バランスをとると（式(2.8e)より）

$$h_6 = (1 - q_p)h_4 + q_p h_5$$

q_P について解くと

$$q_p = \frac{h_6 - h_4}{h_5 - h_4} \quad\cdots\cdots\cdots\cdots\cdots\cdots\cdots\cdots\cdots\cdots\cdots\cdots \text{①}$$

h_6 を冷凍能力の比から求める。全負荷時は無添字、容量制御時を p の添字で表すと、題意から

$$\frac{\Phi_{\mathrm{o,p}}}{\Phi_{\mathrm{o}}} = \frac{h_1 - h_6}{h_1 - h_4} = 0.8$$

h_6 について解くと

$$h_6 = 0.2\,h_1 + 0.8\,h_4 \quad\cdots\cdots\cdots\cdots\cdots\cdots\cdots\cdots\cdots\cdots\cdots ②$$

式②を式①に代入し、$h_3 = h_4$、$h_2 = h_5$ であるから、比エンタルピーの値を入れると

$$q_{\mathrm{p}} = \frac{0.2(h_1 - h_4)}{h_5 - h_4} = \frac{0.2 \times (400 - 255)\,\mathrm{kJ/kg}}{(461 - 255)\,\mathrm{kJ/kg}} = 0.141$$

(答　14.1 %)

(3) $(COP)_{\mathrm{R,p}}$

式②から

$$h_6 = 0.2 \times 400\,\mathrm{kJ/kg} + 0.8 \times 255\,\mathrm{kJ/kg} = 284\,\mathrm{kJ/kg}$$

$$\therefore\ (COP)_{\mathrm{R,p}} = \frac{(h_1 - h_6)}{(h_2 - h_1)} = \frac{(400 - 284)\,\mathrm{kJ/kg}}{(461 - 400)\,\mathrm{kJ/kg}} = 1.90$$

(答　1.90)

(別解 -1)

$\Phi_{\mathrm{o,P}} = 0.8\,\Phi_{\mathrm{o}}$、$P = P_{\mathrm{p}}$ であるから

$$(COP)_{\mathrm{R,p}} = 0.8 \times (COP)_{\mathrm{R}} = 0.8 \times \frac{h_1 - h_4}{h_2 - h_1} = 0.8 \times \frac{(400 - 255)\,\mathrm{kJ/kg}}{(461 - 400)\,\mathrm{kJ/kg}}$$

$$= 1.90$$

(別解 -2)

式(2.8d)後段を応用して

$$(COP)_{\mathrm{R,p}} = (COP)_{\mathrm{R}} - \frac{q_{\mathrm{p}}(h_5 - h_4)}{h_2 - h_1} = \frac{h_1 - h_3}{h_2 - h_1} - \frac{q_{\mathrm{p}}(h_2 - h_3)}{h_2 - h_1}$$

$$= \frac{(400 - 255)\,\mathrm{kJ/kg}}{(461 - 400)\,\mathrm{kJ/kg}} - \frac{0.141 \times (461 - 255)\,\mathrm{kJ/kg}}{(461 - 400)\,\mathrm{kJ/kg}} = 1.90$$

例 題 —— **2.25**　　　　　　　　　　　　　　　　　　　　一冷

凝縮器蒸気バイパス容量制御サイクルの冷凍能力などを求める

　R 22 を用いた冷凍装置が、下記のように水冷凝縮器からホットガスバイパス弁を通して膨張弁出口側にホットガスバイパスし、容量制御を行っている。

　図の装置は次の条件で運転されている。

圧縮機吸込み蒸気の比エンタルピー	$h_1 = 400\,\mathrm{kJ/kg}$
膨張弁入口の冷媒液の比エンタルピー	$h_3 = 236\,\mathrm{kJ/kg}$
ホットガスバイパス弁出口冷媒ガスの比エンタルピー	$h_6 = 415\,\mathrm{kJ/kg}$
圧縮機の冷媒循環量	$q = 0.5\,\mathrm{kg/s}$
膨張弁の冷媒流量	$q_1 = 0.4\,\mathrm{kg/s}$
ホットガスバイパス弁の冷媒流量	$q_2 = 0.1\,\mathrm{kg/s}$

このとき、次の(1)〜(3)について答えよ。

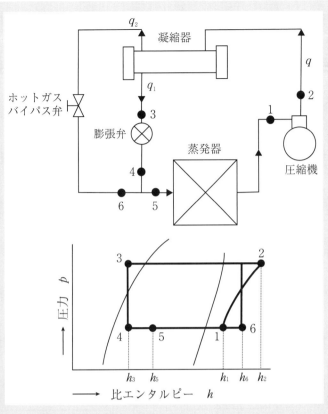

(1) 容量制御時の蒸発器入口冷媒の比エンタルピー h_5(kJ/kg)の値を求めよ。

(2) 容量制御時の冷凍能力 $\varPhi_{op}$(kW)の値を求めよ。

(3) この冷凍装置を、容量制御を行っていないときに状態点1、2、3および4の冷媒の
状態並びに圧縮機冷媒循環量が変わることなく運転すると、容量制御時の冷凍能力は
容量制御を行っていないときの何%になるかを求めよ。

（H16一冷検定　類似）

示された冷媒流量と比エンタルピーを $p\text{-}h$ 線図に書き入れると右のようになる。凝縮器の蒸気のホットガスバイパスであるので、圧縮機吐出しガスのバイパスに比べて左寄り（点1寄り）に点6が位置する。

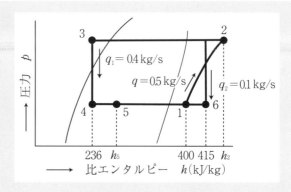

(1) **比エンタルピー h_5 (kJ/kg)**

点4と点6が合流したものが点5の冷媒であるから、エネルギーバランスをとって

$$q_1 h_4 + q_2 h_6 = q h_5$$

（または、$q_1(h_5 - h_4) = q_2(h_6 - h_5)$ および $q_1 + q_2 = q$）

$$\therefore \quad h_5 = \frac{q_1 h_4 + q_2 h_6}{q} = \frac{0.4\,\text{kg/s} \times 236\,\text{kJ/kg} + 0.1\,\text{kg/s} \times 415\,\text{kJ/kg}}{0.5\,\text{kg/s}}$$

$$= 272\,\text{kJ/kg}$$

（答　272 kJ/kg）

(2) **容量制御時の冷凍能力 $\varPhi_{op}$ (kW)**

蒸発器を通る冷媒は、点5から点1の区間であるから、式(2.8a)のとおり

$$\varPhi_{op} = q(h_1 - h_5) = 0.5\,\text{kg/s} \times (400 - 272)\,\text{kJ/kg} = 64.0\,\text{kW}$$

（答　64.0 kW）

(3) **容量制御をしたときとしないときの冷凍能力の比**

容量制御なしのときの冷凍能力を $\varPhi_o$ として、冷媒循環量は変わらないので、$\varPhi_o$ と $\varPhi_{op}$ はそれぞれ次のように表せる。

$$\varPhi_o = q(h_1 - h_4) \quad\cdots\cdots\cdots\cdots\cdots\cdots\cdots\cdots\cdots\cdots\cdots\cdots\cdots ①$$

$$\varPhi_{oP} = q(h_1 - h_5) \quad\cdots\cdots\cdots\cdots\cdots\cdots\cdots\cdots\cdots\cdots\cdots\cdots\cdots ②$$

②/①から

$$\frac{\varPhi_{op}}{\varPhi_o} = \frac{h_1 - h_5}{h_1 - h_4} = \frac{(400 - 272)\,\text{kJ/kg}}{(400 - 236)\,\text{kJ/kg}} = 0.780$$

したがって、$\varPhi_{op}$ は $\varPhi_o$ の78.0 %である。

（答　78.0 %）

なお、$\varPhi_o$ の数値を計算して求めることもできる。

$$\varPhi_o = q(h_1 - h_4) = 0.5\,\text{kg/s} \times (400 - 236)\,\text{kJ/kg} = 82.0\,\text{kW}$$

$$\frac{\varPhi_{op}}{\varPhi_o} = \frac{64.0\,\text{kW}}{82.0\,\text{kW}} = 0.780$$

2章　冷凍サイクル

吐出しガスバイパス容量制御サイクルの冷凍能力などを求める

　図に示す R 22 冷凍装置は、負荷減少時に圧縮機出口の吐出しガスの一部を膨張弁直後の低圧側にバイパス弁を通して絞り膨張させる方式で、全負荷時には下記の条件で運転するものとする。この冷凍装置で、圧縮機吐出しガス量の 15 ％を蒸発器入口（点 5′）に絞り膨張させて容量制御を行った場合について、次の(1)、(2)の問に答えよ。

　ただし、下記の運転条件のうち、比エンタルピーの値は理論冷凍サイクルの各点の値であり、圧縮機の機械的摩擦損失の仕事は熱となって冷媒に加わるものとする。また、配管での熱の出入りはないものとする。

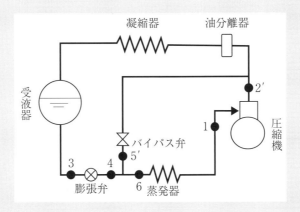

（全負荷時の運転条件）

圧縮機の冷媒循環量（圧縮機の吐出しガス量）	$q_{mr} = 0.50\ \text{kg/s}$
圧縮機吸込み蒸気の比エンタルピー	$h_1 = 400\ \text{kJ/kg}$
圧縮機の断熱圧縮後の吐出しガスの比エンタルピー	$h_2 = 440\ \text{kJ/kg}$
膨張弁直前の液の比エンタルピー	$h_3 = 236\ \text{kJ/kg}$
圧縮機の断熱効率	$\eta_c = 0.70$
圧縮機の機械効率	$\eta_m = 0.85$

(1)　容量制御時の冷凍能力 $\varPhi_{op}$（kW）を求めよ。

(2)　この冷凍装置を、容量制御を行っていないときに状態点 1、2、3 および 4 の冷媒の状態並びに圧縮機冷媒循環量が変わることなく運転すると、容量制御時の成績係数 $(COP)_{Rp}$ は、全負荷時の成績係数 $(COP)_R$ の何％になるか。

（H23 一冷国家試験　類似）

p-h 線図を描くと右のようになる。

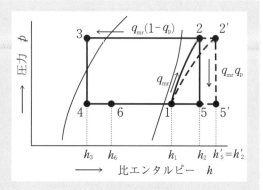

(1) 容量制御時の冷凍能力 $\varPhi_{op}$

蒸発器入口の位置は点6であるから $\varPhi_{op}$ は次の式で表すことができる。

$$\varPhi_{op} = q_{mr}(h_1 - h_6) \quad \cdots\cdots ①$$

式(2.8e)を応用して h_6 を算出するために $h_2{}'(= h_5{}')$ の値を求める。

圧縮機の機械的摩擦損失仕事は熱として冷媒に加えられるので、式(2.4c)のとおり

$$h_2{}' = h_5{}' = h_1 + \frac{h_2 - h_1}{\eta_c \eta_m} = 400\,\text{kJ/kg} + \frac{(440 - 400)\,\text{kJ/kg}}{0.70 \times 0.85} = 467.2\,\text{kJ/kg}$$

q_{mr} 1 kg 当たりのバイパス量 (kg) の割合を q_p とすると、題意から $q_p = 0.15$ である。点4、5′、6のエネルギーバランスから、$h_3 = h_4$ として

$$h_6 = q_p h_5{}' + (1 - q_p)h_4 = 0.15 \times 467.2\,\text{kJ/kg} + (1 - 0.15) \times 236\,\text{kJ/kg}$$
$$= 270.7\,\text{kJ/kg}$$

式①に h_6 の値を入れると

$$\varPhi_{op} = 0.50\,\text{kg/s} \times (400 - 270.7)\,\text{kJ/kg} = 64.7\,\text{kW}$$

（答　64.7 kW）

(2) $(COP)_R$ に対する $(COP)_{Rp}$ の割合

いずれの運転時でも冷媒循環量と圧縮機前後の比エンタルピーは同じであるから、圧縮機軸動力 P は不変である。

したがって、成績係数の比は、冷凍能力の比に等しい。

$$\frac{(COP)_{Rp}}{(COP)_R} = \frac{\varPhi_{op}}{\varPhi_o} = \frac{h_1 - h_6}{h_1 - h_3} = \frac{(400 - 270.7)\,\text{kJ/kg}}{(400 - 236)\,\text{kJ/kg}} = 0.788 \quad (= 78.8\,\%)$$

（答　78.8 %）

なお、$\varPhi_o$ の数値を計算して求めることもできる。

$$\varPhi_o = 0.50\,\text{kg/s} \times (400 - 236)\,\text{kJ/kg} = 82.0\,\text{kW}$$

$$\therefore \quad \frac{(COP)_{Rp}}{(COP)_R} = \frac{\varPhi_{op}}{\varPhi_o} = \frac{64.7\,\text{kW}}{82.0\,\text{kW}} = 0.789 \quad (= 78.9\,\%)$$

　冷凍負荷が減少したので、圧縮機吐出しガスの一部を吸込み側にバイパスさせて運転している冷凍装置がある。それぞれの理論冷凍サイクルでの冷媒の状態点の比エンタルピーが下表に示される値であるとき、全負荷時および部分負荷時の理論成績係数 $(COP)_F$、$(COP)_p$ を計算せよ。なお、部分負荷時において、圧縮機冷媒循環量 q_{mr} および膨張弁直前の比エンタルピー h_3 は、全負荷時と変わらないものとする。

各状態点での冷媒の比エンタルピー（kJ/kg）

	冷媒の状態	記号	比エンタルピー
全負荷時	蒸発器出口および圧縮機吸込み蒸気	h_1	392.5
	上記蒸気を凝縮圧力まで断熱圧縮後	h_2	442.7
	膨張弁直前	h_3	229.3
部分負荷時	蒸発器出口	h_1	392.5
	圧縮機吸込み蒸気	h_5	405.0
	上記蒸気を凝縮圧力まで断熱圧縮後	h_6	455.2

（H7 一冷国家試験 類似）

演習問題 **2-21**　

　下図は、負荷減少時に圧縮機吐出しガスの一部を、膨張弁直後の低圧側にホットガスバイパス弁を通して絞り膨張させ、容量制御する小形 R 410A 冷凍装置の略図で、下記の理論冷凍サイクルの条件で全負荷運転されている。

　　（全負荷運転時の理論冷凍サイクル）

　　　　冷凍装置の冷凍能力　　　　　　　　　　$\Phi_0 = 80 \, \mathrm{kW}$
　　　　圧縮機吸込み蒸気の比エンタルピー　　　$h_1 = 419 \, \mathrm{kJ/kg}$
　　　　圧縮機吐出しガスの比エンタルピー　　　$h_2 = 472 \, \mathrm{kJ/kg}$
　　　　膨張弁直前の冷媒液の比エンタルピー　　$h_3 = 257 \, \mathrm{kJ/kg}$

　負荷が減少したため容量制御運転を行い、装置の理論冷凍能力を全負荷時の 80 ％にした。これについて、次の(1)～(4)に答えよ。

　ただし、容量制御運転は、状態点 1、2、3 および 4 の冷媒の状態ならびに圧縮機吐出しガス量が全負荷時と変わることなくできるものとする。

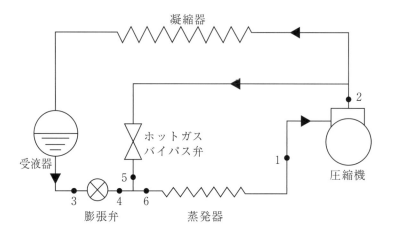

(1) 全負荷時の冷媒循環量 $q_{mr}(\mathrm{kg/s})$ を求めよ。

(2) 容量制御時の蒸発器入口の冷媒の比エンタルピー $h_6(\mathrm{kJ/kg})$ を求めよ。

(3) 容量制御時のホットガスバイパス量 $q_p(\mathrm{kg/s})$ を求めよ。

(4) 容量制御時の理論成績係数 $(COP)_{\mathrm{th,Rp}}$ を求めよ。

(R2 一冷検定 類似)

演習問題 2-22　　　　　　　　　　　　　　　　　　　　一冷

　次の図に示す R 22 冷凍装置は、負荷減少時に圧縮機出口直後の吐出しガスの一部を蒸発器入口の低圧側にバイパス弁を通して絞り膨張し容量制御をしており、全負荷時には下記の条件で運転するものとする。

　　（運転条件）

圧縮機の吐出しガス量	$q_{mr} = 0.7\ \mathrm{kg/s}$
圧縮機吸込み蒸気の比エンタルピー	$h_1 = 400\ \mathrm{kJ/kg}$
圧縮機の断熱圧縮後の吐出しガスの比エンタルピー	$h_2 = 440\ \mathrm{kJ/kg}$
膨張弁直前の冷媒液の比エンタルピー	$h_3 = 236\ \mathrm{kJ/kg}$
圧縮機の断熱効率	$\eta_c = 0.75$
圧縮機の機械効率	$\eta_m = 0.85$

　圧縮機の吐出しガス量の 15 % をバイパスして容量制御を行っているとき、次の(1)、(2)に答えよ。ただし、圧縮機の吐出しガスの比エンタルピーは理論冷凍サイクルの断熱圧縮後の値である。また、機械的摩擦損失仕事は熱となって冷媒に加えられるものとし、配管での熱の出入りはないものとする。

　なお、容量制御時において、h_1、h_2、h_3、η_c、η_m および圧縮機冷媒循環量は変わらないものとする。

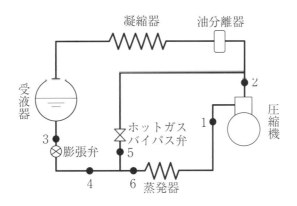

(1) 容量制御時の冷凍能力 Φ_{op} を求めよ。

(2) 容量制御時の成績係数 $(COP)_{\mathrm{Rp}}$ は、全負荷時の成績係数 $(COP)_{\mathrm{R}}$ の何%になるか。

（H15 一冷国家試験 類似）

2·2·5 冷媒液噴射式冷凍サイクル 　一冷

　圧縮機吸込み蒸気の過熱度が高いときに、受液器の冷媒液を直接吸込み蒸気側に噴射してその過熱度を下げる方法がとられる。ホットガスバイパス方式と同様に、噴射された冷媒は再び圧縮機で圧縮されるが、蒸発器を通る冷媒量は減少するので冷凍能力は低下し、それにより成績係数 $(COP)_{\mathrm{R}}$ も低下する。

　計算には、各ラインを流れる冷媒量、または、冷媒循環量 1 kg 当たりの液噴射量 (kg) の割合 q_{p} を用いるのが一般的である。

　基本的な計算式は、2·2·1 の単段圧縮冷凍サイクル（基本的なサイクル）の式を使うことができる。ホットガスバイパス式と似ているので、図および計算式をセットで理解するとよい。

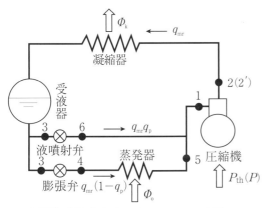

冷媒液噴射式冷凍サイクルフロー図[1]

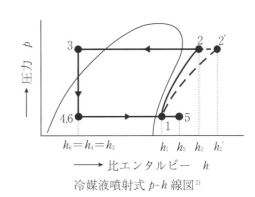

冷媒液噴射式 p-h 線図[1]

(1) 理論冷凍サイクル

冷媒循環量を q_{mr}、冷媒循環量 1 kg 当たりの液噴射量(kg)の割合を q_p として、前に示した図に対する理論冷凍サイクルの各計算式は次のとおりである。

① 冷凍能力 Φ_o

蒸発器を通過する冷媒量 $q_{mr}(1 - q_p)$ と比エンタルピー差の積が Φ_o であるから

$$\Phi_o = q_{mr} (1 - q_p)(h_5 - h_4) \quad \cdots\cdots\cdots (2.9a)$$

② 圧縮機の理論圧縮動力 P_{th}

圧縮される冷媒量は q_{mr} であるから

$$P_{th} = q_{mr}(h_2 - h_1) \quad \cdots\cdots\cdots (2.9b)$$

③ 理論凝縮負荷 $\Phi_{th,k}$

凝縮器を通過する冷媒量は q_{mr} であるから

$$\Phi_{th,k} = q_{mr}(h_2 - h_3) \quad \cdots\cdots\cdots (2.9c)$$

④ 膨張弁前後および液噴射弁前後の比エンタルピー

いずれも絞り膨張であるので

$$h_3 = h_4 = h_6$$

⑤ 理論成績係数 $(COP)_{th,R}$

$$(COP)_{th,R} = \frac{\Phi_o}{P_{th}} = \frac{(1 - q_p)(h_5 - h_4)}{h_2 - h_1} \quad \cdots\cdots\cdots (2.9d)$$

⑥ 合流点後の比エンタルピー h_1

熱 (エネルギー) バランスから

$$h_1 = (1 - q_p)h_5 + q_p h_6 \quad \cdots\cdots\cdots (2.9e)$$

(2) 実際の冷凍サイクル

計算式は省略するが、圧縮機の断熱効率 η_c、機械効率 η_m を考慮し、2·2·1 の単段圧縮冷凍サイクル (基本的なサイクル) と同様に理論冷凍サイクルの計算式に準じて式をつくる。

例題 —— 2.27   一冷

液噴射サイクルの冷凍能力、成績係数などを求める

圧縮機吸込み蒸気の過度な過熱を防止するため、凝縮器出口の冷媒液を圧縮機吸込み蒸気に噴射して運転する R 410A 単段圧縮冷凍装置があり、この装置の運転状態は次のとおりである。

(運転状態)

圧縮機冷媒循環量	$q_{mr} = 0.3 \text{ kg/s}$
冷媒液噴射量	$q_p = 0.03 \text{ kg/s}$
凝縮負荷	$\Phi_k = 68 \text{ kW}$

$$\text{膨張弁および液噴射弁直前の冷媒液の比エンタルピー} \quad h_3 = 248\,\text{kJ/kg}$$
$$\text{蒸発器出口の冷媒蒸気(冷媒液噴射前)の比エンタルピー} \quad h_5 = 432\,\text{kJ/kg}$$

このとき、次の(1)～(4)について答えよ。ただし、圧縮機における機械的摩擦損失仕事は熱となって冷媒に加えられるものとし、機器および配管での熱損失はないものとする。

(1) 圧縮機吸込み蒸気の比エンタルピー h_1(kJ/kg)を求めよ。

(2) 圧縮機吐出しガスの比エンタルピー h_2(kJ/kg)を求めよ。

(3) 冷凍能力 Φ_o(kW)を求めよ。

(4) 成績係数 $(COP)_\text{R}$ を求めよ。

(H28 一冷検定 類似)

 解説

冷媒液噴射式冷凍サイクルの p–h 線図は下のように描ける。

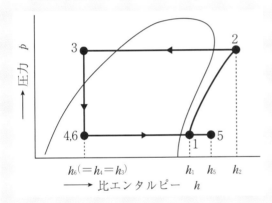
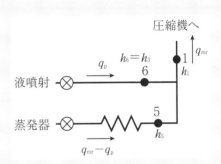

(1) 圧縮機吸込み蒸気の比エンタルピー h_1 (kJ/kg)

上図右のように、蒸発器を出た冷媒蒸気5と噴射冷媒液6が合流して圧縮機吸込み蒸気1となるから、合流点での熱（エネルギー）バランスから、q_p は式 (2.9e) と異なり質量流量であることに注意して与えられた記号を使うと

$$(q_\text{mr} - q_\text{p})h_5 + q_\text{p}h_6 = q_\text{mr}h_1 \quad\cdots\cdots\cdots\cdots\cdots\cdots\cdots\cdots\cdots\cdots\cdots\cdots ①$$

この式を変形し、$h_6 = h_3$ として与えられた数値を代入すると

$$h_1 = \frac{(q_\text{mr} - q_\text{p})h_5 + q_\text{p}h_3}{q_\text{mr}}$$

$$= \frac{(0.3 - 0.03)\,\text{kg/s} \times 432\,\text{kJ/kg} + 0.03\,\text{kg/s} \times 248\,\text{kJ/kg}}{0.3\,\text{kg/s}} = 414\,\text{kJ/kg}$$

（答　414 kJ/kg）

(2) 圧縮機吐出しガスの比エンタルピー h_2 (kJ/kg)

凝縮負荷 Φ_k は、凝縮器を流れる冷媒の流量 q_mr とその前後の比エンタルピー差の積であり、題意により h_2 は運転状態の値であるから、式 (2.9c) は

$$\Phi_\text{k} = q_\text{mr}(h_2 - h_3) \quad\cdots\cdots\cdots\cdots\cdots\cdots\cdots\cdots\cdots\cdots\cdots\cdots\cdots\cdots\cdots\cdots ②$$

この式を変形し与えられた数値を代入すると

$$h_2 = \frac{\Phi_k}{q_{mr}} + h_3 = \frac{68\,\text{kJ/s}}{0.3\,\text{kg/s}} + 248\,\text{kJ/kg} = 475\,\text{kJ/kg}$$

（答　475 kJ/kg）

(3) 冷凍能力 Φ_o (kW)

冷凍能力 Φ_o は、蒸発器を流れる冷媒の流量 $(q_{mr} - q_p)$ とその前後の比エンタルピー差の積であり、式 (2.9a) を基に与えられた数値を代入する。$h_4 = h_3$ であるから

$$\Phi_o = (q_{mr} - q_p)(h_5 - h_4) = (q_{mr} - q_p)(h_5 - h_3) \quad\cdots\cdots\cdots\cdots\cdots\cdots ③$$
$$= (0.3 - 0.03)\,\text{kg/s} \times (432 - 248)\,\text{kJ/kg} = 49.7\,\text{kJ/s} = 49.7\,\text{kW}$$

（答　49.7 kW）

（別解）

式①を h_5 を求める式に変形し、この式を式③に代入すると、$h_6 = h_3$ として

$$h_5 = \frac{q_{mr}h_1 - q_p h_3}{q_{mr} - q_p}$$

$$\Phi_o = (q_{mr} - q_p)\left(\frac{q_{mr}h_1 - q_p h_3}{q_{mr} - q_p} - h_3\right) = q_{mr}h_1 - q_p h_3 - (q_{mr} - q_p)h_3$$
$$= q_{mr}h_1 - q_p h_3 - q_{mr}h_3 + q_p h_3 = q_{mr}h_1 - q_{mr}h_3 = q_{mr}(h_1 - h_3)$$
$$= 0.3\,\text{kg/s} \times (414 - 248)\,\text{kJ/kg} = 49.8\,\text{kW}$$

つまり、状態3の冷媒が状態1に変化する過程での熱の授受を考えると、状態3の冷媒が受け取る熱量は蒸発器で系外から受け取る熱量だけであるから、冷凍能力の計算は単段圧縮冷凍サイクルと同じ計算式が使えることを示している。

(4) 成績係数 $(COP)_R$

題意により圧縮機における機械的摩擦損失仕事は熱となって冷媒に加えられるから、圧縮機の実際の駆動軸動力 P は

$$P = q_{mr}(h_2 - h_1) = 0.3\,\text{kg/s} \times (475 - 414)\,\text{kJ/kg} = 18.3\,\text{kW}$$

$$\therefore \quad (COP)_R = \frac{\Phi_o}{P} = \frac{49.7\,\text{kW}}{18.3\,\text{kW}} = 2.72$$

（答　2.72）

例 題 — 2.28　　　　　　　　　　　　　　　　　　　　　一冷

液噴射量および噴射による冷却熱量を求める

R 22 を用いた冷凍装置が、圧縮機の過熱運転を防止するため、図のように冷媒液を液噴射弁を通して吸込み蒸気配管に噴射し、次の条件で運転されている。

（運転条件）

圧縮機の吸込み蒸気の比エンタルピー	$h_1 = 408\,\text{kJ/kg}$
実際の圧縮機吐出しガスの比エンタルピー	$h_2 = 445\,\text{kJ/kg}$
受液器出口の冷媒液の比エンタルピー	$h_3 = 244\,\text{kJ/kg}$

$$\text{蒸発器出口の冷媒蒸気の比エンタルピー} \qquad h_5 = 420\,\text{kJ/kg}$$

$$\text{凝縮負荷} \qquad \varPhi_k = 80\,\text{kW}$$

このとき、次の(1)、(2)に答えよ。

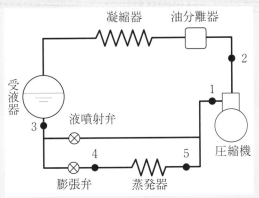

(1) 冷媒液噴射量 q_p は圧縮機の冷媒循環量 q_{mr} の何%か。

(2) 蒸発器出口冷媒蒸気が冷媒液噴射により冷却される熱量 $\varPhi_p(\text{kW})$ を求めよ。

(H17 一冷検定 類似)

液噴射弁直後の状態点を説明の便宜上 6 とする。また、q_p は質量流量(kg/s)として扱われている。

(1) q_p の q_{mr} に対する割合

点 1、5、6 の熱 (エネルギー) バランスから

$$q_{mr}h_1 = (q_{mr} - q_p)h_5 + q_p h_6$$

q_p/q_{mr} の値を計算するとよいので、q_p と q_{mr} について整理をすると

$$\frac{q_p}{q_{mr}} = \frac{h_5 - h_1}{h_5 - h_6} \quad\cdots\cdots\cdots\cdots\cdots\cdots\cdots\cdots\cdots\cdots\cdots\cdots\cdots\cdots ①$$

ここで、$h_6 = h_3$ として

$$\frac{q_p}{q_{mr}} = \frac{(420 - 408)\,\text{kJ/kg}}{(420 - 244)\,\text{kJ/kg}} = 0.0682$$

(答 6.82 %)

(2) 液噴射による冷却熱量 $\varPhi_p$

蒸発器を出た冷媒 $(q_{mr} - q_p)$ が h_5 から h_1 まで冷却されるのであるから、冷却熱量 $\varPhi_p$ は

$$\varPhi_p = (q_{mr} - q_p)(h_5 - h_1)$$

(1)の結果から $q_p = 0.0682\,q_{mr}$ であるので

$$\varPhi_p = 0.9318\,q_{mr}(h_5 - h_1) \quad\cdots\cdots\cdots\cdots\cdots\cdots\cdots\cdots\cdots ②$$

凝縮負荷 $\varPhi_k$ から q_{mr} の値を計算する。式(2.9c)と同様に

$$\varPhi_k = q_{mr}(h_2 - h_3)$$

$$\therefore \quad q_{\mathrm{mr}} = \frac{\Phi_{\mathrm{k}}}{h_2 - h_3} = \frac{80 \text{ kJ/s}}{(445 - 244) \text{ kJ/kg}} = 0.3980 \text{ kg/s}$$

式②に q_{mr} の値を代入して

$$\Phi_{\mathrm{p}} = 0.9318 \times 0.3980 \text{ kg/s} \times (420 - 408) \text{ kJ/kg} = 4.45 \text{ kW}$$

（答　4.45 kW）

　図に示す R 22 冷凍装置は、理論冷凍サイクルで運転され、過熱度が大きい圧縮機吸込み蒸気に凝縮器出口冷媒液の一部を噴射することで、圧縮機吸込み蒸気の過熱度を小さくして圧縮機の吐出しガス温度を下げる方式によるものである。この冷凍装置で、凝縮器出口の冷媒循環量の 15 ％ を噴射した場合について、次の(1)、(2)の問に答えよ。

　ただし、図中の点 3 は過冷却液であり、各状態点の比エンタルピーの値は次のとおりである。

圧縮機の吐出しガスの比エンタルピー　　　　　　　　$h_2 = 440 \text{ kJ/kg}$

膨張弁および液噴射弁の直前の液の比エンタルピー　　$h_3 = 240 \text{ kJ/kg}$

蒸発器出口蒸気の比エンタルピー　　　　　　　　　　$h_5 = 430 \text{ kJ/kg}$

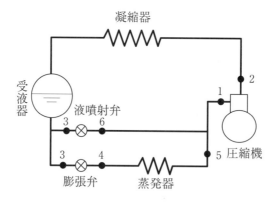

(1)　圧縮機吸込み蒸気の比エンタルピー h_1(kJ/kg) を求めよ。

(2)　この冷凍装置の理論成績係数 $(COP)_{\mathrm{th,R}}$ を求めよ。

（H24 一冷国家試験　類似）

　下図に示す R 410A 冷凍装置は、過熱の大きい圧縮機吸込み蒸気に凝縮器出口冷媒液の一部を噴射することで、圧縮機吸込み蒸気の過熱度を小さくして容量制御を行っており、下記の条件で運転するものとする。凝縮器出口の冷媒循環量の 10 % を噴射して容量制御を行っているとき、次の(1)から(3)の問に答えよ。

　ただし、圧縮機の機械的摩擦損失仕事は吐出しガスに加わるものとする。また、配管での熱の出入りおよび圧力損失はないものとする。

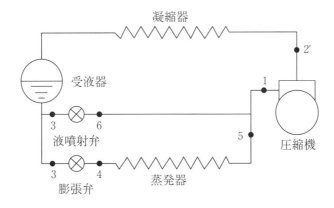

（運転条件）

圧縮機の冷媒循環量	$q_{mr} = 0.50\,\text{kg/s}$
圧縮機の理論断熱圧縮後の吐出しガスの比エンタルピー	$h_2 = 470\,\text{kJ/kg}$
膨張弁および液噴射弁の直前の液の比エンタルピー	$h_3 = 242\,\text{kJ/kg}$
蒸発器出口蒸気の比エンタルピー	$h_5 = 440\,\text{kJ/kg}$
圧縮機の断熱効率	$\eta_c = 0.70$
圧縮機の機械効率	$\eta_m = 0.85$

(1)　この冷凍装置の冷凍能力 Φ_o(kW) を求めよ。

(2)　圧縮機吸込み蒸気の比エンタルピー h_1(kJ/kg) を求めよ

(3)　この冷凍装置の実際の成績係数 $(COP)_R$ を求めよ。

（H30 一冷国家試験 類似）

満液式冷凍サイクルおよび冷媒液強制循環式冷凍サイクル

2・3・1 満液式冷凍サイクル

　満液式蒸発器を使う冷凍サイクルは、管内蒸発方式と管外蒸発方式があるが、ここでは管内蒸発方式を代表例として記す。

　満液式の特徴は、油もどし装置付きなど特別の場合以外では、吸込み蒸気は乾き飽和蒸気であり、液集中器では冷媒蒸気と液が分離されてその液面は飽和液の状態となり、蒸発器入口液は液柱圧の分が加圧されて過冷却状態に、蒸発器出口冷媒は湿り蒸気の状態になっている。

　この冷凍サイクルのフロー図と p-h 線図の略図を下記に示す。

　計算式は、2・2・1の単段圧縮冷凍サイクルと同じになるが、液集中器と蒸発器廻りの熱（エネルギー）バランスの計算に留意する。

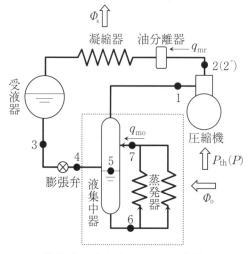

満液式冷凍サイクルフロー図[1]

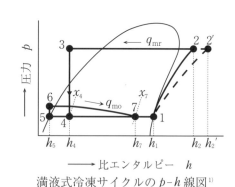

満液式冷凍サイクルの p-h 線図[1]

(1) 理論冷凍サイクル

　圧縮機による冷媒循環量を q_{mr}、蒸発器を通る冷媒流量を q_{mo}、膨張弁直後（点4）の冷媒の乾き度を x_4 とすると、理論式は次のとおりである。

① 冷凍能力 Φ_o

満液式冷凍サイクルには過熱部分がないから、液集中器に入る冷媒循環量 q_{mr} 中の飽和液 (h_5) 分 $q_{mr}(1-x_4)$ が乾き飽和蒸気になるエンタルピー差が冷凍能力 Φ_o である。

また、蒸発器を通る冷媒流量 q_{mo} を用いると、前後の比エンタルピー差と q_{mo} の積も冷凍能力 Φ_o であるから

$$\Phi_o = q_{mo}(h_7 - h_6) = q_{mr}(1-x_4)(h_1 - h_5) = q_{mr}(h_1 - h_4) \quad \cdots\cdots\cdots\cdots (2.10a)$$

② 理論圧縮動力 P_{th}

q_{mr} と圧縮前後の比エンタルピー差の積として

$$P_{th} = q_{mr}(h_2 - h_1) \quad \cdots\cdots\cdots\cdots\cdots\cdots\cdots\cdots\cdots\cdots\cdots\cdots\cdots\cdots (2.10b)$$

③ 理論凝縮負荷 $\Phi_{th,k}$

$$\Phi_{th,k} = q_{mr}(h_2 - h_3) \quad \cdots\cdots\cdots\cdots\cdots\cdots\cdots\cdots\cdots\cdots\cdots\cdots (2.10c)$$

④ 膨張弁前後の比エンタルピーの関係

絞り膨張であるので

$$h_3 = h_4$$

⑤ 液集中器の液面と蒸発器入口冷媒の比エンタルピーの関係

熱の出入りはなく液柱圧のみの違いであるので

$$h_5 = h_6$$

⑥ 理論成績係数 $(COP)_{th,R}$

$$(COP)_{th,R} = \frac{\Phi_o}{P_{th}} = \frac{h_1 - h_4}{h_2 - h_1} \quad \cdots\cdots\cdots\cdots\cdots\cdots\cdots\cdots\cdots\cdots (2.10d)$$

式 (2.10a) は次のように誘導できる。

膨張弁出口の q_{mr} は飽和液と乾き飽和蒸気の混合したものであり、その内の液体（飽和液、h_5）の流量は $q_{mr}(1-x_4)$ である。定常な状態では、この $q_{mr}(1-x_4)$ が蒸発器で乾き飽和蒸気になり、液集中器を経て圧縮機に吸い込まれる。

したがって、冷凍能力 Φ_o は

$$\Phi_o = q_{mr}(1-x_4)(h_1 - h_5) \quad \cdots\cdots\cdots\cdots\cdots\cdots\cdots\cdots\cdots\cdots ①$$

点 4 の乾き度 x_4 は式 (1.4) から

$$x_4 = \frac{h_4 - h_5}{h_1 - h_5}$$

であるから、式①は

$$\Phi_o = q_{mr}\left(1 - \frac{h_4 - h_5}{h_1 - h_5}\right)(h_1 - h_5) = q_{mr}(h_1 - h_4) \quad \cdots\cdots\cdots\cdots\cdots ②$$

また、$q_{mo}(h_7 - h_6)$ も、蒸発器から入る熱量であるから冷凍能力 Φ_o である。

したがって、

$$\Phi_o = q_{mo}(h_7 - h_6) = q_{mr}(h_1 - h_4)$$

となり、式 (2.10a) が得られる。

なお、満液式冷凍サイクルフロー図からわかるように、液集中器と蒸発器を一体として（図中の点線の部分）考えると、入熱は Φ_o のみであるから、基本的な単段圧縮冷凍サイクルと同じロジックになる。

(2) 実際の冷凍サイクル

計算式は省略するが、圧縮機の断熱効率 η_c、機械効率 η_m を考慮し、理論冷凍サイクルに準じて式をつくる。

2·3·2 冷媒液強制循環式冷凍サイクル　一冷

満液式冷凍サイクルに似ているが、蒸発器への冷媒供給をポンプにより強制的に行うものであり、フロー図およびその p–h 線図を下記に示す。

満液式冷凍サイクルと異なる主な点は、液集中器の機能が低圧受液器に置き換わり、低圧受液器底部の冷媒液はポンプアップ後に圧力調整弁で減圧されて蒸発器に送られることである。

p–h 線図を見ても満液式とよく似ており、冷却能力 Φ_o は同じように

$$\Phi_\mathrm{o} = q_\mathrm{mr}(h_1 - h_4)$$

で表される。

計算式は省略するが、他の式も満液式と同じ考え方である。

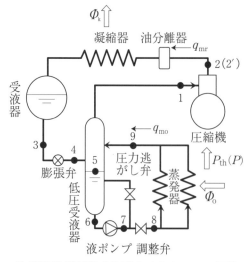

冷媒液強制循環式冷凍サイクルフロー図[1]

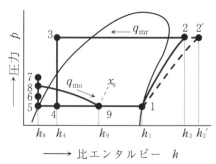

冷媒液強制循環式冷凍サイクルの p–h 線図[1]

満液式冷凍サイクルの Φ_{o}、$(COP)_{\mathrm{th,R}}$ などを求める

　下図は、R 410A を冷媒とする満液式蒸発器を使用した冷凍装置の概略図である。この冷凍装置が圧縮機の冷媒循環量 $q_{\mathrm{mr}} = 0.25\,\mathrm{kg/s}$ で、下記の理論冷凍サイクルの条件で運転されている。これについて、次の(1)～(5)に答えよ。

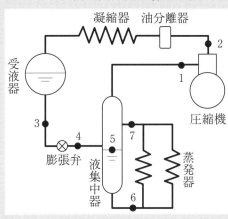

（理論冷凍サイクル）

圧縮機吸込み蒸気の比エンタルピー	h_1	$=395\,\mathrm{kJ/kg}$
圧縮機吐出しガスの比エンタルピー	h_2	$=447\,\mathrm{kJ/kg}$
膨張弁入口冷媒液の比エンタルピー	h_3	$=223\,\mathrm{kJ/kg}$
蒸発器入口冷媒の比エンタルピー	h_6	$=162\,\mathrm{kJ/kg}$
蒸発器出口冷媒の比エンタルピー	h_7	$=354\,\mathrm{kJ/kg}$

(1)　この冷凍装置の理論冷凍サイクルを $p\text{-}h$ 線図上に描き、さらに冷凍装置の概略図中の点 1 ～ 7 の各点を示せ。

(2)　点 7 の乾き度 x_7 を求めよ。

(3)　冷凍能力 $\Phi_{\mathrm{o}}\,(\mathrm{kW})$ を求めよ。

(4)　圧縮機の理論断熱圧縮動力 $P_{\mathrm{th}}\,(\mathrm{kW})$ を求めよ。

(5)　理論成績係数 $(COP)_{\mathrm{th,R}}$ を求めよ。

　　　　　　　　　　　　　　　　　　　　　　　　　　　（H27 一冷検定）

(1) p–h 線図

管内蒸発式の満液式冷凍サイクルの典型的なものであり、理論冷凍サイクルの p–h 線図は次のようになる。

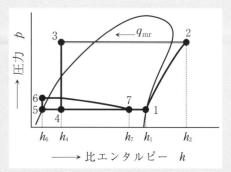

すなわち、膨張弁後に冷媒（蒸気-液混合）は、液集中器で蒸気（蒸気（Ⅰ）とする）を分離して飽和液の状態5になり、液集中器の底部では液柱の圧力のため過冷却状態6に、そして蒸発器を通って蒸気-液混合状態（湿り蒸気）7になる。その蒸気は液集中器で先に分離した蒸気（Ⅰ）と合流して乾き飽和蒸気1となる。

なお、(2)以降の説明の便宜上、冷媒循環量 q_{mr}、各状態点の比エンタルピー h を書き入れている。

(2) 点7の乾き度 x_7

状態1は乾き飽和蒸気であり、また、状態5は飽和液であるから、式(1.4)を使う。

$$x_7 = \frac{h_7 - h_5}{h_1 - h_5} = \frac{h_7 - h_6}{h_1 - h_6} = \frac{(354 - 162)\,\text{kJ/kg}}{(395 - 162)\,\text{kJ/kg}} = 0.824$$

（答　0.824）

(3) 冷凍能力 Φ_0 (kW)

圧縮機の冷媒循環量を q_{mr} として、式(2.10a)のとおり

$$\Phi_0 = q_{mr}(h_1 - h_4) = q_{mr}(h_1 - h_3)$$

であるから、値を代入して

$$\Phi_0 = 0.25\,\text{kg/s} \times (395 - 223)\,\text{kJ/kg} = 43.0\,\text{kW}$$

（答　43.0 kW）

(4) 理論断熱圧縮動力 P_{th} (kW)

理論断熱圧縮動力は q_{mr} と圧縮前後の比エンタルピー差の積である。式(2.10b) のとおり

$$P_{th} = q_{mr}(h_2 - h_1)$$

であるから、値を代入して

$$P_{th} = 0.25\,\text{kg/s} \times (447 - 395)\,\text{kJ/kg} = 13.0\,\text{kW}$$

（答　13.0 kW）

(5) 理論成績係数 $(COP)_{th,R}$

式(2.10d)のとおり

$$(COP)_{th,R} = \frac{\Phi_0}{P_{th}} = \frac{43.0\,\text{kW}}{13.0\,\text{kW}} = 3.31$$

なお、$(COP)_{th,R} = \dfrac{h_1 - h_4}{h_2 - h_1}$ を用いて計算することもできる。

（答　3.31）

2章　冷凍サイクル

満液式冷凍サイクルの冷凍能力、蒸発器出口の比エンタルピーなどを求める

　下図に示すような管内蒸発方式の満液式蒸発器を使用する冷凍装置が以下の条件で運転されている。このとき、以下の(1)〜(3)に答えよ。

（運転条件）

圧縮機吸込み蒸気の比エンタルピー	$h_1 = 393 \text{ kJ/kg}$
受液器出口の冷媒の比エンタルピー	$h_3 = 264 \text{ kJ/kg}$
蒸発器入口の冷媒の比エンタルピー	$h_6 = 187 \text{ kJ/kg}$
圧縮機の冷媒循環量	$q_{mr} = 0.205 \text{ kg/s}$
蒸発器の冷媒循環量	$q_{mo} = 0.162 \text{ kg/s}$

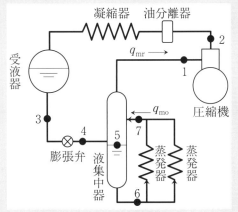

（1）　膨張弁出口の冷媒の乾き度 x_4 を小数点以下3桁まで求めよ。

（2）　冷凍能力 Φ_o (kW) を求めよ。

（3）　蒸発器出口の冷媒の比エンタルピー h_7 (kJ/kg) を求めよ。

（R1 一冷検定 類似）

 解説

　右に p-h 線図を示す。

（1）　膨張弁出口の冷媒の乾き度 x_4

　状態点4の乾き度 x_4 は式(1.4)のとおり、乾き飽和蒸気と飽和液の比エンタルピー（ここでは h_1 と h_5 が相当する。）を用い、$h_4 = h_3$、$h_5 = h_6$ として

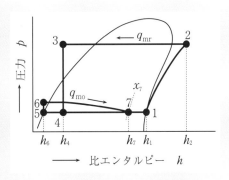

$$x_4 = \frac{h_4 - h_5}{h_1 - h_5} = \frac{h_3 - h_6}{h_1 - h_6}$$

$$= \frac{(264 - 187)\text{kJ/kg}}{(393 - 187)\text{kJ/kg}} = 0.374$$

（答　0.374）

(2) 冷凍能力 Φ_o (kW)

式(2.10a)により

$$\Phi_o = q_{mo}(h_7 - h_6) = q_{mr}(h_1 - h_4) \quad \cdots\cdots\cdots\cdots\cdots\cdots \quad ①$$

$h_4 = h_3$ として、与えられた値を代入すると

$$\Phi_o = 0.205\,\text{kg/s} \times (393 - 264)\,\text{kJ/kg} = 26.4\,\text{kW}$$

（答　26.4 kW）

(3) 蒸発器出口の冷媒の比エンタルピー h_7 (kJ/kg)

(2)の式①から

$$\Phi_o = q_{mo}(h_7 - h_6)$$

$$\therefore \quad h_7 = h_6 + \frac{\Phi_o}{q_{mo}}$$

$\Phi_o = 26.4\,\text{kW}$ と与えられた値を代入して

$$h_7 = 187\,\text{kJ/kg} + \frac{26.4\,\text{kJ/s}}{0.162\,\text{kg/s}} = 350\,\text{kJ/kg}$$

（答　350 kJ/kg）

例題 — **2.31** 　　　　　　　　　　　　　　　　　　　　　　　　 一冷

油戻し装置付き冷媒液強制循環式冷凍装置の Φ_o、$(COP)_{th,R}$ などを求める

　下図で示すアンモニアを冷媒とする油戻し装置付き冷媒液強制循環式の冷凍装置が、下記の運転条件で運転されているとき、次の(1)〜(3)の問に答えよ。

　ただし、液ポンプの動力、配管での熱の出入りおよび圧力損失はないものとする。

　　（運転条件）

圧縮機の冷媒循環量	$q_{mr} = 0.20\,\text{kg/s}$
油戻し装置を通る冷媒量	$q'_{mr} = 0.010\,\text{kg/s}$
理論断熱圧縮後の吐出しガスの比エンタルピー	$h_2 = 1760\,\text{kJ/kg}$
受液器出口の液の比エンタルピー	$h_3 = 375\,\text{kJ/kg}$
膨張弁直前の液の比エンタルピー	$h_4 = 295\,\text{kJ/kg}$
低圧受液器の飽和液の比エンタルピー	$h_6 = 135\,\text{kJ/kg}$
低圧受液器出口のガスの比エンタルピー	$h_{11} = 1445\,\text{kJ/kg}$

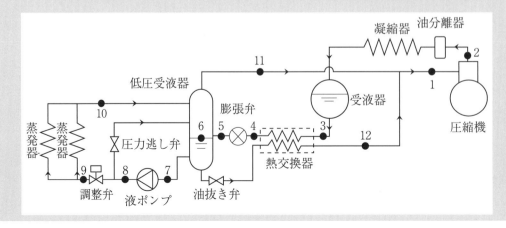

(1) この冷凍装置の理論冷凍サイクルを p-h 線図上に描き、点 1 ～点 12 の各状態点を図中に記入せよ。

(2) 冷凍能力 Φ_o (kW) を求めよ。

(3) この冷凍装置の理論成績係数 $(COP)_{th,R}$ を求めよ。

（H27 一冷国家試験 類似）

(1) p-h 線図

p-h 線図を描くとき、油戻し装置が付いている冷媒液強制循環式冷凍サイクルは、付いていないサイクルに比べて次の点に注意する。

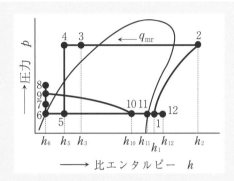

① 熱交換器によって熱の授受が行われるので、2・2・2 の液ガス熱交換器付きサイクルのように高温側の高圧冷媒液の過冷却が進み（ここでは点 4）、低温側の油含有冷媒が過熱蒸気になる（ここでは点 12）。

② 低圧受液器から出る乾き飽和蒸気（ここでは点 11）は吸込み蒸気そのものではない。

③ 吸込み蒸気は、点 11 と点 12 の合流した過熱蒸気である。

これらを考慮すると、右上の p-h 線図が描ける。

(2) 冷凍能力 Φ_o (kW)

冷凍能力 Φ_o に関係する低圧受液器廻りの冷媒流量と各点における比エンタルピーは、次のように表すことができる。

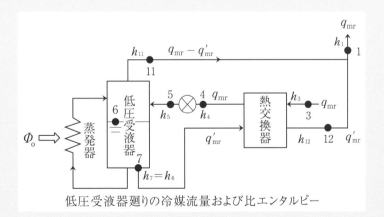

低圧受液器廻りの冷媒流量および比エンタルピー

すなわち、冷媒循環量を q_{mr}、油含有冷媒流量を q'_{mr}、低圧受液器に入る（点 5 の）冷媒の乾き度を x_5 とすると、点 5 から低圧受液器に入る液体の冷媒量は $q_{mr}(1-x_5)$ であり、その内 q'_{mr} が油含有冷媒として抜き出されるので、冷凍能力 Φ_o によって気化する冷媒液量は $q_{mr}(1-x_5) - q'_{mr}$ である。

h_6 の冷媒液が気化して乾き飽和蒸気 (h_{11}) になる $((h_{11} - h_6)$ は冷媒液の蒸発熱に相当する）のであるから、冷凍能力 Φ_0 は次のように表すことができる。

$$\Phi_0 = \{q_{mr}(1 - x_5) - q'_{mr}\}(h_{11} - h_6) \quad \cdots\cdots\cdots\cdots\cdots\cdots\cdots \text{①}$$

ここで、x_5 は、式 (1.4) のとおり

$$x_5 = \frac{h_5 - h_6}{h_{11} - h_6}$$

であるから、式①にこれを代入すると

$$\Phi_0 = \left\{ q_{mr}\left(1 - \frac{h_5 - h_6}{h_{11} - h_6}\right) - q'_{mr} \right\}(h_{11} - h_6)$$

$$= q_{mr}(h_{11} - h_5) - q'_{mr}(h_{11} - h_6) \quad \cdots\cdots\cdots\cdots\cdots\cdots \text{②}$$

$h_5 = h_4$ として、与えられた数値を代入すると

$$\Phi_0 = 0.20\,\text{kg/s} \times (1445 - 295)\,\text{kJ/kg} - 0.010\,\text{kg/s} \times (1445 - 135)\,\text{kJ/kg}$$
$$= 217\,\text{kJ/s} = 217\,\text{kW}$$

（答　217 kW）

(3) 理論成績係数 $(COP)_{\text{th,R}}$

まず、圧縮機の理論圧縮動力の計算に必要な吸込み蒸気の比エンタルピー h_1 を求める。

熱交換器の熱（エネルギー）バランスおよび点 1、11、12 の熱（エネルギー）バランスから、それぞれ次の関係が得られる。

$$q'_{mr}(h_{12} - h_6) = q_{mr}(h_3 - h_4) \quad \cdots\cdots\cdots\cdots\cdots\cdots\cdots \text{③}$$

$$(q_{mr} - q'_{mr})h_{11} + q'_{mr}h_{12} = q_{mr}h_1 \quad \cdots\cdots\cdots\cdots\cdots \text{④}$$

式③から

$$h_{12} = \frac{q_{mr}(h_3 - h_4)}{q'_{mr}} + h_6$$

$$= \frac{0.20\,\text{kg/s} \times (375 - 295)\,\text{kJ/kg}}{0.010\,\text{kg/s}} + 135\,\text{kJ/kg} = 1735\,\text{kJ/kg}$$

この値とその他与えられた数値を式④に代入して h_1 を求める。

$$h_1 = \frac{(q_{mr} - q'_{mr})h_{11} + q'_{mr}h_{12}}{q_{mr}}$$

$$= \frac{(0.20 - 0.010)\,\text{kg/s} \times 1445\,\text{kJ/kg} + 0.010\,\text{kg/s} \times 1735\,\text{kJ/kg}}{0.20\,\text{kg/s}}$$

$$= 1460\,\text{kJ/kg}$$

したがって、理論成績係数 $(COP)_{\text{th,R}}$ は

$$(COP)_{\text{th,R}} = \frac{\Phi_0}{P_{\text{th}}} = \frac{\Phi_0}{q_{mr}(h_2 - h_1)}$$

$$= \frac{217\,\text{kJ/s}}{0.20\,\text{kg/s} \times (1760 - 1460)\,\text{kJ/kg}} = 3.62$$

（答　3.62）

（別解）

下図の二点鎖線で囲んだ部分を系と考えると

系内に冷媒が持ち込む熱量：点3（凝縮器）から入る冷媒のエンタルピー $q_{mr}h_3$

系外に冷媒が持ち出す熱量：点1から出る吸込み蒸気のエンタルピー $q_{mr}h_1$

$q_{mr}h_1 > q_{mr}h_3$ であり、この系には蒸発器以外に熱の出入りはないから、その差は蒸発器で受け入れた熱量、すなわち、冷凍能力 Φ_o である。

式で表すと

$$q_{mr}(h_1 - h_3) = \Phi_o$$

$$\therefore\ (COP)_{th,R} = \frac{\Phi_o}{P_{th}} = \frac{q_{mr}(h_1 - h_3)}{q_{mr}(h_2 - h_1)} = \frac{h_1 - h_3}{h_2 - h_1}$$

（h_1 は式③、④から求める。）

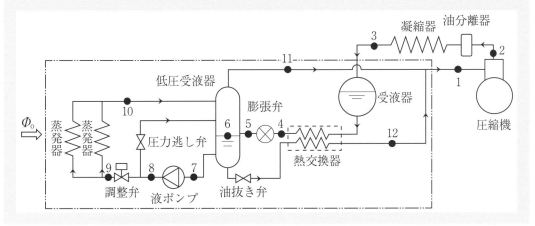

演習問題 2-25　一冷

　下図の管内蒸発方式の満液式蒸発器を使用した冷凍装置が次の条件で運転されている。

　　（運転条件）

圧縮機吸込み蒸気の比エンタルピー	$h_1 = 397\,\text{kJ/kg}$
受液器出口の冷媒の比エンタルピー	$h_3 = 240\,\text{kJ/kg}$
蒸発器入口の冷媒の比エンタルピー	$h_6 = 177\,\text{kJ/kg}$
蒸発器出口の冷媒の比エンタルピー	$h_7 = 380\,\text{kJ/kg}$
圧縮機の冷媒循環量	$q_{mr} = 0.23\,\text{kg/s}$

このとき、次の(1)～(3)について答えよ。

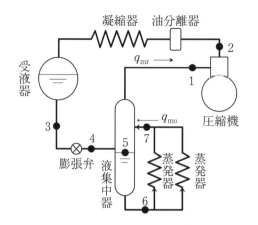

(1) 冷凍能力 Φ_0(kW) を求めよ。

(2) 蒸発器の冷媒流量 q_{mo}(kg/s) を求めよ。

(3) 蒸発器出口の冷媒の乾き度 x_7 を求めよ。

（H18 一冷検定 類似）

演習問題 2-26　　　　　　　　　　　　　　　一冷

　次の図は、R22 を冷媒とする油戻し装置付きの満液式冷凍装置の概略系統図を示す。すなわち、この装置では液集中器の液面に近いところから油含有割合が比較的大きい冷媒液を抜き出し、熱交換器において冷媒を蒸発させ、油とともに圧縮機に戻すようにしている。

　これについて、(1)、(2)に答えよ。

(1) この冷凍装置の理論冷凍サイクルを p–h 線図に示し、下図中の点1〜点10の各点をその図中に示せ。ただし、配管途中の熱損失は無視できるものとする。

(2) 下図中の点1〜点10の冷媒の比エンタルピーを h_1〜h_{10} のように表したとき、この冷凍装置の理論成績係数 $(COP)_{th,R}$ を h_1〜h_5 のうち必要な記号のみを用いて表せ。

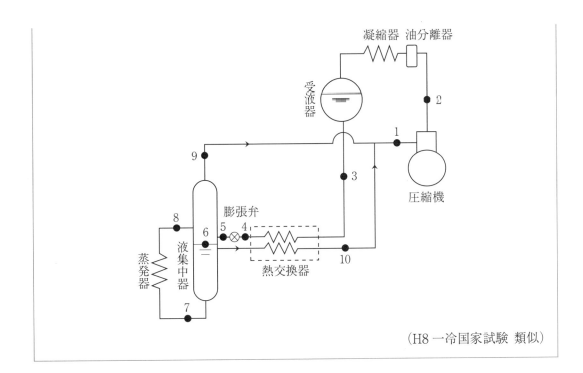

凝縮器　油分離器

受液器

圧縮機

9

8　膨張弁

蒸発器

液集中器

6　5　4

7

熱交換器

10

（H8 一冷国家試験　類似）

二段圧縮冷凍サイクルなど

蒸発温度が低いときに単段で圧縮すると、高い圧力比（圧縮比）が必要になるので、圧縮機の効率低下などにより経済性が損なわれ、また、吐出しガスが高温になることによる不具合が起こる原因になるので、2段に分けて圧縮することが行われている。

ここでは、二段圧縮一段膨張、二段圧縮二段膨張および二元冷凍サイクルについて記述する。

2·4·1 二段圧縮一段膨張冷凍サイクル　一冷

一般的なサイクルの概略フロー図および $p-h$ 線図を示す。

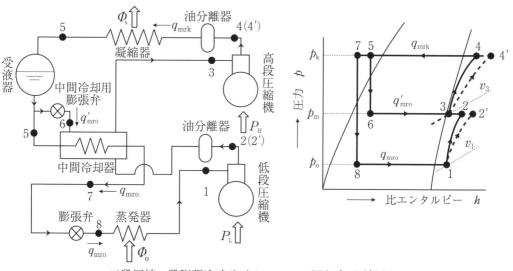

二段圧縮一段膨張冷凍サイクルフロー図と $p-h$ 線図[1]

このサイクルの計算で重要な役割を果たすのが中間冷却器である。すなわち、受液器の冷媒液の一部を分岐し、中間冷却用膨張弁を通して低温の冷却冷媒となり、これが低段吐出しガスを冷却（点 2(2')→点 3）するとともに、蒸発器へ向かう冷媒液の過冷却の度合いを高める（点 5→点 7）。

高段圧縮機の吸込み蒸気は、乾き飽和蒸気に近い状態になり、この流量 q_{mrk} は、低段吐出しガスの流量 q_{mro} と中間冷却用膨張弁を通る冷却用冷媒流量 q'_{mro} の合計量である。

二段圧縮一段膨張冷凍サイクルの計算には、一般に中間冷却器の熱（エネルギー）バランスおよび冷媒循環量 q_{mrk}、q_{mro} の関係を把握して進めることが重要である。

(1) 理論冷凍サイクル

① 冷凍能力 Φ_o

蒸発器を通る冷媒循環量 q_mro とその前後の比エンタルピー差の積として

$$\Phi_\mathrm{o} = q_\mathrm{mro}(h_1 - h_8) \quad \cdots\cdots\cdots\cdots\cdots\cdots\cdots\cdots\cdots\cdots\cdots\cdots\cdots (2.11\mathrm{a})$$

② 圧縮機の理論圧縮動力 P_th

理論圧縮動力 P_th は低段圧縮機の理論圧縮動力 $P_\mathrm{th,L}$ と高段圧縮機のそれ $P_\mathrm{th,H}$ の合計である。

$$P_\mathrm{th} = P_\mathrm{th,L} + P_\mathrm{th,H} \quad \cdots\cdots\cdots\cdots\cdots\cdots\cdots\cdots\cdots\cdots\cdots (2.11\mathrm{b})$$

それぞれの理論圧縮動力は、冷媒循環量とその前後の比エンタルピー差の積として

$$P_\mathrm{th,L} = q_\mathrm{mro}(h_2 - h_1) \quad \cdots\cdots\cdots\cdots\cdots\cdots\cdots\cdots\cdots\cdots (2.11\mathrm{c})$$

$$P_\mathrm{th,H} = q_\mathrm{mrk}(h_4 - h_3) \quad \cdots\cdots\cdots\cdots\cdots\cdots\cdots\cdots\cdots\cdots (2.11\mathrm{d})$$

③ 理論凝縮負荷 $\Phi_\mathrm{th,k}$

凝縮器を通る冷媒循環量 q_mrk とその前後の比エンタルピー差の積として

$$\Phi_\mathrm{th,k} = q_\mathrm{mrk}(h_4 - h_5) \quad \cdots\cdots\cdots\cdots\cdots\cdots\cdots\cdots\cdots (2.11\mathrm{e})$$

④ 膨張弁前後の比エンタルピー

中間冷却用膨張弁および (蒸発器用) 膨張弁ではいずれも絞り膨張であるので

$$h_5 = h_6 \quad \text{および} \quad h_7 = h_8$$

⑤ 理論成績係数 $(COP)_\mathrm{th,R}$

冷凍能力 Φ_o と理論圧縮動力 P_th の比として

$$(COP)_\mathrm{th,R} = \frac{\Phi_\mathrm{o}}{P_\mathrm{th}} = \frac{q_\mathrm{mro}(h_1 - h_8)}{q_\mathrm{mro}(h_2 - h_1) + q_\mathrm{mrk}(h_4 - h_3)}$$

$$= \frac{h_1 - h_8}{(h_2 - h_1) + \dfrac{h_2 - h_7}{h_3 - h_6} \cdot (h_4 - h_3)} \quad \cdots\cdots\cdots\cdots (2.11\mathrm{f})$$

この式の後段は、次の式 (2.11g) の関係が用いられている。

⑥ 冷媒循環量の関係

低段側冷媒循環量 q_mro と高段側冷媒循環量 q_mrk の関係は、中間冷却器の熱 (エネルギー) バランスから

$$\frac{q_\mathrm{mrk}}{q_\mathrm{mro}} = \frac{h_2 - h_7}{h_3 - h_6} \quad \cdots\cdots\cdots\cdots\cdots\cdots\cdots\cdots\cdots\cdots\cdots (2.11\mathrm{g})$$

⑦ 最適中間圧力 p_m

理論的には、高段側と低段側の圧力比を同じにすると最も効率の良い圧縮となる。

中間圧力を p_m、低段吸込み圧力を p_o、高段吐出し圧力を p_k として

$$\frac{p_\mathrm{m}}{p_\mathrm{o}} = \frac{p_\mathrm{k}}{p_\mathrm{m}} \quad \cdots\cdots\cdots\cdots\cdots\cdots\cdots\cdots\cdots\cdots\cdots\cdots\cdots (2.11\mathrm{h})$$

この場合、各圧力は絶対圧力を用いて計算する。

式(2.11g)は中間冷却器のエネルギーバランスから次のように求められる。

放熱する（比エンタルピーが減少する）ライン（流路）と吸熱（比エンタルピーが増加する）ラインを区分すると次の表のようになる。

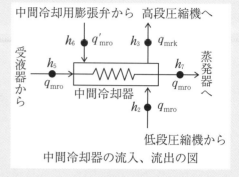

中間冷却器の流入、流出の図

	ライン（流路）	エンタルピー差
放熱	受液器から蒸発器 (5 → 7)	$q_{mro}(h_5 - h_7)$
	低段吐出しから高段吸込み (2 → 3)	$q_{mro}(h_2 - h_3)$
吸熱	中間冷却用膨張弁から高段吸込み (6 → 3)	$q'_{mro}(h_3 - h_6)$

放熱量 ＝ 吸熱量であるから

$$q_{mro}(h_5 - h_7) + q_{mro}(h_2 - h_3) = q'_{mro}(h_3 - h_6) \quad \cdots\cdots\cdots ①$$

ここで、$q'_{mro} = q_{mrk} - q_{mro}$ および $h_5 = h_6$ を用いると式①は

$$q_{mro}(h_6 - h_7) + q_{mro}(h_2 - h_3) = q_{mrk}(h_3 - h_6) - q_{mro}(h_3 - h_6)$$

整理すると

$$q_{mro}(h_2 - h_7) = q_{mrk}(h_3 - h_6)$$

$$\therefore \quad \frac{q_{mrk}}{q_{mro}} = \frac{h_2 - h_7}{h_3 - h_6} \quad \rightarrow \quad (2.11g)$$

となる。

また、エンタルピーの計算は、比エンタルピーの差分を用いることが基本であるが、この中間冷却器の例のように、各冷媒の流量と比エンタルピーが明確になっている（いいかえれば、エンタルピーが流量と比エンタルピー差の積の式で表される）状態では、単純に入出熱のバランスとして次のように計算することもできる。

$$\underbrace{q_{mro}h_5 + q_{mro}h_2 + q'_{mro}h_6}_{入熱} = \underbrace{q_{mrk}h_3 + q_{mro}h_7}_{出熱}$$

同様に整理すると

$$q_{mro}(h_2 - h_7) = q_{mrk}(h_3 - h_6)$$

となり、式(2.11g)が誘導される。

⑵ 実際の冷凍サイクル

計算式は省略するが、圧縮機の断熱効率 η_c、機械効率 η_m を考慮し、理論冷凍サイクルに準じて計算する。

二段圧縮一段膨張理論冷凍サイクルの理論圧縮動力、成績係数などの計算

　図は、R 404A を用いた二段圧縮一段膨張冷凍装置の理論冷凍サイクルを示したものである。理論冷凍サイクルにおける各状態および運転条件は次のとおりである。

（理論冷凍サイクルにおける各状態および運転条件）

冷凍能力	$\Phi_0 = 38.6 \ \text{kW}$
低段圧縮機吸込み蒸気の比エンタルピー	$h_1 = 351 \ \text{kJ/kg}$
理論断熱圧縮後の低段圧縮機の吐出しガスの比エンタルピー	$h_2 = 376 \ \text{kJ/kg}$
高段圧縮機吸込み蒸気の比エンタルピー	$h_3 = 365 \ \text{kJ/kg}$
理論断熱圧縮後の高段圧縮機の吐出しガスの比エンタルピー	$h_4 = 385 \ \text{kJ/kg}$
中間冷却器用膨張弁直前の冷媒液の比エンタルピー	$h_5 = 244 \ \text{kJ/kg}$
蒸発器用膨張弁直前の冷媒液の比エンタルピー	$h_7 = 200 \ \text{kJ/kg}$

このとき、次の(1)～(4)の問について答えよ。

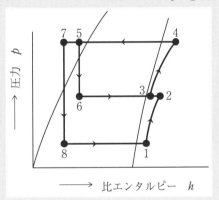

(1)　低段側冷媒循環量 q_{mro}(kg/s) を求めよ。

(2)　高段側冷媒循環量 q_{mrk}(kg/s) を求めよ。

(3)　低段および高段圧縮機の総理論圧縮動力 P_{th}(kW) を求めよ。

(4)　理論成績係数 $(COP)_{\text{th,R}}$ を求めよ。

（H24 一冷検定 類似）

解説

　二段圧縮一段膨張理論冷凍サイクルの問題であり、このサイクルを理解するのに良い例題である。

　理解のために、中間冷却用膨張弁を通る冷媒量を q'_{mro} として、フロー図と中間冷却器の流入、流出図を示す。

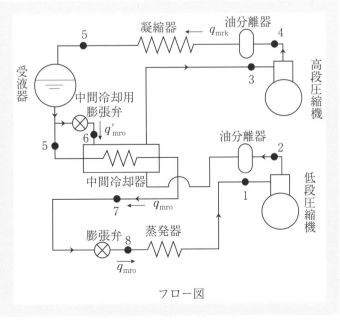

フロー図

(1) 低段側冷媒循環量 q_{mro}

冷凍能力と蒸発器前後の比エンタルピー差 $(h_1 - h_7)$ は既知である（$\because h_8 = h_7$）ので、式 (2.11a) から

$$\Phi_o = q_{mro}(h_1 - h_7)$$

$$\therefore \quad q_{mro} = \frac{\Phi_o}{h_1 - h_7}$$

$$= \frac{38.6\,\mathrm{kJ/s}}{(351 - 200)\,\mathrm{kJ/kg}}$$

$$= 0.256\,\mathrm{kg/s}$$

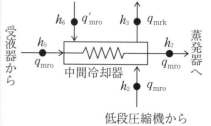

中間冷却用膨張弁から 高段圧縮機へ
中間冷却器の流入、流出の図

（答　$0.256\,\mathrm{kg/s}$）

(2) 高段側冷媒循環量 q_{mrk}

中間冷却器のエネルギーバランスから（前述の「参考」を参照）

$$q_{mro}(h_5 - h_7) + q_{mro}(h_2 - h_3) = q'_{mro}(h_3 - h_6)$$

$q'_{mro} = q_{mrk} - q_{mro}$ および $h_5 = h_6$ から、上式を整理すると、次の関係が得られる（式 (2.11g)）。

$$\frac{q_{mrk}}{q_{mro}} = \frac{h_2 - h_7}{h_3 - h_5} \quad\text{……………………………………………… ①}$$

$$\therefore \quad q_{mrk} = q_{mro} \cdot \frac{h_2 - h_7}{h_3 - h_5} = 0.256\,\mathrm{kg/s} \times \frac{(376 - 200)\,\mathrm{kJ/kg}}{(365 - 244)\,\mathrm{kJ/kg}} = 0.372\,\mathrm{kg/s}$$

なお、式①は、中間冷却器の入出熱のバランスとして

$$q_{mro}h_5 + q_{mro}h_2 + q'_{mro}h_5 = q_{mrk}h_3 + q_{mro}h_7$$

からも誘導できる。

（答　$0.372\,\mathrm{kg/s}$）

(3) 総理論圧縮動力 P_{th}

総理論圧縮動力 P_{th} は、低段の理論圧縮動力 $P_{th,L}$ と高段のそれ $P_{th,H}$ の合計であるから、式 (2.11b)〜式 (2.11d) により

$$P_{th} = P_{th,L} + P_{th,H} = q_{mro}(h_2 - h_1) + q_{mrk}(h_4 - h_3)$$

$$= 0.256\,\mathrm{kg/s} \times (376 - 351)\,\mathrm{kJ/kg} + 0.372\,\mathrm{kg/s} \times (385 - 365)\,\mathrm{kJ/kg}$$

$$= (6.40 + 7.44)\,\mathrm{kJ/s} = 13.8\,\mathrm{kW}$$

（答　$13.8\,\mathrm{kW}$）

(4) 理論成績係数 $(COP)_{th,R}$

理論成績係数は、冷凍能力 Φ_o と総理論圧縮動力 P_{th} の比であるから

$$(COP)_{th,R} = \frac{\Phi_o}{P_{th}} = \frac{38.6\,\mathrm{kW}}{13.8\,\mathrm{kW}} = 2.80$$

（答　2.80）

例題 — 2.33　　　　　　　　　　　　　　　　　　　　　一冷

実際の冷凍サイクルの冷媒循環量 q_{mrk}、軸動力 P などを求める

図は、アンモニアを用いた二段圧縮一段膨張冷凍装置の理論冷凍サイクルを示し、その運転条件は次のとおりである。

（運転条件）

低段圧縮機の冷媒流量	$q_{mro} = 0.1\,\text{kg/s}$
低段圧縮機吸込み蒸気の比エンタルピー	$h_1 = 1420\,\text{kJ/kg}$
理論断熱圧縮後の低段圧縮機吐出しガスの比エンタルピー	$h_2 = 1672\,\text{kJ/kg}$
高段圧縮機吸込み蒸気の比エンタルピー	$h_3 = 1475\,\text{kJ/kg}$
理論断熱圧縮後の高段圧縮機吐出しガスの比エンタルピー	$h_4 = 1665\,\text{kJ/kg}$
中間冷却用膨張弁直前の冷媒液の比エンタルピー	$h_5 = 366\,\text{kJ/kg}$
蒸発器用膨張弁直前の冷媒液の比エンタルピー	$h_7 = 250\,\text{kJ/kg}$
低段圧縮機の断熱効率	$\eta_{cL} = 0.70$
高段圧縮機の断熱効率	$\eta_{cH} = 0.75$
圧縮機の機械効率（低段、高段とも）	$\eta_m = 0.90$

このとき、次の(1)～(3)の問に答えよ。

ただし、圧縮機の機械的摩擦損失仕事は熱として冷媒に加わらないものとする。

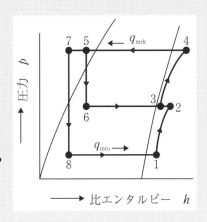

(1) この冷凍装置の実際の冷凍能力 Φ_o(kW) を求めよ。

(2) 高段圧縮機の冷媒流量 q_{mrk}(kg/s) を求めよ。

(3) 低段と高段の圧縮機の実際の総駆動軸動力 P (kW) を求めよ。

（H23 一冷検定 類似）

▽ 解説

　中間冷却用膨張弁を通る冷媒量を q'_{mro} とし、低段および高段圧縮機の吐出しガスの状態点をそれぞれ 2′、4′ とすると、右のように p–h 線図を描くことができる。

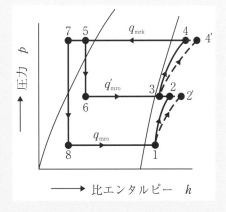

(1) **冷凍能力 Φ_o**

　冷凍能力 Φ_o は式(2.11a)から、$h_7 = h_8$ として

$$\Phi_o = q_{mro}(h_1 - h_8) = q_{mro}(h_1 - h_7)$$
$$= 0.1\,\text{kg/s} \times (1420 - 250)\,\text{kJ/kg}$$
$$= 117\,\text{kW}$$

（答　117 kW）

(2) **高段圧縮機の冷媒流量 q_{mrk}**

　中間冷却器の冷媒流のエネルギーバランスをとると、$h_5 = h_6$ および $q'_{mro} = q_{mrk} - q_{mro}$ を用いて

$$q_{mro}(h_5 - h_7) + q_{mro}(h_2' - h_3) = q'_{mro}(h_3 - h_6) \quad\cdots\cdots\cdots\cdots\cdots ①$$

整理して

$$q_{\mathrm{mro}}(h_2{}' - h_7) = q_{\mathrm{mrk}}(h_3 - h_5)$$

$$\therefore \quad q_{\mathrm{mrk}} = q_{\mathrm{mro}} \cdot \frac{h_2{}' - h_7}{h_3 - h_5} \quad \cdots\cdots\cdots\cdots\cdots\cdots\cdots\cdots\cdots\cdots\cdots\cdots ②$$

$h_2{}'$ の値が決まれば式②により q_{mrk} の値が決まることがわかる。

なお、式①の代りに中間冷却器の入出熱バランスから

$$q_{\mathrm{mro}}h_5 + q_{\mathrm{mro}}h_2{}' + q'_{\mathrm{mro}}h_5 = q_{\mathrm{mrk}}h_3 + q_{\mathrm{mro}}h_7$$

を用いる方法もある。

機械的摩擦損失仕事は熱として冷媒に加わらないので、式 (2.4d) より $h_2{}'$ は

$$h_2{}' = h_1 + \frac{h_2 - h_1}{\eta_{\mathrm{cL}}} = 1420\,\mathrm{kJ/kg} + \frac{(1672 - 1420)\,\mathrm{kJ/kg}}{0.70} = 1780\,\mathrm{kJ/kg}$$

式②に代入して

$$q_{\mathrm{mrk}} = 0.1\,\mathrm{kg/s} \times \frac{(1780 - 250)\,\mathrm{kJ/kg}}{(1475 - 366)\,\mathrm{kJ/kg}} = 0.138\,\mathrm{kg/s}$$

(答　0.138 kg/s)

(3)　総駆動軸動力 P

低段圧縮機の軸動力を P_{L}、高段圧縮機のそれを P_{H} として、式(2.11b)～式(2.11d)を応用すると

$$P = P_{\mathrm{L}} + P_{\mathrm{H}} = q_{\mathrm{mro}} \cdot \frac{h_2 - h_1}{\eta_{\mathrm{cL}}\eta_{\mathrm{m}}} + q_{\mathrm{mrk}} \cdot \frac{h_4 - h_3}{\eta_{\mathrm{cH}}\eta_{\mathrm{m}}}$$

$$= 0.1\,\mathrm{kg/s} \times \frac{(1672 - 1420)\,\mathrm{kJ/kg}}{0.70 \times 0.90} + 0.138\,\mathrm{kg/s} \times \frac{(1665 - 1475)\,\mathrm{kJ/kg}}{0.75 \times 0.90}$$

$$= (40.0 + 38.8)\,\mathrm{kW} = 78.8\,\mathrm{kW}$$

(答　78.8 kW)

例題 — **2.34**　　　　　　　　　　　　　　　　　　　　　　　一冷

凝縮負荷を計算して冷媒循環量および $\varPhi_\mathrm{o}$ を求める

次図は、R 22 を用いたある二段圧縮一段膨張冷凍装置の理論冷凍サイクルである。この冷凍装置が水冷凝縮器の冷却水量 7 kg/s、その凝縮器を出入する冷却水の温度差 5 K で運転されているとき、この冷凍装置の運転条件は次のとおりであった。

低段側圧縮機吸込み蒸気の比エンタルピー	$h_1 = 390\,\mathrm{kJ/kg}$
理論断熱圧縮後の低段側圧縮機吐出しガスの比エンタルピー	$h_2 = 420\,\mathrm{kJ/kg}$
高段側圧縮機吸込み蒸気の比エンタルピー	$h_3 = 403\,\mathrm{kJ/kg}$
理論断熱圧縮後の高段側圧縮機吐出しガスの比エンタルピー	$h_4 = 434\,\mathrm{kJ/kg}$
中間冷却器用膨張弁直前の冷媒液の比エンタルピー	$h_5 = 236\,\mathrm{kJ/kg}$
蒸発器用膨張弁直前の冷媒液の比エンタルピー	$h_7 = 202\,\mathrm{kJ/kg}$
低段側圧縮機の断熱効率	$\eta_{\mathrm{cL}} = 0.70$
高段側圧縮機の断熱効率	$\eta_{\mathrm{cH}} = 0.75$
凝縮器用冷却水の比熱	$c_{\mathrm{W}} = 4.18\,\mathrm{kJ/(kg \cdot K)}$

このとき、次の(1)～(3)に答えよ。

ただし、圧縮機の機械的摩擦損失仕事の熱は、冷媒に加わらないものとする。

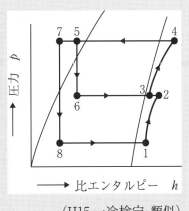

(1)　実際の冷凍装置の高段側の冷媒循環量 q_H(kg/s) を求めよ。

(2)　実際の冷凍装置の低段側の冷媒循環量 q_L(kg/s) を求めよ。

(3)　実際の冷凍装置の冷凍能力 Φ_o(kW) を求めよ。

（H15 一冷検定　類似）

解説

　中間冷却器用膨張弁を通る冷媒量を q'、圧縮後の実際の吐出しガスの状態点を 2'、4' とすると、p-h 線図は右のようになる。

　比エンタルピーの h_2'、h_4' は、機械的摩擦損失仕事の熱が冷媒に加えられないので、式(2.4d)を用いて

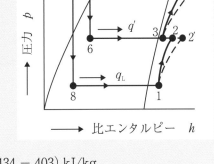

$$h_2' = h_1 + \frac{h_2 - h_1}{\eta_{cL}}$$
$$= 390\,\text{kJ/kg} + \frac{(420 - 390)\,\text{kJ/kg}}{0.70}$$
$$= 432.9\,\text{kJ/kg}$$

$$h_4' = h_3 + \frac{h_4 - h_3}{\eta_{cH}} = 403\,\text{kJ/kg} + \frac{(434 - 403)\,\text{kJ/kg}}{0.75} = 444.3\,\text{kJ/kg}$$

(1)　**高段側の冷媒循環量 q_H**

　冷却水が得た熱量は凝縮負荷 Φ_k に等しいので

$$\Phi_k = 7\,\text{kg/s} \times 4.18\,\text{kJ/(kg·K)} \times 5\,\text{K}$$
$$= 146.3\,\text{kW}$$

　Φ_k と q_H の関係は、式(2.11e)を応用して

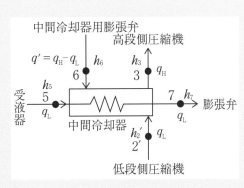

$$q_H = \frac{\Phi_k}{h_4' - h_5}$$
$$= \frac{146.3\,\text{kJ/s}}{(444.3 - 236)\,\text{kJ/kg}}$$
$$= 0.702\,\text{kg/s}$$

（答　0.702 kg/s）

(2)　**低段側の冷媒循環量 q_L**

　中間冷却器の冷媒流のエネルギーバランスから

$$q_L(h_5 - h_7) + q_L(h_2' - h_3) = (q_H - q_L)(h_3 - h_6)$$

（または　$q_L h_5 + q_L h_2' + (q_H - q_L)h_6 = q_H h_3 + q_L h_7$）

$h_6 = h_5$ として整理すると

$$q_L(h_2' - h_7) = q_H(h_3 - h_5)$$

$$q_L = q_H \cdot \frac{h_3 - h_5}{h_2' - h_7} = 0.702\,\mathrm{kg/s} \times \frac{(403 - 236)\,\mathrm{kJ/kg}}{(432.9 - 202)\,\mathrm{kJ/kg}} = 0.508\,\mathrm{kg/s}$$

（答　0.508 kg/s）

(3)　冷凍能力 Φ_o

Φ_o は蒸発器を通る q_L とその前後の比エンタルピー差（$h_1 - h_8$）の積であるから、$h_8 = h_7$ として

$$\Phi_\mathrm{o} = q_L(h_1 - h_7) = 0.508\,\mathrm{kg/s} \times (390 - 202)\,\mathrm{kJ/kg} = 95.5\,\mathrm{kW}$$

（答　95.5 kW）

例題 — 2.35　　　　　　　　　　　　　　一冷

気筒数比を用いてコンパウンド圧縮機の冷媒循環量と Φ_k を求める

下記仕様の R 22 コンパウンド圧縮機を使用した二段圧縮一段膨張冷凍装置を、下記の理論冷凍サイクルの条件で運転して 120 kW の冷凍能力を得たい。

これについて、次の(1)、(2)に答えよ。ただし、圧縮機の機械的摩擦損失は吐出しガスに熱として加わるものとする。また、配管での熱の出入りはないものとする。

（理論冷凍サイクルの条件）

低段側圧縮機吸込み蒸気の比エンタルピー	$h_1 = 400\,\mathrm{kJ/kg}$
低段側圧縮機吸込み蒸気の比体積	$v_1 = 0.22\,\mathrm{m^3/kg}$
断熱圧縮後の低段側圧縮機吐出しガスの比エンタルピー	$h_2 = 439\,\mathrm{kJ/kg}$
高段側圧縮機吸込み蒸気の比エンタルピー	$h_3 = 413\,\mathrm{kJ/kg}$
高段側圧縮機吸込み蒸気の比体積	$v_3 = 0.05\,\mathrm{m^3/kg}$
断熱圧縮後の高段側圧縮機吐出しガスの比エンタルピー	$h_4 = 439\,\mathrm{kJ/kg}$
中間冷却用膨張弁直前の冷媒液の比エンタルピー	$h_5 = 246\,\mathrm{kJ/kg}$

（圧縮機仕様）

高段側と低段側との気筒数比	$a = 3$
体積効率（低段側、高段側とも）	$\eta_\mathrm{v} = 0.75$
断熱効率（低段側、高段側とも）	$\eta_\mathrm{c} = 0.70$
機械効率（低段側、高段側とも）	$\eta_\mathrm{m} = 0.90$

(1)　蒸発器の冷媒循環量 q_{mL}（kg/s）を求めよ。

(2)　凝縮負荷 Φ_k（kW）を求めよ。

（H17 一冷国家試験　類似）

解説

圧縮後の実際の吐出しガスの状態点を低段$2'$、高段$4'$とすると、p–h線図は右のように描くことができる。

圧縮機の効率を用いて、$h_{2'}$および$h_{4'}$を計算する（式(2.4c)）。機械的摩擦損失仕事の熱は冷媒に加えられるので

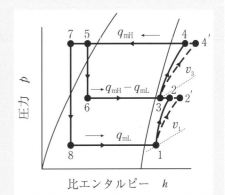

$$h_{2'} = h_1 + \frac{h_2 - h_1}{\eta_{\mathrm{c}}\eta_{\mathrm{m}}}$$
$$= 400 \text{ kJ/kg} + \frac{(439 - 400) \text{ kJ/kg}}{0.70 \times 0.90}$$
$$= 461.9 \text{ kJ/kg}$$
$$h_{4'} = h_3 + \frac{h_4 - h_3}{\eta_{\mathrm{c}}\eta_{\mathrm{m}}}$$
$$= 413 \text{ kJ/kg} + \frac{(439 - 413) \text{ kJ/kg}}{0.70 \times 0.90} = 454.3 \text{ kJ/kg}$$

(1) 蒸発器の冷媒循環量 q_{mL}

冷凍能力 Φ_o と q_{mL} の関係は

$$\Phi_\mathrm{o} = q_{\mathrm{mL}}(h_1 - h_8) \quad\cdots\cdots\cdots\cdots\cdots\cdots\cdots\cdots ①$$

であるので、h_8 が決まると q_{mL} を求めることができる。

コンパウンド圧縮機の高段側（添字 H）と低段側（添字 L）の気筒数比が与えられている。気筒数比 a はピストン押しのけ量の比であり、高段、低段の体積効率 η_v（$= 0.75$）が等しいので、その比は体積流量 q_v（m^3/s）の比になる。

質量流量 q_m と体積流量 q_v の関係は、比体積を v として

$$q_\mathrm{v} = q_\mathrm{m}v$$

したがって、題意により

$$\frac{q_{\mathrm{vL}}}{q_{\mathrm{vH}}} = \frac{q_{\mathrm{mL}}v_1}{q_{\mathrm{mH}}v_3} = a$$

この式に比体積および気筒数比の値を入れて、$q_{\mathrm{mL}}/q_{\mathrm{mH}}$ の比を求めると

$$\frac{q_{\mathrm{mL}}}{q_{\mathrm{mH}}} = \frac{av_3}{v_1} = \frac{3 \times 0.05 \text{ m}^3\text{/kg}}{0.22 \text{ m}^3\text{/kg}} = 0.6818 \quad\cdots\cdots\cdots\cdots ②$$

中間冷却器の冷媒流のエネルギーバランスから

$$q_{\mathrm{mL}}(h_5 - h_7) + q_{\mathrm{mL}}(h_{2'} - h_3) = (q_{\mathrm{mH}} - q_{\mathrm{mL}})(h_3 - h_6)$$

（または $q_{\mathrm{mL}}h_5 + q_{\mathrm{mL}}h_{2'} + (q_{\mathrm{mH}} - q_{\mathrm{mL}})h_6 = q_{\mathrm{mH}}h_3 + q_{\mathrm{mL}}h_7$）

$h_6 = h_5$ および $q_{\mathrm{mL}}/q_{\mathrm{mH}}$ の比の形にして、式②の値を入れると

$$\frac{q_{\mathrm{mL}}}{q_{\mathrm{mH}}} = \frac{h_3 - h_5}{h_{2'} - h_7} = 0.6818$$

これを解いて

$$h_7 = h_8 = h_{2'} - \frac{h_3 - h_5}{0.6818} = 461.9 \text{ kJ/kg} - \frac{(413 - 246) \text{ kJ/kg}}{0.6818} = 217.0 \text{ kJ/kg}$$

式①を変形して値を代入すると

$$q_{\mathrm{mL}} = \frac{\Phi_\mathrm{o}}{h_1 - h_8} = \frac{120 \text{ kJ/s}}{(400 - 217.0) \text{ kJ/kg}} = 0.656 \text{ kg/s}$$

（答　0.656 kg/s）

2章 冷凍サイクル

103

(2) 凝縮負荷 Φ_k

凝縮負荷 Φ_k は q_{mH} と凝縮器前後の比エンタルピー差との積であるから

$$\Phi_k = q_{mH}(h_4' - h_5) \quad\cdots\cdots\cdots\cdots\cdots\cdots\cdots\cdots\cdots\cdots\cdots\cdots ③$$

(1)の結果 (式②) から

$$q_{mH} = \frac{q_{mL}}{0.6818}$$

であるので、式③は

$$\Phi_k = \frac{q_{mL}}{0.6818}(h_4' - h_5) = \frac{0.656\,\text{kg/s}}{0.6818} \times (454.3 - 246)\,\text{kJ/kg} = 200\,\text{kW}$$

(答 200 kW)

(別解)

Φ_o が既知なので、軸動力 P を求めて、式(1.5)から Φ_k を計算する。

$$P = q_{mL}(h_2' - h_1) + q_{mH}(h_4' - h_3)$$

$$= 0.656\,\text{kg/s} \times (461.9 - 400)\,\text{kJ/kg} + \frac{0.656\,\text{kg/s}}{0.6818} \times (454.3 - 413)\,\text{kJ/kg}$$

$$= 80.34\,\text{kW}$$

$$\therefore\quad \Phi_k = \Phi_o + P = (120 + 80.34)\,\text{kW} = 200\,\text{kW}$$

例 題 — **2.36**　　　　　　　　　　　　　　　　　　　一冷

二段圧縮一段膨張冷凍装置のピストン押しのけ量 V、$(COP)_R$ を求める

　R 410A を冷媒とする冷凍能力 90 kW の二段圧縮一段膨張冷凍装置を下記の諸量と p-h 線図上の冷凍サイクルの条件で設計したい。

低段側圧縮機吸込み蒸気の比エンタルピー	$h_1 = 420\,\text{kJ/kg}$
断熱圧縮後の低段側圧縮機吐出しガスの比エンタルピー	$h_2 = 452\,\text{kJ/kg}$
高段側圧縮機吸込み蒸気の比エンタルピー	$h_3 = 425\,\text{kJ/kg}$
断熱圧縮後の高段側圧縮機吐出しガスの比エンタルピー	$h_4 = 457\,\text{kJ/kg}$
中間冷却器用膨張弁直前の液の比エンタルピー	$h_5 = 240\,\text{kJ/kg}$
蒸発器用膨張弁直前の液の比エンタルピー	$h_7 = 220\,\text{kJ/kg}$
低段側圧縮機の体積効率	$\eta_{vo} = 0.65$
低段側圧縮機の全断熱効率（断熱効率 × 機械効率）	$\eta_{tado} = 0.70$
高段側圧縮機の全断熱効率（断熱効率 × 機械効率）	$\eta_{tadk} = 0.75$
低段側圧縮機の吸込み蒸気の比体積	$v_1 = 0.10\,\text{m}^3/\text{kg}$

このとき、次の(1)、(2)について答えよ。

　ただし、断熱圧縮後の低段側および高段側圧縮機吐出しガスの比エンタルピーは理論サイクルの値とし、また、機械的摩擦損失仕事の熱は冷媒に加わるものとする。

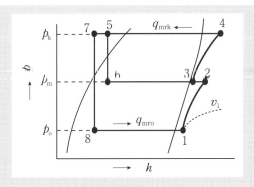

(1)　低段側圧縮機のピストン押しのけ量 $V_\mathrm{o}(\mathrm{m}^3/\mathrm{s})$ を求めよ。

(2)　この冷凍装置の実際の成績係数 $(COP)_\mathrm{R}$ を求めよ。

(H14 一冷検定 類似)

(1)　低段側圧縮機のピストン押しのけ量 V_o

　低段側の体積効率 η_vo と吸込み蒸気の比体積 v_1 が与えられているので、式 (2.1b) を変形して

$$V_\mathrm{o} = \frac{q_\mathrm{mro}v_1}{\eta_\mathrm{vo}} \ \cdots\cdots\cdots\cdots\cdots\cdots\cdots\cdots\cdots\cdots\cdots\cdots\cdots ①$$

であるから、q_mro が決まれば V_o が計算できる。

　冷凍能力 $\varPhi_\mathrm{o}$ と q_mro の関係は

$$\varPhi_\mathrm{o} = q_\mathrm{mro}(h_1 - h_8)$$

$$\therefore \quad q_\mathrm{mro} = \frac{\varPhi_\mathrm{o}}{h_1 - h_8}$$

$h_8 = h_7$ として値を代入すると

$$q_\mathrm{mro} = \frac{90\ \mathrm{kJ/s}}{(420 - 220)\ \mathrm{kJ/kg}} = 0.450\ \mathrm{kg/s}$$

式①に値を代入して

$$V_\mathrm{o} = \frac{0.450\ \mathrm{kg/s} \times 0.10\ \mathrm{m}^3/\mathrm{kg}}{0.65} = 0.0692\ \mathrm{m}^3/\mathrm{s}$$

(答　0.0692 m³/s)

(2)　実際の成績係数 $(COP)_\mathrm{R}$

　$(COP)_\mathrm{R}$ は $\varPhi_\mathrm{o}$ と軸動力 P の比であり、P は低段および高段の軸動力の合計であるので

$$(COP)_\mathrm{R} = \frac{\varPhi_\mathrm{o}}{P} \ \cdots\cdots\cdots\cdots\cdots\cdots\cdots\cdots\cdots\cdots\cdots\cdots\cdots ②$$

$$P = \frac{q_\mathrm{mro}(h_2 - h_1)}{\eta_\mathrm{tado}} + \frac{q_\mathrm{mrk}(h_4 - h_3)}{\eta_\mathrm{tadk}} \ \cdots\cdots\cdots\cdots\cdots\cdots ③$$

　低段の吐出しガスの比エンタルピーを h_2' とし、$h_6 = h_5$ であるから、中間冷却器の冷媒流のエネルギーバランスから

$$q_\mathrm{mro}(h_5 - h_7) + q_\mathrm{mro}(h_2' - h_3) = (q_\mathrm{mrk} - q_\mathrm{mro})(h_3 - h_6)$$

（または　$q_{\mathrm{mro}}h_5 + q_{\mathrm{mro}}h_2' + (q_{\mathrm{mrk}} - q_{\mathrm{mro}})h_6 = q_{\mathrm{mrk}}h_3 + q_{\mathrm{mro}}h_7$）

q_{mrk} について解くと

$$q_{\mathrm{mrk}} = q_{\mathrm{mro}} \cdot \frac{h_2' - h_7}{h_3 - h_5} \quad\cdots\cdots\cdots\cdots\cdots\cdots\cdots\cdots\cdots\cdots\cdots ④$$

ここで、h_2'は

$$h_2' = h_1 + \frac{h_2 - h_1}{\eta_{\mathrm{tado}}} = 420\,\mathrm{kJ/kg} + \frac{(452 - 420)\,\mathrm{kJ/kg}}{0.70} = 465.7\,\mathrm{kJ/kg}$$

式④から q_{mrk} を計算する。

$$q_{\mathrm{mrk}} = 0.450\,\mathrm{kg/s} \times \frac{(465.7 - 220)\,\mathrm{kJ/kg}}{(425 - 240)\,\mathrm{kJ/kg}} = 0.5976\,\mathrm{kg/s}$$

軸動力 P は、式③から

$$P = \frac{0.450\,\mathrm{kg/s} \times (452 - 420)\,\mathrm{kJ/kg}}{0.70} + \frac{0.5976\,\mathrm{kg/s} \times (457 - 425)\,\mathrm{kJ/kg}}{0.75}$$

$$= 46.07\,\mathrm{kW}$$

式②に代入して

$$(COP)_{\mathrm{R}} = \frac{\Phi_{\mathrm{o}}}{P} = \frac{90\,\mathrm{kW}}{46.07\,\mathrm{kW}} = 1.95$$

なお、式 (2.11e) および式 (1.5) を応用して軸動力 P を計算することもできる。

$$\Phi_{\mathrm{k}} = q_{\mathrm{mrk}}(h_4' - h_5)$$

$$P = \Phi_{\mathrm{k}} - \Phi_{\mathrm{o}}$$

（答　1.95）

例題 — 2.37　　　　　　　　　　　　　　　　　一冷

気筒数比を用いてコンパウンド圧縮機を用いた二段圧縮一段膨張冷凍装置の Φ_{k}、P、$(COP)_{\mathrm{R}}$ などを求める

　下記仕様のコンパウンド圧縮機を使用した R 410A 二段圧縮一段膨張冷凍装置があり、その理論冷凍サイクルは次のとおりである。この装置を運転したとき、次の(1)～(4)に答えよ。

　ただし、圧縮機の機械的摩擦損失仕事は熱となって冷媒に加わるものとし、機器および配管と周囲との間で熱の出入りはないものとする。

（理論冷凍サイクル）

低段側冷媒循環量	$q_{\mathrm{mro}} = 0.373\,\mathrm{kg/s}$
低段側圧縮機吸込み蒸気の比エンタルピー	$h_1 = 412\,\mathrm{kJ/kg}$
低段側圧縮機吸込み蒸気の比体積	$v_1 = 0.12\,\mathrm{m^3/kg}$
理論断熱圧縮後の低段側圧縮機吐出しガスの比エンタルピー	$h_2 = 444\,\mathrm{kJ/kg}$
高段側圧縮機吸込み蒸気の比エンタルピー	$h_3 = 425\,\mathrm{kJ/kg}$
高段側圧縮機吸込み蒸気の比体積	$v_3 = 0.04\,\mathrm{m^3/kg}$
理論断熱圧縮後の高段側圧縮機吐出しガスの比エンタルピー	$h_4 = 458\,\mathrm{kJ/kg}$
中間冷却器用膨張弁直前の冷媒液の比エンタルピー	$h_5 = 248\,\mathrm{kJ/kg}$

（圧縮機仕様）

低段側と高段側との気筒数比	$a = 2$

体積効率（低段側、高段側ともに）	$\eta_v = 0.75$
断熱効率（低段側、高段側ともに）	$\eta_c = 0.70$
機械効率（低段側、高段側ともに）	$\eta_m = 0.90$

(1) 低段側冷媒循環量 q_{mro}（kg/s）と高段側冷媒循環量 q_{mrk}（kg/s）との比 q_{mro}/q_{mrk} を求めよ。

(2) この装置の実際の凝縮負荷 Φ_k（kW）を求めよ。

(3) コンパウンド圧縮機の実際の駆動軸動力 P（kW）を求めよ。

(4) この装置の実際の成績係数 $(COP)_R$ を求めよ。

（H27 一冷検定）

 解説

圧縮機の効率を考慮して、低段、高段のそれぞれの吐出しガスの比エンタルピー h_2'、h_4' を求める。圧縮機の機械的摩擦損失仕事は熱となって冷媒に加えられるので

$$h_{2'} = h_1 + \frac{h_2 - h_1}{\eta_c \eta_m} = 412\,\text{kJ/kg} + \frac{(444 - 412)\,\text{kJ/kg}}{0.70 \times 0.90} = 462.8\,\text{kJ/kg}$$

$$h_{4'} = h_3 + \frac{h_4 - h_3}{\eta_c \eta_m} = 425\,\text{kJ/kg} + \frac{(458 - 425)\,\text{kJ/kg}}{0.70 \times 0.90} = 477.4\,\text{kJ/kg}$$

(1) 低段側と高段側の冷媒循環量の比 q_{mro}/q_{mrk}

気筒数比 a は、低段側と高段側のピストン押しのけ量 V_o と V_k の比である。式 (2.1b) から $V = q_{mr}v/\eta_v$ であり、η_v は低段側と高段側で同じであるから

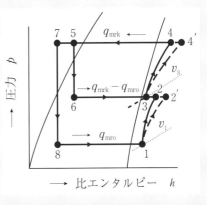

$$a = \frac{V_o}{V_k} = \frac{q_{mro}v_1/\eta_v}{q_{mrk}v_3/\eta_v} = \frac{q_{mro}v_1}{q_{mrk}v_3}$$

q_{mro}/q_{mrk} を求める式に変形し、与えられた数値を代入する。

$$\frac{q_{mro}}{q_{mrk}} = \frac{av_3}{v_1} = \frac{2 \times 0.04\,\text{m}^3/\text{kg}}{0.12\,\text{m}^3/\text{kg}}$$
$$= 0.667$$

（答　0.667）

(2) 実際の凝縮負荷 Φ_k（kW）

凝縮負荷 Φ_k は高段側冷媒循環量 q_{mrk} と凝縮器前後の比エンタルピー差 $h_4' - h_5$ の積であるから

$$\Phi_k = q_{mrk}(h_4' - h_5) \quad \cdots\cdots\cdots\cdots\cdots\cdots\cdots\cdots\cdots\cdots\cdots\cdots ①$$

q_{mrk} は、(1)の計算結果から

$$q_{mrk} = q_{mro}/0.667 = (0.373\,\text{kg/s})/0.667 = 0.5592\,\text{kg/s}$$

数値を式①に代入すると

$$\Phi_k = 0.5592\,\text{kg/s} \times (477.4 - 248)\,\text{kJ/kg} = 128\,\text{kJ/s} = 128\,\text{kW}$$

（答　128 kW）

(3) **圧縮機の実際の駆動軸動力 P (kW)**

　駆動軸動力 P は、低段側と高段側のそれぞれについて、冷媒循環量と圧縮機前後の比エンタルピー差の積を圧縮機の効率で割ったものを合計して求める。

$$P = q_{mro}\frac{h_2 - h_1}{\eta_c\eta_m} + q_{mrk}\frac{h_4 - h_3}{\eta_c\eta_m}$$

$$= 0.373\,\text{kg/s} \times \frac{(444 - 412)\,\text{kJ/kg}}{0.70 \times 0.90} + 0.5592\,\text{kg/s} \times \frac{(458 - 425)\,\text{kJ/kg}}{0.70 \times 0.90}$$

$$= 18.95\,\text{kW} + 29.29\,\text{kW} = 48.2\,\text{kW}$$

(答　48.2 kW)

(4) **実際の成績係数 $(COP)_R$**

　圧縮機の機械的摩擦損失仕事は熱となって冷媒に加わるので、$\varPhi_k = \varPhi_o + P$ の関係がある。よって

$$(COP)_R = \frac{\varPhi_o}{P} = \frac{\varPhi_k - P}{P} = \frac{(128 - 48.2)\,\text{kW}}{48.2\,\text{kW}} = 1.66$$

(答　1.66)

演習問題 2-27　　　　　　　　　　　　　　　　　一冷

　R 410A を用いた二段圧縮一段膨張冷凍装置の理論冷凍サイクルおよび圧縮機の仕様を下記に示す。この冷凍装置を運転したとき、次の(1)〜(5)に答えよ。

　ただし、圧縮機の機械的摩擦損失仕事は熱となって冷媒に加わるものとし、機器および配管と周囲の間で熱の出入りはないものとする。

(理論冷凍サイクルおよび圧縮機の仕様)

冷凍装置の冷凍能力	$\varPhi_o = 80\,\text{kW}$
低段圧縮機吸込み蒸気の比エンタルピー	$h_1 = 424\,\text{kJ/kg}$
理論断熱圧縮後の低段圧縮機吐出しガスの比エンタルピー	$h_2 = 450\,\text{kJ/kg}$
高段圧縮機吸込み蒸気の比エンタルピー	$h_3 = 432\,\text{kJ/kg}$
理論断熱圧縮後の高段圧縮機吐出しガスの比エンタルピー	$h_4 = 457\,\text{kJ/kg}$
中間冷却器用膨張弁直前の冷媒液の比エンタルピー	$h_5 = 257\,\text{kJ/kg}$
蒸発器用膨張弁直前の冷媒液の比エンタルピー	$h_7 = 225\,\text{kJ/kg}$
低段圧縮機の断熱効率	$\eta_{cL} = 0.70$
高段圧縮機の断熱効率	$\eta_{cH} = 0.75$
低段圧縮機の機械効率	$\eta_{mL} = 0.90$
高段圧縮機の機械効率	$\eta_{mH} = 0.90$

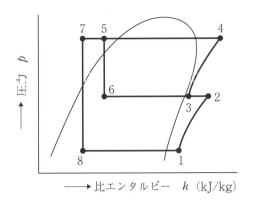

(1) 低段側冷媒循環量 $q_\mathrm{mro}(\mathrm{kg/s})$ を求めよ。

(2) 低段圧縮機吐出しガスの実際の比エンタルピー $h_2'(\mathrm{kJ/kg})$ を求めよ。

(3) 中間冷却器へのバイパス冷媒流量 $q'_\mathrm{mro}(\mathrm{kg/s})$ を求めよ。

(4) 実際の凝縮負荷 $\varPhi_\mathrm{k}(\mathrm{kW})$ を求めよ。

(5) 圧縮機の実際の総駆動軸動力 $P(\mathrm{kW})$ を求めよ。

(R1 一冷検定 類似)

演習問題 2-28 一冷

　R 410A を冷媒とする二段圧縮一段膨張の冷凍装置を、下記の冷凍サイクルの運転条件で運転するとき、次の(1)～(3)の問に答えよ。ただし、圧縮機の機械的摩擦損失仕事は吐出しガスに熱として加わるものとする。また、配管での熱の出入りおよび圧力損失はないものとする。

(理論冷凍サイクルの運転条件)

低段圧縮機吸込み蒸気の比エンタルピー	$h_1 = 422\,\mathrm{kJ/kg}$
低段圧縮機吸込み蒸気の比体積	$v_1 = 0.143\,\mathrm{m^3/kg}$
低段圧縮機の断熱圧縮後における吐出しガスの比エンタルピー	$h_2 = 458\,\mathrm{kJ/kg}$
高段圧縮機吸込み蒸気の比エンタルピー	$h_3 = 436\,\mathrm{kJ/kg}$
高段圧縮機吸込み蒸気の比体積	$v_3 = 0.050\,\mathrm{m^3/kg}$
高段圧縮機の断熱圧縮後における吐出しガスの比エンタルピー	$h_4 = 477\,\mathrm{kJ/kg}$
中間冷却器用膨張弁直前の液の比エンタルピー	$h_5 = 240\,\mathrm{kJ/kg}$
蒸発器用膨張弁直前の液の比エンタルピー	$h_7 = 220\,\mathrm{kJ/kg}$

(実際の冷凍装置における圧縮機仕様)

低段側圧縮機のピストン押しのけ量	$V_\mathrm{L} = 64\,\mathrm{m^3/h}$
高段側圧縮機のピストン押しのけ量	$V_\mathrm{H} = 30\,\mathrm{m^3/h}$

体積効率（低段側、高段側とも） $\eta_v = 0.75$

断熱効率（低段側、高段側とも） $\eta_c = 0.70$

機械効率（低段側、高段側とも） $\eta_m = 0.85$

(1) 凝縮器の冷媒循環量 q_{mrk} (kg/s) を求めよ。

(2) 実際の中間冷却器へのバイパス冷媒循環量 q'_{mro} (kg/s) と蒸発器の冷媒循環量 q_{mro} (kg/s) との比 (q'_{mro}/q_{mro}) を求めよ。

(3) 実際の冷凍装置の成績係数 $(COP)_R$ を求めよ。

（H25 一冷国家試験 類似）

演習問題 2-29　　　　　　　　　　　　　　　　　　　一冷

R 404A を冷媒とする二段圧縮一段膨張の冷凍装置を、下記の冷凍サイクルの運転条件で運転する。この冷凍装置の冷凍能力が 150 kW であるとき、次の(1)から(4)の問に答えよ。

ただし、圧縮機の損失、配管での熱の出入りおよび圧力損失はないものとする。

（理論冷凍サイクルの運転条件）

低段圧縮機吸込み蒸気の比エンタルピー　　　　　　　$h_1 = 358$ kJ/kg

低段圧縮機の断熱圧縮後の吐出しガスの比エンタルピー　$h_2 = 378$ kJ/kg

高段圧縮機吸込み蒸気の比エンタルピー　　　　　　　$h_3 = 366$ kJ/kg

高段圧縮機の断熱圧縮後の吐出しガスの比エンタルピー　$h_4 = 390$ kJ/kg

中間冷却器用膨張弁直前の液の比エンタルピー　　　　$h_5 = 240$ kJ/kg

蒸発器用膨張弁直前の液の比エンタルピー　　　　　　$h_7 = 205$ kJ/kg

(1) 高段の凝縮圧力 p_k が 1.80 MPa、低段の蒸発圧力 p_o が 0.20 MPa であったとき、成績係数が実用上ほぼ最大となり、最も適正な運転となる中間圧力 p_m (MPa) を求めよ。
　　ただし、圧力は絶対圧力とする。

(2) 中間冷却器へのバイパス冷媒循環量 q'_{mro} (kg/s) と低段側の冷媒循環量 q_{mro} (kg/s) との比 q'_{mro}/q_{mro} を求めよ。

(3) 高段側の冷媒循環量 q_{mrk} (kg/s) を求めよ。

(4) 成績係数 $(COP)_{th,R}$ を求めよ。

（H29 一冷国家試験 類似）

　R 404A コンパウンド圧縮機を使用した二段圧縮一段膨張冷凍装置を、下記の冷凍サイクルの条件で運転するとき、次の(1)、(2)に答えよ。ただし、圧縮機の機械的摩擦損失仕事は吐出しガスに熱として加わらないものとする。また、配管での熱の出入りはないものとする。

　　　（理論冷凍サイクルの運転条件）

低段圧縮機吸込み蒸気の比エンタルピー	$h_1 = 352\,\mathrm{kJ/kg}$
低段圧縮機吸込み蒸気の比体積	$v_1 = 0.19\,\mathrm{m^3/kg}$
低段圧縮機の断熱圧縮後の吐出しガスの比エンタルピー	$h_2 = 381\,\mathrm{kJ/kg}$
高段圧縮機吸込み蒸気の比エンタルピー	$h_3 = 369\,\mathrm{kJ/kg}$
高段圧縮機吸込み蒸気の比体積	$v_3 = 0.045\,\mathrm{m^3/kg}$
高段圧縮機の断熱圧縮後の吐出しガスの比エンタルピー	$h_4 = 404\,\mathrm{kJ/kg}$
中間冷却器用膨張弁直前の液の比エンタルピー	$h_5 = 268\,\mathrm{kJ/kg}$
蒸発器用膨張弁直前の液の比エンタルピー	$h_7 = 248\,\mathrm{kJ/kg}$

　（圧縮機の効率）

体積効率（低段側、高段側とも）	$\eta_\mathrm{v} = 0.75$
断熱効率（低段側、高段側とも）	$\eta_\mathrm{c} = 0.73$
機械効率（低段側、高段側とも）	$\eta_\mathrm{m} = 0.90$

(1)　低段側と高段側との気筒数比 a がいくらのコンパウンド圧縮機を選定したらよいか。

(2)　実際の成績係数 $(COP)_\mathrm{R}$ を求めよ。

　　　　　　　　　　　　　　　　　　　　　　　　　　（H22 一冷国家試験 類似）

　R 404A を冷媒とする二段圧縮一段膨張の冷凍装置を、下記の冷凍サイクルの条件で設計したい。

　　　（理論冷凍サイクルの運転条件）

低段圧縮機吸込み蒸気の比エンタルピー	$h_1 = 358\,\mathrm{kJ/kg}$
断熱圧縮後の低段圧縮機吐出しガスの比エンタルピー	$h_2 = 384\,\mathrm{kJ/kg}$
高段圧縮機吸込み蒸気の比エンタルピー	$h_3 = 361\,\mathrm{kJ/kg}$
断熱圧縮後の高段圧縮機吐出しガスの比エンタルピー	$h_4 = 390\,\mathrm{kJ/kg}$

中間冷却器用膨張弁直前の液の比エンタルピー $\quad h_5 = 240\,\mathrm{kJ/kg}$

蒸発器用膨張弁直前の液の比エンタルピー $\qquad h_7 = 220\,\mathrm{kJ/kg}$

（圧縮機の効率）

低段圧縮機の断熱効率 $\qquad\qquad\qquad\qquad \eta_{cL} = 0.70$

低段圧縮機の機械効率 $\qquad\qquad\qquad\qquad \eta_{mL} = 0.85$

高段圧縮機の断熱効率 $\qquad\qquad\qquad\qquad \eta_{cH} = 0.75$

高段圧縮機の機械効率 $\qquad\qquad\qquad\qquad \eta_{mH} = 0.85$

冷凍能力 $\qquad\qquad\qquad\qquad\qquad\qquad \Phi_\circ = 90\,\mathrm{kW}$

　圧縮機における機械的摩擦損失仕事は熱になって冷媒に加えられるものとし、配管での熱の出入りはないものとする。この装置について、次の(1)〜(3)に答えよ。

(1)　低段側冷媒循環量 $q_{mro}(\mathrm{kg/s})$ を求めよ。

(2)　実際の中間冷却器の必要冷却能力 $\Phi_m(\mathrm{kW})$ を求めよ。

(3)　実際の総軸動力 $P(\mathrm{kW})$ を求めよ。

（H19 一冷国家試験　類似）

[Ⅰ] 二段圧縮二段膨張冷凍サイクル

概略のフロー図と $p\text{-}h$ 線図を下記に示す。

二段圧縮一段膨張冷凍サイクルとの違いは、凝縮液の全量 q_{mrk} を中間圧力まで第一膨張弁を通して膨張させて、中間冷却器に流入させることであり、蒸発器へは中間冷却器の冷媒液（飽和液）が中間圧力から蒸発器の圧力まで第二膨張弁を通して膨張する。なお、状態点3は乾き飽和蒸気の状態である。

中間冷却器は、各冷媒が直接接触して熱交換を行っており、一段膨張のサイクルと $p\text{-}h$

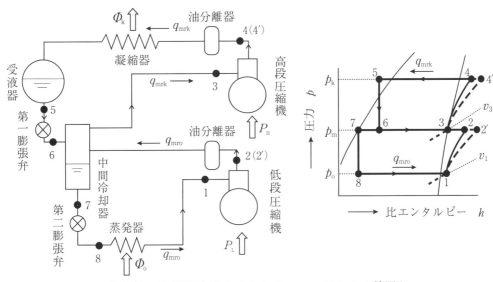

二段圧縮二段膨張冷凍サイクルのフロー図と $p\text{-}h$ 線図[1]

線図は異なっているが、計算式は一段膨張のものをそのまま使うことができる。

なお、低段圧縮機の吐出しガスを放熱器によって一部冷却するようなケースも出題されているが、中間冷却器の熱バランスを確実に計算できるように訓練しておけば問題はない。

フロー図の冷凍サイクルについて、式 (2.11g) を誘導する。

第一膨張弁出口（点6）の蒸気・液に注目する。この冷媒の乾き度を x_6 として、その乾き飽和蒸気分 (h_3) の $q_{mrk} x_6$ は熱の授受なしに高段側吸込み (h_3) に移り、飽和液 (h_7) の $q_{mrk}(1 - x_6)$ のうち q_{mro} は熱の授受なしに第二膨張弁 (h_7) に移動すると考えることができる。したがって、残りの飽和液 (h_7) である $q_{mrk}(1 - x_6) - q_{mro}$ は、低段側吐出し (h_2) の q_{mro} を冷却し（自身は加熱されて）混合して高段側吸込み (h_3) に移動する。

この冷却と加熱のエンタルピーの関係は

$$\left\{q_{mrk}\left(1 - \frac{h_6 - h_7}{h_3 - h_7}\right) - q_{mro}\right\}(h_3 - h_7) = q_{mro}(h_2 - h_3) \quad \left(\because \quad x_6 = \frac{h_6 - h_7}{h_3 - h_7}\right)$$

これを整理すると

$$q_{mrk}(h_3 - h_6) = q_{mro}(h_2 - h_7)$$

$$\therefore \quad \frac{q_{mrk}}{q_{mro}} = \frac{h_2 - h_7}{h_3 - h_6} \quad \leftarrow \quad (2.11g)$$

また、上記のように比エンタルピーの差分で表されるので、単に中間冷却器の入熱と出熱が等しいとして、次の式からも求められる。

$$\underbrace{q_{mrk}h_6 + q_{mro}h_2}_{入熱} = \underbrace{q_{mrk}h_3 + q_{mro}h_7}_{出熱}$$

[Ⅱ] 二元冷凍サイクル

二元冷凍装置のフロー図とその $p\text{-}h$ 線図を下記に示す。

二段圧縮方式に比べて、より低い蒸発温度を得る必要のある冷凍装置に、種類の違う2種の冷媒を組み合わせる二元冷凍サイクルを用いた装置が使われている。このサイクルを使うことによって、超低温を得る際の圧縮機の効率の低下を抑え、凝縮圧力を抑える（装置の耐圧強度を抑える）などの利点がある。

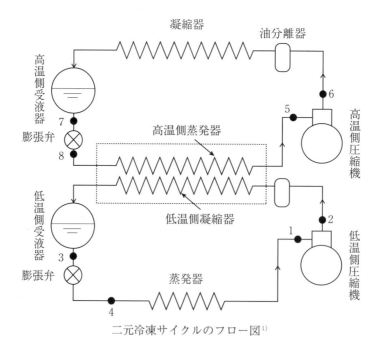

二元冷凍サイクルのフロー図[1]

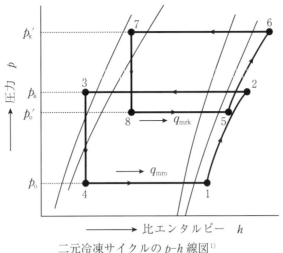

二元冷凍サイクルの p–h 線図[1]

　低温側と高温側の冷媒は異なるが、それぞれ単段圧縮冷凍サイクルの形になっており、低温側の凝縮器と高温側の蒸発器が一つの熱交換器として機能する。二元冷凍サイクルの計算では、低温側冷媒循環量 q_{mro}、高温側冷媒循環量 q_{mrk} と比エンタルピーを用いて、低温側の凝縮器と高温側の蒸発器の熱交換の関係を把握することが重要である。

(1) 理論冷凍サイクル

　冷凍能力、凝縮負荷（高温側）、成績係数などは二段圧縮二段膨張冷凍サイクルの考え方と同様であるが、このサイクルに特徴的な熱交換器のエネルギーバランスによる q_{mro} と q_{mrk} の関係、それを用いる理論圧縮動力 P_{th} の式について補足する。

① 冷媒循環量（q_{mro}、q_{mrk}）の関係

　低温側凝縮熱と高温側蒸発熱は等しいから

$$q_{mrk}(h_5 - h_8) = q_{mro}(h_2 - h_3) \quad\text{……………………………………}(2.12a)$$

また、冷凍能力 $\Phi_o = q_{mro}(h_1 - h_4)$ の関係から式 (2.12a) を変形して

$$q_{mrk} = q_{mro} \cdot \frac{h_2 - h_3}{h_5 - h_8} = \frac{\Phi_o(h_2 - h_3)}{(h_1 - h_4)(h_5 - h_8)} \quad\text{………………………}(2.12b)$$

② 総理論圧縮動力 P_{th}

　低温側理論圧縮動力を $P_{th,L}$、高温側理論圧縮動力を $P_{th,H}$ とすると、P_{th} はその合計であり、また、式 (2.12b) を用いて

$$P_{th} = P_{th,L} + P_{th,H} = q_{mro}(h_2 - h_1) + q_{mrk}(h_6 - h_5)$$

$$= q_{mro}\left\{(h_2 - h_1) + \frac{(h_2 - h_3)(h_6 - h_5)}{h_5 - h_8}\right\} \quad\text{………………………}(2.12c)$$

$$= \frac{\Phi_o}{h_1 - h_4}\left\{(h_2 - h_1) + \frac{(h_2 - h_3)(h_6 - h_5)}{h_5 - h_8}\right\} \quad\text{……………………}(2.12d)$$

(2) 実際の冷凍サイクル

圧縮機の断熱効率、機械効率を考慮し、理論冷凍サイクルに準じて計算する。

例題 — 2.38 　　　　　　　　　　　　　　　　　　　　　【一冷】

二段圧縮二段膨張冷凍サイクルの q_{mro} から q_{mrk}、$(COP)_R$ などの計算

次の図は、R410A を用いたある二段圧縮二段膨張冷凍装置の理論冷凍サイクルであり、その理論冷凍サイクルおよび運転条件は次のとおりである。

（理論冷凍サイクルおよび運転条件）

低段圧縮機の冷媒循環量	$q_{mro} = 0.50\ \text{kg/s}$
低段圧縮機吸込み蒸気の比エンタルピー	$h_1 = 414\ \text{kJ/kg}$
理論断熱圧縮後の低段圧縮機吐出しガスの比エンタルピー	$h_2 = 468\ \text{kJ/kg}$
高段圧縮機吸込み蒸気の比エンタルピー	$h_3 = 430\ \text{kJ/kg}$
理論断熱圧縮後の高段圧縮機吐出しガスの比エンタルピー	$h_4 = 453\ \text{kJ/kg}$
中間冷却器用第一膨張弁直前の冷媒液の比エンタルピー	$h_5 = 257\ \text{kJ/kg}$
蒸発器用第二膨張弁直前の冷媒液の比エンタルピー	$h_7 = 214\ \text{kJ/kg}$
低段圧縮機の断熱効率	$\eta_{cL} = 0.70$
高段圧縮機の断熱効率	$\eta_{cH} = 0.75$
圧縮機の機械効率（低段、高段ともに）	$\eta_m = 0.90$

このとき、次の(1)〜(4)に答えよ。

ただし、圧縮機の機械的摩擦損失仕事の熱は冷媒に加わらないものとする。

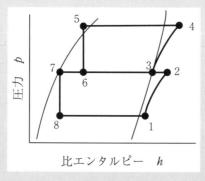

(1) この冷凍装置の実際の冷凍能力 $\Phi_o(\text{kW})$ を求めよ。

(2) 高段圧縮機の冷媒循環量 $q_{mrk}(\text{kg/s})$ を求めよ。

(3) 圧縮機の実際の総駆動軸動力の合計 $P(\text{kW})$ を求めよ。

(4) この装置の実際の成績係数 $(COP)_R$ を求めよ。

（H28 一冷検定 類似）

二段圧縮二段膨張冷凍サイクルの基本的な問題である。

理解のために，フロー図と p-h 線図を次に示す。

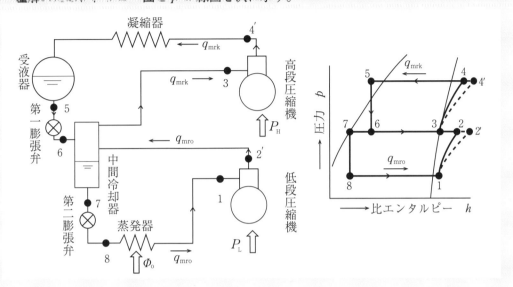

(1) 冷凍能力 Φ_o

低段側冷媒循環量 q_{mro} と蒸発器前後の比エンタルピーが与えられているので、$h_8 = h_7$ として

$$\Phi_o = q_{mro}(h_1 - h_7) = 0.50\,\text{kg/s} \times (414 - 214)\,\text{kJ/kg} = 100\,\text{kW}$$

（答　100 kW）

(2) 高段側冷媒循環量 q_{mrk}

低段吐出しガスの比エンタルピー h_2' は、機械的摩擦損失仕事の熱が冷媒に加わらないので、η_{cL} を用いて

$$h_2' = h_1 + \frac{h_2 - h_1}{\eta_{cL}} = 414\,\text{kJ/kg} + \frac{(468 - 414)\,\text{kJ/kg}}{0.70} = 491.1\,\text{kJ/kg}$$

中間冷却器のエネルギーバランスから（（式2.11g）の応用）

$$q_{mrk}(h_3 - h_6) = q_{mro}(h_2' - h_7)$$

（または、$\underbrace{q_{mrk}h_6 + q_{mro}h_2'}_{\text{入熱}} = \underbrace{q_{mrk}h_3 + q_{mro}h_7}_{\text{出熱}}$）

$h_6 = h_5$ として、q_{mrk} について解くと

$$q_{mrk} = q_{mro} \cdot \frac{h_2' - h_7}{h_3 - h_5} = 0.50\,\text{kg/s} \times \frac{(491.1 - 214)\,\text{kJ/kg}}{(430 - 257)\,\text{kJ/kg}} = 0.801\,\text{kg/s}$$

（答　0.801 kg/s）

(3) 総駆動軸動力 P

低段側の軸動力を P_L、高段側の軸動力を P_H とすると P は

$$P = P_L + P_H = q_{mro}\left(\frac{h_2 - h_1}{\eta_{cL}\eta_m}\right) + q_{mrk}\left(\frac{h_4 - h_3}{\eta_{cH}\eta_m}\right)$$

$$= 0.50\,\text{kg/s} \times \frac{(468 - 414)\,\text{kJ/kg}}{0.70 \times 0.90} + 0.801\,\text{kg/s} \times \frac{(453 - 430)\,\text{kJ/kg}}{0.75 \times 0.90}$$

$$= 70.2\,\text{kW}$$

(答 70.2 kW)

(4) **実際の成績係数** $(COP)_\text{R}$

成績係数 $(COP)_\text{R}$ は、Φ_o と P の比であるから

$$(COP)_\text{R} = \frac{\Phi_\text{o}}{P} = \frac{100\,\text{kW}}{70.2\,\text{kW}} = 1.42$$

(答 1.42)

放熱装置のある二段圧縮二段膨張冷凍サイクルの計算

R 22 を用いた二段圧縮二段膨張冷凍装置の概略図と理論冷凍サイクルの $p\text{-}h$ 線図を下記に示す。

低段側圧縮機からの吐出しガスは、冷却水により冷却された後に中間冷却器（気液分離器）に入る。

凝縮器を通る冷媒循環量 q_mrk を 0.278 kg/s とするとき、実際の装置の蒸発器を通る冷媒循環量 q_mro(kg/s) および成績係数 $(COP)_\text{R}$ を求めよ。

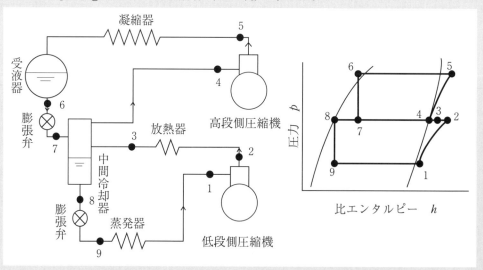

ただし、図中の 1 ～ 9 の状態点の比エンタルピーをそれぞれ h_1 ～ h_9 とすると

$h_1 = 400.0\,\text{kJ/kg}$ $h_2 = 440.0\,\text{kJ/kg}$

$h_3 = 420.0\,\text{kJ/kg}$ $h_4 = 404.6\,\text{kJ/kg}$

$h_5 = 435.0\,\text{kJ/kg}$ $h_6 = h_7 = 230.0\,\text{kJ/kg}$

$h_8 = h_9 = 200.0\,\text{kJ/kg}$

低段側および高段側圧縮機の断熱効率 $\eta_\text{c} = 0.7$

低段側および高段側圧縮機の機械効率 $\eta_\text{m} = 0.8$

また、圧縮機の機械的損失エネルギーは冷媒に加わらないものとする。

（H9 一冷国家試験 類似）

解説

(1) 蒸発器を通る冷媒循環量 q_{mro}

前例題と異なり、中間冷却器（気液分離器）に入る低段側吐出しガスは放熱器で冷却されているので、h_2' ではなく h_3 の比エンタルピーをもつ冷媒であることに注意する。

中間冷却器のエネルギーバランスから（（式 2.11g）の応用）

$$q_{\mathrm{mrk}}(h_4 - h_7) = q_{\mathrm{mro}}(h_3 - h_8)$$

（または、$q_{\mathrm{mrk}}h_7 + q_{\mathrm{mro}}h_3 = q_{\mathrm{mrk}}h_4 + q_{\mathrm{mro}}h_8$）

$$\therefore \quad q_{\mathrm{mro}} = q_{\mathrm{mrk}} \cdot \frac{h_4 - h_7}{h_3 - h_8} = 0.278\,\mathrm{kg/s} \times \frac{(404.6 - 230.0)\,\mathrm{kJ/kg}}{(420.0 - 200.0)\,\mathrm{kJ/kg}} = 0.221\,\mathrm{kg/s}$$

（答　0.221 kg/s）

(2) 成績係数 $(COP)_{\mathrm{R}}$

低段側の軸動力を P_{L}、高段側を P_{H} とし、冷凍能力 Φ_{o} とすると、$(COP)_{\mathrm{R}}$ は

$$(COP)_{\mathrm{R}} = \frac{\Phi_{\mathrm{o}}}{P_{\mathrm{L}} + P_{\mathrm{H}}} \quad\cdots\cdots\cdots\cdots\cdots\cdots\cdots\cdots ①$$

冷凍能力 Φ_{o} は、式（2.11a）を応用して

$$\Phi_{\mathrm{o}} = q_{\mathrm{mro}}(h_1 - h_9) \quad\cdots\cdots\cdots\cdots\cdots\cdots ②$$

軸動力 P_{L}、P_{H} は、式（2.11c）、（2.11d）を応用して効率を用い

$$P_{\mathrm{L}} = \frac{q_{\mathrm{mro}}(h_2 - h_1)}{\eta_{\mathrm{c}}\eta_{\mathrm{m}}} \qquad P_{\mathrm{H}} = \frac{q_{\mathrm{mrk}}(h_5 - h_4)}{\eta_{\mathrm{c}}\eta_{\mathrm{m}}} \quad\cdots\cdots\cdots\cdots ③$$

式②、③を①に代入して、値を入れると

$$(COP)_{\mathrm{R}} = \frac{q_{\mathrm{mro}}(h_1 - h_9)}{q_{\mathrm{mro}} \cdot \dfrac{h_2 - h_1}{\eta_{\mathrm{c}}\eta_{\mathrm{m}}} + q_{\mathrm{mrk}} \cdot \dfrac{h_5 - h_4}{\eta_{\mathrm{c}}\eta_{\mathrm{m}}}}$$

$$= \frac{0.221\,\mathrm{kg/s} \times (400.0 - 200.0)\,\mathrm{kJ/kg}}{0.221\,\mathrm{kg/s} \times \dfrac{(440.0 - 400.0)\,\mathrm{kJ/kg}}{0.7 \times 0.8} + 0.278\,\mathrm{kg/s} \times \dfrac{(435.0 - 404.6)\,\mathrm{kJ/kg}}{0.7 \times 0.8}}$$

$$= 1.43$$

（答 1.43）

なお、式（2.11f）を応用して

$$(COP)_{\mathrm{R}} = \frac{h_1 - h_9}{\dfrac{h_2 - h_1}{\eta_{\mathrm{c}}\eta_{\mathrm{m}}} + \dfrac{h_3 - h_8}{h_4 - h_7} \cdot \dfrac{h_5 - h_4}{\eta_{\mathrm{c}}\eta_{\mathrm{m}}}}$$

からも計算できる。

二元冷凍サイクルにおける冷媒循環量、軸動力および $(COP)_R$ の計算

R404A と R23 を冷媒とする二元冷凍装置を図に示す。この装置を下記の冷凍サイクルの条件で運転するとき、次の(1)および(2)の問に答えよ。ただし、圧縮機の機械的摩擦損失仕事は、熱として冷媒に加わらないものとする。また、配管での熱の出入りおよび圧力損失はないものとする。

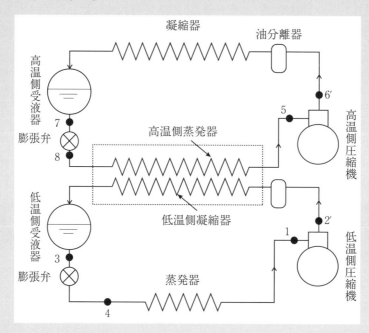

（理論冷凍サイクルの運転条件）

　圧縮機吸込み蒸気の比エンタルピー

　　　低温側：$h_1 = 343\ \mathrm{kJ/kg}$、高温側：$h_5 = 368\ \mathrm{kJ/kg}$

　断熱圧縮後の吐出しガスの比エンタルピー

　　　低温側：$h_2 = 376\ \mathrm{kJ/kg}$、高温側：$h_6 = 391\ \mathrm{kJ/kg}$

　膨張弁直前の液の比エンタルピー

　　　低温側：$h_3 = 191\ \mathrm{kJ/kg}$、高温側：$h_7 = 244\ \mathrm{kJ/kg}$

（実際の運転条件）

　低温側サイクルの冷凍能力　　　　　　　　$\Phi_o = 50\ \mathrm{kW}$

　圧縮機の断熱効率（低温側、高温側とも）　$\eta_c = 0.70$

　圧縮機の機械効率（低温側、高温側とも）　$\eta_m = 0.90$

(1) 低温側冷媒循環量 $q_{mro}(\mathrm{kg/s})$ および高温側冷媒循環量 $q_{mrk}(\mathrm{kg/s})$ を求めよ。

(2) 実際の圧縮機の総軸動力 $P(\mathrm{kW})$ および実際の冷凍装置の成績係数 $(COP)_R$ を求めよ。

（H24 一冷国家試験 類似）

二元冷凍サイクルの計算問題である。

(1) 低温側冷媒循環量 q_{mro} および高温側冷媒循環量 q_{mrk}（kg/s）

実際の装置の冷凍能力 Φ_{o} が示され、低温側蒸発器前後の比エンタルピーも既知であるから、q_{mro} が計算できる。すなわち、$h_3 = h_4$ として

$$\Phi_{\mathrm{o}} = q_{\mathrm{mro}}\,(h_1 - h_4)$$

$$\therefore \quad q_{\mathrm{mro}} = \frac{\Phi_{\mathrm{o}}}{h_1 - h_3} = \frac{50\ \mathrm{kJ/s}}{(343 - 191)\ \mathrm{kJ/kg}} = 0.329\ \mathrm{kg/s}$$

また、高温側蒸発器と低温側凝縮器のエネルギー授受量は等しいから、$h_7 = h_8$ として

$$q_{\mathrm{mrk}}(h_5 - h_8) = q_{\mathrm{mro}}(h_2{}' - h_3)$$

$$\therefore \quad q_{\mathrm{mrk}} = q_{\mathrm{mro}} \cdot \frac{h_2{}' - h_3}{h_5 - h_7} \ \cdots\cdots\cdots\cdots\cdots\cdots\cdots\cdots\cdots\cdots\cdots\cdots\cdots\cdots\cdots ①$$

ここで、圧縮機の機械的摩擦損失仕事は熱として冷媒に加わらないので、$h_2{}'$ は式(2.4d)により

$$h_2{}' = h_1 + \frac{h_2 - h_1}{\eta_{\mathrm{c}}} = 343\ \mathrm{kJ/kg} + \frac{(376 - 343)\ \mathrm{kJ/kg}}{0.70} = 390.1\ \mathrm{kJ/kg}$$

式①に代入して

$$q_{\mathrm{mrk}} = 0.329\ \mathrm{kg/s} \times \frac{(390.1 - 191)\ \mathrm{kJ/kg}}{(368 - 244)\ \mathrm{kJ/kg}} = 0.528\ \mathrm{kg/s}$$

（答　$q_{\mathrm{mro}} = 0.329\ \mathrm{kg/s}$、$q_{\mathrm{mrk}} = 0.528\ \mathrm{kg/s}$）

(2) 総軸動力 P（kW）および成績係数 $(COP)_{\mathrm{R}}$

総軸動力 P は、低温側軸動力 P_{L} と高温側軸動力 P_{H} の合計であるから、式(2.11b)～式(2.11d)を応用して

$$P = P_{\mathrm{L}} + P_{\mathrm{H}} = \frac{q_{\mathrm{mro}}(h_2 - h_1) + q_{\mathrm{mrk}}(h_6 - h_5)}{\eta_{\mathrm{c}}\eta_{\mathrm{m}}}$$

$$= \frac{0.329\ \mathrm{kg/s} \times (376 - 343)\ \mathrm{kJ/kg} + 0.528\ \mathrm{kg/s} \times (391 - 368)\ \mathrm{kJ/kg}}{0.70 \times 0.90}$$

$$= 36.5\ \mathrm{kW}$$

また、$(COP)_{\mathrm{R}}$ は

$$(COP)_{\mathrm{R}} = \frac{\Phi_{\mathrm{o}}}{P} = \frac{50\ \mathrm{kW}}{36.5\ \mathrm{kW}} = 1.37$$

（答　$P = 36.5\ \mathrm{kW}$、$(COP)_{\mathrm{R}} = 1.37$）

演習問題 2-32　　　　　　一冷

R 404A を冷媒とする二段圧縮二段膨張の冷凍装置を、下記の冷凍サイクルの条件で運転する。この装置の冷凍能力が 100 kW であるとき、次の(1)から(3)の問に答えよ。

ただし、圧縮機の機械的摩擦損失仕事は吐出しガスに熱として加わるものとする。また、配管での熱の出入りおよび圧力損失はないものとする。

(理論冷凍サイクルの運転条件)

低段圧縮機吸込み蒸気の比エンタルピー	$h_1 = 360 \text{ kJ/kg}$
低段圧縮機の断熱圧縮後の吐出しガスの比エンタルピー	$h_2 = 385 \text{ kJ/kg}$
高段圧縮機吸込み蒸気の比エンタルピー	$h_3 = 365 \text{ kJ/kg}$
高段圧縮機の断熱圧縮後の吐出しガスの比エンタルピー	$h_4 = 390 \text{ kJ/kg}$
第一膨張弁直前の液の比エンタルピー	$h_5 = 240 \text{ kJ/kg}$
第二膨張弁直前の液の比エンタルピー	$h_7 = 200 \text{ kJ/kg}$

(実際の冷凍装置の運転条件)

圧縮機の断熱効率（低段側、高段側とも）	$\eta_c = 0.70$
圧縮機の機械効率（低段側、高段側とも）	$\eta_m = 0.90$

(1) 蒸発器の冷媒循環量 q_{mro}(kg/s) を求めよ。

(2) 凝縮器の冷媒循環量 q_{mrk}(kg/s) を求めよ。

(3) 実際の冷凍装置の成績係数 $(COP)_R$ を求めよ。

(R1 一冷国家試験 類似)

演習問題 2-33　　　一冷

　下図は、高温側に R 22、低温側に R 23 を用いる二元冷凍装置の理論冷凍サイクルである。その運転条件および各部の冷媒の状態は次のとおりである。

(運転条件および各部の冷媒の状態)

低温側冷媒循環量	$q_{mro} = 0.501 \text{ kg/s}$
低温側圧縮機入口における冷媒の比エンタルピー	$h_1 = 328 \text{ kJ/kg}$
低温側凝縮器入口における冷媒の比エンタルピー	$h_2 = 398 \text{ kJ/kg}$
低温側凝縮器出口における冷媒の比エンタルピー	$h_3 = 160 \text{ kJ/kg}$
高温側圧縮機入口における冷媒の比エンタルピー	$h_5 = 396 \text{ kJ/kg}$
高温側凝縮器入口における冷媒の比エンタルピー	$h_6 = 447 \text{ kJ/kg}$
高温側凝縮器出口における冷媒の比エンタルピー	$h_7 = 229 \text{ kJ/kg}$

このとき、次の(1)から(4)について答えよ。解答は、有効数字 3 桁で答えよ。

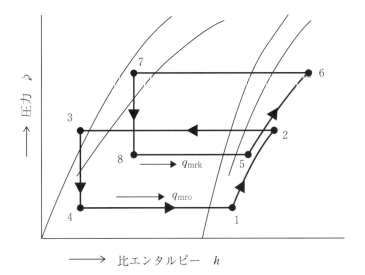

(1) 低温側冷凍能力 $\Phi_{\mathrm{o}}(\mathrm{kW})$ を求めよ。

(2) 高段側の冷媒循環量 $q_{\mathrm{mrk}}(\mathrm{kg/s})$ を求めよ。

(3) 総理論圧縮動力 $P_{\mathrm{th}}(\mathrm{kW})$ を求めよ。

(4) この冷凍サイクルの理論成績係数 $(COP)_{\mathrm{th,R}}$ を求めよ。

（H30 一冷検定）

3章

伝　熱

　冷凍装置の蒸発器や凝縮器などでは、冷媒の加熱、冷却などの伝熱操作が行われる。この章では温度分布が時間的に変化しない定常伝熱の基礎理論について述べるが、伝熱に関する知識は4章、5章とともに、特に一種冷凍を受験する人には必須の知識であり、また、二種冷凍にも出題実績がある。

1 熱の伝わり方

熱の伝わり方には、機構上から、次のものがある※。

伝熱方式	伝熱の機構	具体例
熱伝導	物体内における物質の移動を伴わない伝熱で、自由電子や格子振動などにより熱が伝わる。	保冷材や熱交換器伝熱管壁内の伝熱
対流伝熱	流体自身の流動による伝熱	流体内の温度差に基づく密度差による伝熱(自然対流)や送風機による流体の流れによる伝熱(強制対流)
放射伝熱	媒体を介さない、電磁波の形による伝熱	高温の加熱炉内での伝熱、太陽による地球の加熱

また、これらの伝熱が複合して起こる伝熱方式として、次のものがある。

熱伝達:固体表面と流体間の伝熱

（例）　冷蔵庫内の空気から蒸発管外面への伝熱のように、流体内の対流伝熱と流体—固体界面近傍での伝熱から構成される伝熱

熱通過:固体壁で隔てられた2つの流体間の伝熱で、熱貫流ともいう。

（例）　凝縮器における冷媒蒸気から冷却用空気への伝熱のように、熱伝達と冷却管壁内の熱伝導から構成される伝熱

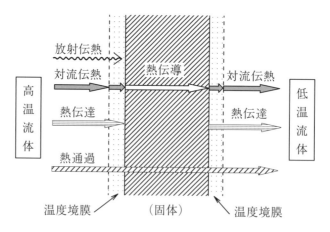

※　分類は、当協会発行の「高圧ガス保安技術」によった。

2 熱伝導

物体内の微小距離 dx を隔て面積 A を通して単位時間当たりに伝わる**伝熱量**（伝熱速度）Φ は、伝熱面積 A と温度勾配 dt/dx に比例し、次式で表される。

$$\Phi = -\lambda A\left(\frac{dt}{dx}\right) \quad\cdots\cdots\cdots\cdots\cdots\cdots\text{(3.1)}$$

比例定数 λ は**熱伝導率**であり、右辺の負号は温度勾配が負であるため熱が伝わる方向の伝熱量を正にするために付けてある。

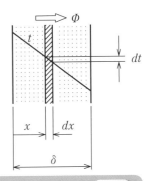

3・2・1 単層平面壁の熱伝導　　二冷

物体内の温度分布が時間的に変動しない定常熱伝導の場合、単層平面壁における伝熱量 Φ は、熱伝導率 λ、温度勾配 dt/dx を位置に関係なく一定として式 (3.1) を積分して得られる次式で表される。

$$\Phi = \lambda A\,\frac{t_{w1} - t_{w2}}{\delta} \quad\cdots\cdots\cdots\cdots\cdots\cdots\text{(3.2a)}$$

ここで

Φ：伝熱量（kW）　　　　　　λ：熱伝導率 [kW/(m·K)]

A：伝熱面積（m²）　　　　　t_{w1}：高温側の壁面温度（℃）

t_{w2}：低温側の壁面温度（℃）　　δ：平面壁の厚さ（m）

また、上式は熱の流れにくさを表す**熱抵抗**（熱伝導抵抗）$R = \delta/(\lambda A)$、温度差 $\Delta t = t_{w1} - t_{w2}$ を用いて、電気におけるオームの法則と同じ形の次式で表すこともできる。

$$\Phi = \frac{t_{w1} - t_{w2}}{\dfrac{\delta}{\lambda A}} = \frac{\Delta t}{R} \quad\cdots\cdots\cdots\cdots\cdots\cdots\cdots\text{(3.2b)}$$

熱抵抗 R の単位は、「K/kW」である。

例題— **3.1**　　（二冷）

防熱壁の熱伝導による伝熱量を求める

厚さ 300 mm の平らな防熱壁でできた冷蔵庫がある。内面温度 − 20 ℃、外面温度 30 ℃ のとき、壁面 1 m² 当たりの熱伝導による伝熱量はおよそ何 kW か。

ただし、防熱壁の熱伝導率は 0.035 W/(m·K) とする。

式(3.2a)を使って解く。

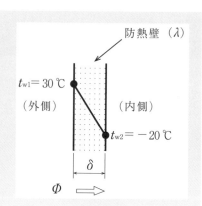

$$\Phi = \lambda A \frac{t_{w1} - t_{w2}}{\delta}$$

ここで

$$\lambda = 0.035 \, \text{W/(m·K)} \qquad A = 1 \, \text{m}^2$$

$$t_{w1} = 30 \, \text{℃} \quad t_{w2} = -20 \, \text{℃} \quad \delta = 0.30 \, \text{m}$$

これらの数値を上式に代入すると伝熱量 Φ は

$$\Phi = 0.035 \, \text{W/(m·K)} \times 1 \, \text{m}^2$$

$$\times \frac{30 \, \text{℃} - (-20 \, \text{℃})}{0.30 \, \text{m}}$$

$$= 0.035 \, \text{W/(m·K)} \times 1 \, \text{m}^2 \times \frac{50 \, \text{K}}{0.30 \, \text{m}} = 5.8 \, \text{W} = 0.0058 \, \text{kW}$$

（答 0.0058 kW）

(注) 熱伝導率 λ の単位は W/(m·K) であるので、厚さ δ の単位は m にして計算する。また、温度差の場合は「K = ℃」である。

3·2·2 多層平面壁の熱伝導 二冷

単層平面壁と同様に、各層の熱伝導抵抗 $R = \delta/(\lambda A)$ と温度差 $\Delta t = t_{w1} - t_{w,n+1}$ を用いて次式で表すことができる。

$$\Phi = \frac{t_{w1} - t_{w,n+1}}{\Sigma_1^n \dfrac{\delta_i}{\lambda_i A}} = \frac{\Delta t}{\Sigma_1^n R_i} \quad \cdots\cdots\cdots\cdots\cdots\cdots\cdots\cdots\cdots\cdots\cdots\cdots\cdots\cdots \quad (3.3)$$

式中、δ_i は i 層の厚みを、λ_i は i 層の熱伝導率を、その他の量記号は前項と同じである。

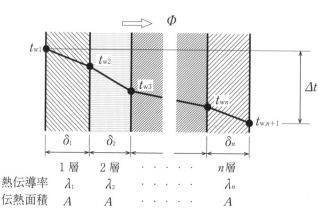

多層平面壁の伝熱量の式は次のように導くことができる。

各層について単層平面壁の式を適用する。伝熱量 Φ はいずれの層においても等しく、また、各層の伝熱面積 A も等しいから

1層　　$\Phi = \dfrac{t_{w1} - t_{w2}}{R_1}$　　　　$\therefore\ t_{w1} - t_{w2} = \Phi R_1$　……………①

2層　　$\Phi = \dfrac{t_{w2} - t_{w3}}{R_2}$　　　　$\therefore\ t_{w2} - t_{w3} = \Phi R_2$　……………②

$\vdots$

n層　　$\Phi = \dfrac{t_{wn} - t_{w,n+1}}{R_n}$　　　$\therefore\ t_{wn} - t_{w,n+1} = \Phi R_n$　…………ⓝ

式①～式ⓝを合計すると

$$(t_{w1} - t_{w2}) + (t_{w2} - t_{w3}) + \cdots + (t_{wn} - t_{w,n+1}) = \Phi R_1 + \Phi R_2 + \cdots + \Phi R_n$$

$$t_{w1} - t_{w,n+1} = \Phi (R_1 + R_2 + \cdots + R_n) = \Phi \Sigma_1^n R_i$$

$$\therefore\quad \Phi = \frac{t_{w1} - t_{w,n+1}}{\Sigma_1^n R_i} = \frac{\Delta t}{\Sigma_1^n R_i}$$

例 題 — **3.2**　　　　　　　　　　　　　　　　　　　　　　（二冷）

冷蔵庫内への侵入熱量を求める

下表のような材料により構成される冷蔵庫の平面防熱壁があり、その外表面積は 15 m² である。

防熱壁の外表面温度が 30 ℃、内表面温度が − 20 ℃ のとき、防熱壁を通って冷蔵庫内へ侵入する熱量はおよそ何 kW か。

材　料	厚さ(cm)	熱伝導率［kW/(m·K)］
コンクリート	20	0.0016
発泡スチロール	20	0.000046
内張り板	1	0.00017

▼解説

多層平面壁の熱伝導の問題であるから、式 (3.3) を使って解く。量記号は下図のとおりとし、まず、各層の熱抵抗の合計値 R を求める。単位を統一するため、材料の厚さの単位は m とする。

$$R = \Sigma_1^3 R_i = \frac{\delta_1}{\lambda_1 A} + \frac{\delta_2}{\lambda_2 A} + \frac{\delta_3}{\lambda_3 A}$$

ここで

$\delta_1 = 0.20\ \mathrm{m}$　　　　　　　$\lambda_1 = 0.0016\ \mathrm{kW/(m \cdot K)}$

$$\delta_2 = 0.20 \text{ m} \qquad \lambda_2 = 0.000046 \text{ kW/(m·K)}$$
$$\delta_3 = 0.01 \text{ m} \qquad \lambda_3 = 0.00017 \text{ kW/(m·K)}$$
$$A = 15 \text{ m}^2$$

$$\therefore \quad R = \frac{0.20 \text{ m}}{0.0016 \text{ kW/(m·K)} \times 15 \text{ m}^2} + \frac{0.20 \text{ m}}{0.000046 \text{ kW/(m·K)} \times 15 \text{ m}^2}$$
$$+ \frac{0.01 \text{ m}}{0.00017 \text{ kW/(m·K)} \times 15 \text{ m}^2}$$

$$= 8.33 \text{ K/kW} + 290 \text{ K/kW} + 3.92 \text{ K/kW}$$
$$= 302 \text{ K/kW}$$

また、$\Delta t = t_{w1} - t_{w4} = 30\,℃ -$ $(-20\,℃) = 50\text{ K}$ であるから、侵入熱量すなわち伝熱量は Φ は

$$\Phi = \frac{\Delta t}{R} = \frac{50 \text{ K}}{302 \text{ K/kW}}$$
$$= 0.17 \text{ kW}$$

（答　0.17 kW）

（注）　温度差の場合は「K＝℃」である。

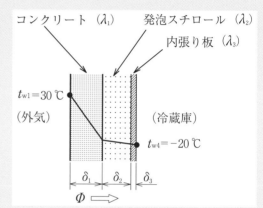

演習問題 3-1　　　　　　　　　　（二冷）

　下表のような材料により構成される冷蔵庫の平面防熱壁がある。防熱壁の外表面温度が 30 ℃、内表面温度が − 18 ℃ のとき、防熱壁を通って冷蔵庫内へ侵入する熱量は 1 m^2 当たりおよそ何 W か。

材　　料	厚さ(cm)	熱伝導率 [kW/(m·K)]
コンクリート	20	0.0010
発泡スチロール	15	0.000047
内張り板	1	0.00017

3·2·3　単層円筒壁の熱伝導　　　　　　　（二冷）

　平面壁の場合と違って伝熱面積は一定ではなく半径に比例して変化する。次図に示すような長さ L の単層円筒壁における伝熱量 Φ は、次式で表される。

$$\Phi = \frac{\lambda(2\pi L)(t_{w1} - t_{w2})}{\ln\dfrac{r_2}{r_1}} \quad \cdots\cdots\cdots\cdots\cdots\cdots \text{(3.4a)}$$

伝熱面積として内壁面積 A_1 と外壁面積 A_2 の対数平均面積 A_{lm} を用いると単層平面壁と類似の次式で表すこともできる。

$$\Phi = \lambda A_{lm}\frac{t_{w1} - t_{w2}}{r_2 - r_1} = \lambda A_{lm}\frac{\Delta t}{\delta} \quad \cdots\cdots\cdots\cdots \text{(3.4b)}$$

$$A_{lm} = \frac{A_2 - A_1}{\ln\dfrac{A_2}{A_1}} \quad \cdots\cdots\cdots\cdots\cdots\cdots\cdots\cdots \text{(3.4c)}$$

Φ：伝熱量(kW)　　　　　　λ：円筒壁の熱伝導率〔kW/(m·K)〕

A_1：内壁面積(m^2)　　　A_2：外壁面積(m^2)　　　A_{lm}：対数平均面積(m^2)

r_1：内半径(m)　　　　　r_2：外半径(m)

Δt：温度差(K)で、$\Delta t = t_{w1} - t_{w2}$　（$t_{w1} > t_{w2}$ の場合）

δ：円筒壁の厚さ(m)で、$\delta = r_2 - r_1$

t_{w1}：円筒壁内面の温度（℃）　　　　t_{w2}：円筒壁外面の温度（℃）

なお、$A_2/A_1 < 2$（$r_2/r_1 < 2$）の場合は、伝熱面積として算術平均 $(A_1 + A_2)/2$ を用いても誤差は少ない。また、式(3.4a)、式(3.4b)は円筒壁内面から円筒壁外面へ向かって熱が伝わる場合の関係式であるが、熱の伝わる方向が逆の場合は、伝熱量 Φ を正の値とするため温度差の項「$\Delta t = t_{w1} - t_{w2}$」を「$\Delta t = t_{w2} - t_{w1}$」として計算する。

単層円筒壁の伝熱量の式(3.4a)は次のように導くことができる。

半径 r と半径 $r + dr$ の円筒で囲まれた長さ L の部分の熱伝導について考える。半径 r の位置によらず伝熱量 Φ および熱伝導率 λ を一定とすると、温度勾配は dt/dr、伝熱面積は $A = 2\pi rL$ であるから、式(3.1)は次のように表せる。

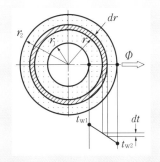

$$\Phi = -\lambda(2\pi rL)\frac{dt}{dr}$$

積分しやすいように変形する

$$\frac{dr}{r} = -\frac{\lambda(2\pi L)}{\Phi}dt$$

この式を積分の公式 $\int dr/r = \ln r$、$\int dt = t$ を用いて半径 r_1 から r_2 まで積分すると

$$[\ln r]_{r_1}^{r_2} = -\frac{\lambda(2\pi L)}{\Phi}[t]_{t_{w1}}^{t_{w2}}$$

$$\ln r_2 - \ln r_1 = -\frac{\lambda(2\pi L)}{\Phi}(t_{w2} - t_{w1})$$

$$\ln\frac{r_2}{r_1} = \frac{\lambda(2\pi L)}{\Phi}(t_{w1} - t_{w2})$$

これから式 (3.4a) が得られる。

また、$A_1 = 2\pi r_1 L$、$A_2 = 2\pi r_2 L$ の関係を式(3.4c)に代入すると

$$A_{lm} = \frac{2\pi r_2 L - 2\pi r_1 L}{\ln\dfrac{2\pi r_2 L}{2\pi r_1 L}} = \frac{2\pi L(r_2 - r_1)}{\ln\dfrac{r_2}{r_1}}$$

この式を式(3.4b)に代入すると、式(3.4a)が得られる。すなわち、式(3.4a)式と(3.4b)は同じ式であることがわかる。

例題 — 3.3 　　　　　　　　　　　　　　　　　（二冷）

保冷材を施した吸込み管への侵入熱量を求める

外径 100 mm、厚さ 4 mm の吸込み管に熱伝導率が 0.000035 kW/(m·K) の保冷材を 40 mm の厚さで施してある。保冷材の外表面温度が 30 ℃、吸込み管の内表面温度が − 20 ℃ のとき、保冷材を通って吸込み管内へ侵入する熱量は管長 1 m 当たりおよそ何 W か。

ただし、吸込み管の熱抵抗は無視できるものとし、また、$\ln 1.8 = 0.59$ とする。

解説

題意より吸込み管の熱抵抗は無視できるから、保冷材について単層円筒壁の伝熱量の式 (3.4a) で計算する。ただし、この問題では「外表面温度 t_{w2} ＞内表面温度 t_{w1}」であるから、伝熱量 Φ の値を正とするため温度差の項は「$t_{w2} - t_{w1}$」とする。

$$\Phi = \frac{\lambda(2\pi L)(t_{w2} - t_{w1})}{\ln\dfrac{r_2}{r_1}}$$

ここで

$\lambda = 0.000035\,\text{kW/(m·K)}$ 　　　 $L = 1\,\text{m}$

$t_{w1} = -20\,℃$（題意により、吸込み管の熱抵抗は無視してよいから、吸込み管の内表面と保冷材内面の温度は等しい。）

$t_{w2} = 30\,℃$

$r_1 = 100\,\text{mm}/2 = 50\,\text{mm}$ 　　　 $r_2 = r_1 + \delta = 50\,\text{mm} + 40\,\text{mm} = 90\,\text{mm}$

$$\therefore\ \Phi = \frac{0.000035\,\text{kW/(m·K)} \times 2\pi \times 1\,\text{m} \times \{30\,℃ - (-20\,℃)\}}{\ln\dfrac{90\,\text{mm}}{50\,\text{mm}}}$$

$$= \frac{0.000035\,\text{kW/(m·K)} \times 2 \times 3.14 \times 1\,\text{m} \times 50\,\text{K}}{\ln 1.8}$$

$$= 0.019\,\text{kW} = 0.019 \times 10^3\,\text{W} = 19\,\text{W}$$

（答 19 W）

演習問題 3-2

外径 60 mm、厚さ 4 mm、長さ 2 m の吸込み管に熱伝導率が 0.035 W/(m·K) の保冷材を 30 mm の厚さで施してある。保冷材の外表面温度が 30 ℃、吸込み管の内表面温度が − 15 ℃ のとき、保冷材を通って吸込み管内へ侵入する熱量はおよそ何 W か。

ただし、吸込み管の熱抵抗は無視できるものとし、また、$\ln 2 = 0.69$ とする。

3・2・4 多層円筒壁の熱伝導

多層円筒壁の伝熱量 Φ の式は、多層平面壁と同様の方法で、各層の伝熱量が等しいことから導くことができる。結果だけを次に示す。

$$\Phi = \frac{2\pi L(t_{\text{w1}} - t_{\text{w},n+1})}{\sum_1^n \dfrac{\ln(r_{i+1}/r_i)}{\lambda_i}} \quad\text{............................}\quad (3.5)$$

3

熱伝達

流体と固体表面間の熱伝達は、流体内の対流伝熱と温度境膜内の伝熱から構成されるが、伝熱量 Φ はこれらを包含した次式で表される。伝熱量 Φ は伝熱面積 A と両流体の温度差に比例し、定数 α は**熱伝達率**である。

$$\Phi = \alpha A(t_{\text{f}} - t_{\text{w}}) \quad\text{............}\quad (3.6\text{a})$$

ここで

Φ：伝熱量（kW）　　α：熱伝達率 $[\text{kW/(m}^2\text{·K)}]$

A：伝熱面積（m²）　t_{f}：高温流体の温度（℃）

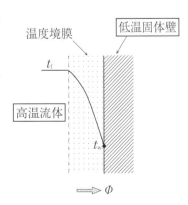

t_w：低温固体壁の表面温度（℃）

また、熱抵抗（熱伝達抵抗）$R = 1/(\alpha A)$ [K/kW]、温度差 $\Delta t = t_f - t_w$ を用いて、次式で表すこともできる。

$$\Phi = \frac{\Delta t}{R} \quad\text{.. (3.6b)}$$

なお、上式は高温流体から低温固体壁へ向かって熱が伝わる場合の関係式であるが、熱の伝わる方向が逆の場合は、伝熱量 Φ を正の値とするため温度差の項「$\Delta t = t_f - t_w$」を「$\Delta t = t_w - t_f$」として計算する。

例 題 ― **3.4**　　　　　　　　　　　　　　　　　　（二冷）

固体壁から流体への伝熱量を求める

流体と固体壁との間の熱伝達が下記の条件のとき、伝熱量 Φ はおよそ何 kW か。
（条件）

固体壁の伝熱面積	$A = 15\,\mathrm{m}^2$
熱伝達率	$\alpha = 1.2\,\mathrm{kW/(m^2 \cdot K)}$
固体壁の表面温度	$t_w = 30\,℃$
流体の温度	$t_f = 25\,℃$

▽ 解説

熱伝達の伝熱量の式(3.6a)を使って解く。($t_w > t_f$ なので、式 (3.6a) の t_w と t_f を入れ替える。)

$$\Phi = \alpha A (t_w - t_f)$$

この式に与えられた数値を代入すると、伝熱量 Φ は

$$\Phi = 1.2\,\mathrm{kW/(m^2 \cdot K)} \times 15\,\mathrm{m}^2$$
$$\times (30\,℃ - 25\,℃)$$
$$= 1.2\,\mathrm{kW/(m^2 \cdot K)} \times 15\,\mathrm{m}^2 \times 5\,\mathrm{K}$$
$$= 90\,\mathrm{kW}$$

（答　90 kW）

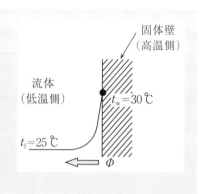

演習問題 **3-3**　　　　　　　　　　　　　　　　　　（二冷）

流体と固体壁との間の熱伝達が下記の条件のとき、固体壁の表面温度 t_w はおよそ何 ℃ か。

（条件）

伝熱量	$\Phi = 5.4\,\mathrm{kW}$

固体壁の伝熱面積 　　　 $A = 0.9\,\mathrm{m}^2$

熱伝達率 　　　 $\alpha = 1.2\,\mathrm{kW/(m^2 \cdot K)}$

流体の温度 　　　 $t_\mathrm{f} = 22\,℃$

流体の温度は固体壁の表面温度より低い。

（H16-2 二冷検定）

3
4
熱通過

　平板、円管などを通しての高温流体から低温流体への伝熱は、高温側の熱伝達、固体壁内の熱伝導および低温側の熱伝達から構成される。

3・4・1　単層平面壁の熱通過　一冷 二冷

　伝熱量 Φ は次式のように、伝熱面積 A および温度差 Δt に比例する。定数 K は**熱通過率**である。

$$\Phi = KA\Delta t \quad\cdots\cdots\cdots\cdots (3.7\mathrm{a})$$

$$K = \cfrac{1}{\cfrac{1}{\alpha_1} + \cfrac{\delta}{\lambda} + \cfrac{1}{\alpha_2}} \quad\cdots\cdots (3.7\mathrm{b})$$

ここで

Φ：伝熱量（kW）　　　　K：熱通過率 $[\mathrm{kW/(m^2 \cdot K)}]$

A：伝熱面積（m^2）　　Δt：温度差で、$\Delta t = t_\mathrm{f1} - t_\mathrm{f2}$（K）

t_f1：高温流体の温度（℃）　　　　t_f2：低温流体の温度（℃）

α_1：高温流体側の熱伝達率 $[\mathrm{kW/(m^2 \cdot K)}]$　　α_2：低温流体側の熱伝達率 $[\mathrm{kW/(m^2 \cdot K)}]$

δ：平面壁の厚さ（m）　　　　　　λ：平面壁の熱伝導率 $[\mathrm{kW/(m \cdot K)}]$

参考▼

　式(3.7a)、(3.7b)は、高温側の熱伝達、単層平面壁内の熱伝導および低温側の熱伝達による伝達量が等しいことから導かれる。すなわち、平面壁の表面温度を、高温側 t_w1、低温側 t_w2 とすると

高温流体→高温側平面壁： $\Phi = \alpha_1 A (t_{f1} - t_{w1}) \quad \therefore \quad t_{f1} - t_{w1} = \dfrac{1}{\alpha_1 A} \Phi \quad \cdots ①$

平面壁内 ： $\Phi = \lambda A \dfrac{t_{w1} - t_{w2}}{\delta} \quad \therefore \quad t_{w1} - t_{w2} = \dfrac{\delta}{\lambda A} \Phi \quad \cdots ②$

低温側平面壁→低温流体： $\Phi = \alpha_2 A (t_{w2} - t_{f2}) \quad \therefore \quad t_{w2} - t_{f2} = \dfrac{1}{\alpha_2 A} \Phi \quad \cdots ③$

式①～式③を合計すると

$$(t_{f1} - t_{w1}) + (t_{w1} - t_{w2}) + (t_{w2} - t_{f2}) = t_{f1} - t_{f2} = \Delta t = \dfrac{\Phi}{A}\left(\dfrac{1}{\alpha_1} + \dfrac{\delta}{\lambda} + \dfrac{1}{\alpha_2}\right)$$

$$\therefore \quad \Phi = \dfrac{1}{\dfrac{1}{\alpha_1} + \dfrac{\delta}{\lambda} + \dfrac{1}{\alpha_2}} A \Delta t = K A \Delta t$$

3・4・2 多層平面壁の熱通過　一冷 二冷

多層平面壁各層の熱伝導と多層平面壁表面と流体間の熱伝達を組み合わせることにより、伝熱量 Φ は次式で表される。

$$\Phi = KA\Delta t \quad \cdots\cdots\cdots\cdots\cdots\cdots\cdots\cdots\cdots\cdots\cdots\cdots\cdots\cdots\cdots (3.8a)$$

$$K = \dfrac{1}{\dfrac{1}{\alpha_1} + \Sigma_1^n \dfrac{\delta_i}{\lambda_i} + \dfrac{1}{\alpha_2}} \quad \cdots\cdots\cdots\cdots\cdots\cdots\cdots\cdots\cdots\cdots (3.8b)$$

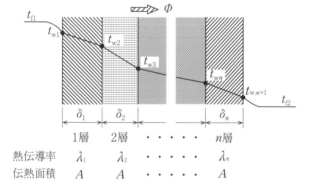

参考▼

多層平面壁の熱通過の式(3.8a)、(3.8b)は、単層平面壁と同様の方法で、高温側の熱伝達、多層平面壁内の熱伝導および低温側の熱伝達の式から、各層の表面温度 t_{w1} ～ $t_{w,n+1}$ を消去することにより導くことができる。

冷蔵庫内への侵入熱量を求める

　下表のような材料により構成される冷蔵庫の防熱壁があり、その外表面積が $10\,\mathrm{m}^2$、外表面の熱伝達率 $\alpha_1 = 0.023\,\mathrm{kW/(m^2 \cdot K)}$、内表面の熱伝達率 $\alpha_2 = 0.008\,\mathrm{kW/(m^2 \cdot K)}$ である。

　外気温度 $t_\mathrm{a} = 32\,℃$、冷蔵庫室内温度 $t_\mathrm{R} = -10\,℃$ のとき、防熱壁を通って冷蔵庫内へ侵入する熱量 Φ はおよそ何 kW か。

材　料	厚さ(cm)	熱伝導率 [kW/(m·K)]
コンクリート	20	0.0016
発泡スチロール	15	0.000046
内張り板	1	0.00017

(H6 二冷国家試験　類似)

解説

　量記号は右図を用いるものとし、まず、式(3.8b)を使って熱通過率 K を計算した後、式(3.8a)を使って伝熱量 Φ を求める。単位を統一するため、材料の厚さの単位は m とすると

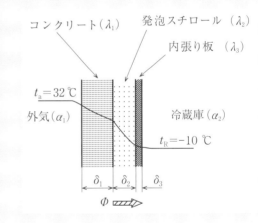

コンクリート(λ_1)　発泡スチロール（λ_2）

内張り板 （λ_3）

$t_\mathrm{a} = 32\,℃$

外気(α_1)　　　　　　　冷蔵庫(α_2)

$t_\mathrm{R} = -10\,℃$

δ_1　δ_2　δ_3

Φ

$$K = \cfrac{1}{\cfrac{1}{\alpha_1} + \cfrac{\delta_1}{\lambda_1} + \cfrac{\delta_2}{\lambda_2} + \cfrac{\delta_3}{\lambda_3} + \cfrac{1}{\alpha_2}}$$

ここで

$\delta_1 = 0.20\,\mathrm{m}$　　　　　　　$\lambda_1 = 0.0016\,\mathrm{kW/(m \cdot K)}$

$\delta_2 = 0.15\,\mathrm{m}$　　　　　　　$\lambda_2 = 0.000046\,\mathrm{kW/(m \cdot K)}$

$\delta_3 = 0.01\,\mathrm{m}$　　　　　　　$\lambda_3 = 0.00017\,\mathrm{kW/(m \cdot K)}$

$\alpha_1 = 0.023\,\mathrm{kW/(m^2 \cdot K)}$　　　$\alpha_2 = 0.008\,\mathrm{kW/(m^2 \cdot K)}$

これらの値を上式に代入すると

$$K = \cfrac{1}{\cfrac{1}{0.023\,\mathrm{kW/(m^2 \cdot K)}} + \cfrac{0.20\,\mathrm{m}}{0.0016\,\mathrm{kW/(m \cdot K)}} + \cfrac{0.15\,\mathrm{m}}{0.000046\,\mathrm{kW/(m \cdot K)}} + \cfrac{0.01\,\mathrm{m}}{0.00017\,\mathrm{kW/(m \cdot K)}} + \cfrac{1}{0.008\,\mathrm{kW/(m^2 \cdot K)}}}$$

$= 0.000277\,\mathrm{kW/(m^2 \cdot K)}$

次に、式(3.8a)を使って伝熱量 Φ を求める。

$$\Phi = KA\Delta t$$

ここで

$K = 0.000277\,\mathrm{kW/(m^2 \cdot K)}$　　　　　　$A = 10\,\mathrm{m}^2$

$$\Delta t = t_a - t_R = 32\,℃ - (-10\,℃) = 42\,℃ = 42\,\mathrm{K}$$
$$\therefore \quad \Phi = 0.000277\,\mathrm{kW/(m^2 \cdot K)} \times 10\,\mathrm{m^2} \times 42\,\mathrm{K} = 0.12\,\mathrm{kW}$$

(答　0.12 kW)

例題──3.6　

冷蔵庫内への侵入熱量、パネル芯材に水分が浸入した場合の侵入熱などを求める

以下に示す設計条件で、冷蔵庫パネルを試作した。このパネルについて、次の(1)から(3)の問に答えよ。

(試作条件)

外気温度	$t_a = 25\,℃$	
庫内温度	$t_r = -25\,℃$	
パネル外表面（外気側）の熱伝達率	$\alpha_a = 10.0\,\mathrm{W/(m^2 \cdot K)}$	
パネル内表面（庫内側）の熱伝達率	$\alpha_r = 5.0\,\mathrm{W/(m^2 \cdot K)}$	
パネル外皮材の厚さおよび熱伝導率	$\delta_1 = 0.5\,\mathrm{mm}$、	$\lambda_1 = 50\,\mathrm{W/(m \cdot K)}$
パネル芯材の厚さおよび熱伝導率	$\delta_2 = 150.0\,\mathrm{mm}$、	$\lambda_2 = 0.030\,\mathrm{W/(m \cdot K)}$
パネル内皮材の厚さおよび熱伝導率	$\delta_3 = 5.0\,\mathrm{mm}$、	$\lambda_3 = 2.0\,\mathrm{W/(m \cdot K)}$

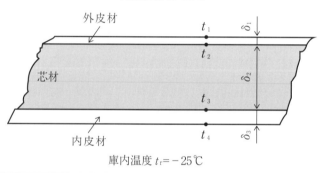

(1) 外気から庫内までの熱通過率 $K\,[\mathrm{W/(m^2 \cdot K)}]$ および 1 m² 当たりの外気からの伝熱量 $\Phi\,(\mathrm{W})$ をそれぞれ求めよ。

(2) 芯材とパネル内皮材の間の温度 $t_3\,(℃)$ を求めよ。

(3) パネル芯材に水分が浸入すると、1 m² 当たりの外気からの伝熱量が 18 W となることがわかった。この際のパネル芯材の見かけの熱伝導率 $\lambda_2'\,[\mathrm{W/(m \cdot K)}]$ を求めよ。

(R1 一冷国家試験)

(1) **熱通過率 $K\,[\mathrm{W/(m^2 \cdot K)}]$ および 1 m² 当たりの伝熱量 $\Phi\,(\mathrm{W})$**

熱通過率 K を式(3.8b)で求め、次いで熱通過率 K を使って、式(3.8a)により伝熱量 Φ を求める。

$$K = \cfrac{1}{\cfrac{1}{\alpha_a} + \cfrac{\delta_1}{\lambda_1} + \cfrac{\delta_2}{\lambda_2} + \cfrac{\delta_3}{\lambda_3} + \cfrac{1}{\alpha_r}}$$

$$= \cfrac{1}{\cfrac{1}{10.0 \ \text{W}/(\text{m}^2 \cdot \text{K})} + \cfrac{0.0005 \ \text{m}}{50 \ \text{W}/(\text{m} \cdot \text{K})} + \cfrac{0.150 \ \text{m}}{0.030 \ \text{W}/(\text{m} \cdot \text{K})} + \cfrac{0.0050 \ \text{m}}{2.0 \ \text{W}/(\text{m} \cdot \text{K})} + \cfrac{1}{5.0 \ \text{W}/(\text{m}^2 \cdot \text{K})}}$$

$$= 0.189 \ \text{W}/(\text{m}^2 \cdot \text{K})$$

$$\therefore \quad \Phi = KA(t_a - t_r) = 0.189 \ \text{W}/(\text{m}^2 \cdot \text{K}) \times 1 \ \text{m}^2 \times \{25℃ - (-25℃)\}$$

$$= 9.45 \ \text{W}$$

（答　$K = 0.189 \ \text{W}/(\text{m}^2 \cdot \text{K})$、$\Phi = 9.45 \ \text{W}$）

(2) **芯材とパネル内皮材間の温度 t_3（℃）**

パネル内皮材表面（庫内側）と庫内流体間の熱伝達による伝熱量は（1）で求めた伝熱量 Φ に等しいから

$$\Phi = \alpha_r A(t_4 - t_r)$$

$$\therefore \quad t_4 = \frac{\Phi}{\alpha_r A} + t_r = \frac{9.45 \ \text{W}}{5.0 \ \text{W}/(\text{m}^2 \cdot \text{K}) \times 1 \ \text{m}^2} + (-25℃) = -23.11℃$$

同様に、パネル内皮材表面（庫内側）と内面（パネル芯材側）の熱伝導による伝熱量は（1）で求めた伝熱量 Φ に等しいから

$$\Phi = \lambda_3 A \frac{t_3 - t_4}{\delta_3}$$

$$\therefore \quad t_3 = \frac{\Phi \delta_3}{\lambda_3 A} + t_4 = \frac{9.45 \ \text{W} \times 0.0050 \ \text{m}}{2.0 \ \text{W}/(\text{m} \cdot \text{K}) \times 1 \ \text{m}^2} + (-23.11℃) = -23.09℃$$

$$\fallingdotseq -23.1℃$$

（答　$t_3 = -23.1℃$）

(3) **パネル芯材に水分浸入後の見かけの熱伝導率 $\lambda_2{}'[\text{W}/(\text{m} \cdot \text{K})]$**

水分浸入後の諸量を「′」で表すと、$\Phi' = K'A(t_a - t_r)$ より

$$K' = \frac{\Phi'}{A(t_a - t_r)} = \frac{18 \ \text{W}}{1 \ \text{m}^2 \times \{25℃ - (-25℃)\}} = 0.360 \ \text{W}/(\text{m}^2 \cdot \text{K})$$

また、K' は式（3.8b）より、次のように表すことができる。

$$K' = \cfrac{1}{\cfrac{1}{\alpha_a} + \cfrac{\delta_1}{\lambda_1} + \cfrac{\delta_2}{\lambda_2{}'} + \cfrac{\delta_3}{\lambda_3} + \cfrac{1}{\alpha_r}}$$

$\lambda_2{}'$ について解くと

$$\frac{1}{\alpha_a} + \frac{\delta_1}{\lambda_1} + \frac{\delta_2}{\lambda_2{}'} + \frac{\delta_3}{\lambda_3} + \frac{1}{\alpha_r} = \frac{1}{K'}$$

$$\lambda_2{}' = \cfrac{\delta_2}{\cfrac{1}{K'} - \cfrac{1}{\alpha_a} - \cfrac{\delta_1}{\lambda_1} - \cfrac{\delta_3}{\lambda_3} - \cfrac{1}{\alpha_r}}$$

$$= \cfrac{0.150 \ \mathrm{m}}{\cfrac{1}{0.360 \ \mathrm{W/(m^2 \cdot K)}} - \cfrac{1}{10.0 \ \mathrm{W/(m^2 \cdot K)}} - \cfrac{0.0005 \ \mathrm{m}}{50 \ \mathrm{W/(m \cdot K)}} - \cfrac{0.005 \ \mathrm{m}}{2.0 \ \mathrm{W/(m \cdot K)}} - \cfrac{1}{5.0 \ \mathrm{W/(m^2 \cdot K)}}}$$

$$= 0.0606 \ \mathrm{W/(m \cdot K)}$$

（答　$\lambda_2' = 0.0606 \ \mathrm{W/(m \cdot K)}$）

例 題 — 3.7 　一冷

冷蔵庫パネルの外表面温度、芯材の厚さなどを求める

　以下に示す設計条件でパネル $10 \ \mathrm{m^2}$ 当たりの外気からの侵入熱量 $\mathit{\Phi}$ が $100 \ \mathrm{W}$ になるように冷蔵庫パネルを設計した。このパネルについて、次の(1)〜(3)の問に答えよ。

　　（設計条件）

外気温度	$t_a = 25 \ \text{℃}$
庫内温度	$t_r = -25 \ \text{℃}$
パネル外表面（外気側）の熱伝達率	$\alpha_a = 10 \ \mathrm{W/(m^2 \cdot K)}$
パネル内表面（庫内側）の熱伝達率	$\alpha_r = 5 \ \mathrm{W/(m^2 \cdot K)}$
パネル外皮材、内皮材の厚さ	$\delta_1 = \delta_3 = 0.5 \ \mathrm{mm}$
パネル外皮材、内皮材の熱伝導率	$\lambda_1 = \lambda_3 = 50 \ \mathrm{W/(m \cdot K)}$
パネル芯材（硬質ポリウレタンフォーム）の熱伝導率	$\lambda_2 = 0.030 \ \mathrm{W/(m \cdot K)}$

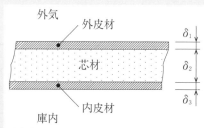

(1)　パネル外表面温度 t_{w1}（℃）を求めよ。

(2)　芯材の厚さ δ_2（mm）を求めよ。

(3)　外気温度 t_a が $30 \ \text{℃}$、パネル外表面の熱伝達率 α_a が $20 \ \mathrm{W/(m^2 \cdot K)}$、パネル芯材の厚さが $180 \ \mathrm{mm}$ にそれぞれなった場合のパネル $10 \ \mathrm{m^2}$ 当たりの外気からの侵入熱量 $\mathit{\Phi}$（W）を求めよ。

（H28 一冷国家試験）

(1) パネルの外表面温度 t_{w1}（℃）

量記号は右図を用いるものとすると、外気から
パネル外表面への熱伝達による伝熱量は外気から
の侵入熱量 Φ に等しいから、式(3.6a)により次の
等式が成立する。

$$\Phi = \alpha_a A(t_a - t_{w1})$$

この式をパネルの外表面温度 t_{w1} を求める式に
変形して与えられた数値を代入すると

$$t_{w1} = t_a - \frac{\Phi}{\alpha_a A}$$

$$= 25\,℃ - \frac{100\,\text{W}}{10\,\text{W/(m}^2\cdot\text{K)} \times 10\,\text{m}^2} = 24\,℃$$

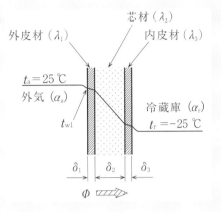

（答　24 ℃）

(2) 芯材の厚さ δ_2（mm）

式(3.7a)から熱通過率 K は

$$K = \frac{\Phi}{A\Delta t} = \frac{\Phi}{A(t_a - t_r)} = \frac{100\,\text{W}}{10\,\text{m}^2 \times \{25 - (-25)\}\,\text{K}} = 0.20\,\text{W/(m}^2\cdot\text{K)}$$

一方、多層平面壁の熱通過率 K は、式(3.8b)から

$$K = \cfrac{1}{\cfrac{1}{\alpha_a} + \cfrac{\delta_1}{\lambda_1} + \cfrac{\delta_2}{\lambda_2} + \cfrac{\delta_3}{\lambda_3} + \cfrac{1}{\alpha_r}}$$

上式で未知数は δ_2 だけであるから、δ_2 を求める式に変形し数値を代入する。

$$\frac{1}{\alpha_a} + \frac{\delta_1}{\lambda_1} + \frac{\delta_2}{\lambda_2} + \frac{\delta_3}{\lambda_3} + \frac{1}{\alpha_r} = \frac{1}{K}$$

$$\frac{\delta_2}{\lambda_2} = \frac{1}{K} - \frac{1}{\alpha_a} - \frac{\delta_1}{\lambda_1} - \frac{\delta_3}{\lambda_3} - \frac{1}{\alpha_r}$$

$$\therefore \quad \delta_2 = \lambda_2 \left(\frac{1}{K} - \frac{1}{\alpha_a} - \frac{\delta_1}{\lambda_1} - \frac{\delta_3}{\lambda_3} - \frac{1}{\alpha_r} \right)$$

$$= 0.030\,\text{W/(m}\cdot\text{K)} \times \left\{ \frac{1}{0.20\,\text{W/(m}^2\cdot\text{K)}} - \frac{1}{10\,\text{W/(m}^2\cdot\text{K)}} - \frac{0.0005\,\text{m}}{50\,\text{W/(m}\cdot\text{K)}} \right.$$

$$\left. - \frac{0.0005\,\text{m}}{50\,\text{W/(m}\cdot\text{K)}} - \frac{1}{5\,\text{W/(m}^2\cdot\text{K)}} \right\} = 0.141\,\text{m} = 141\,\text{mm}$$

（答　141 mm）

(3) 侵入熱量 Φ（W）

条件変更後の量記号を「′」を付けて表すと、熱通過率 K' は

$$K' = \cfrac{1}{\cfrac{1}{\alpha_a'} + \cfrac{\delta_1}{\lambda_1} + \cfrac{\delta_2'}{\lambda_2} + \cfrac{\delta_3}{\lambda_3} + \cfrac{1}{\alpha_r}}$$

141

3章
伝
熱

$$= \cfrac{1}{\cfrac{1}{20 \text{ W/(m}^2 \cdot \text{K)}} + \cfrac{0.0005 \text{ m}}{50 \text{ W/(m} \cdot \text{K)}} + \cfrac{0.180 \text{ m}}{0.030 \text{ W/(m} \cdot \text{K)}} + \cfrac{0.0005 \text{ m}}{50 \text{ W/(m} \cdot \text{K)}} + \cfrac{1}{5 \text{ W/(m}^2 \cdot \text{K)}}}$$

$$= 0.160 \text{ W/(m}^2 \cdot \text{K)}$$

$$\therefore \ \Phi' = K'A(t_a' - t_r) = 0.160 \text{ W/(m}^2 \cdot \text{K)} \times 10 \text{ m}^2 \times \{30 - (-25)\} \text{ K} = 88.0 \text{ W}$$

（答 88.0 W）

演習問題 3-4　　一冷

　下表のような材料により構成される冷蔵庫の防熱壁があり、その表面における熱伝達率は、外表面熱伝達率 $\alpha_a = 0.021 \text{ kW/(m}^2 \cdot \text{K)}$、内表面熱伝達率 $\alpha_R = 0.007 \text{ kW/(m}^2 \cdot \text{K)}$ とする。外気温度 $t_a = 35 \text{ ℃}$、外気の露点 $t_{DP} = 31.2 \text{ ℃}$、庫内温度 $t_R = -25 \text{ ℃}$ のとき、防熱壁の外表面温度 t_{Sa} と内表面温度 t_{SR} を求めよ。答は四捨五入により小数第1位まで求めよ。

　また、この条件で外壁の表面に結露するかどうか答えよ。

材　料	厚さ δ (mm)	熱伝導率 λ [kW/(m·K)]
モルタル	15	0.0015
コンクリート	200	0.0016
発泡スチロール	70	0.000046
内張り板	10	0.00017

（H7 一冷国家試験 類似）

演習問題 3-5　　一冷

　以下に示す設計条件で、冷蔵庫パネル外表面での結露を防ぐために、パネル外表面温度 t_{a3} が34.5℃以上となるように、冷蔵庫パネルの芯材厚さを決定したい。その場合の最も薄い芯材の厚さを計算式を示して求めよ。さらに、下記の選択肢の中から最も適切な芯材厚さを選択し、その理由を記せ。

　（選択肢）

　　パネル芯材厚さ：100 mm、110 mm、120 mm、130 mm

（設計条件）

外気の温度	$t_a = 35\,℃$
外気の露点温度	$t_{a2} = 31\,℃$
庫内温度	$t_r = -25\,℃$
パネル外表面（外気側）の熱伝達率	$\alpha_a = 30\ \mathrm{W/(m^2 \cdot K)}$
パネル内表面（庫内側）の熱伝達率	$\alpha_r = 5.0\ \mathrm{W/(m^2 \cdot K)}$
パネル外皮材、内皮材の厚さ	$\delta_1 = \delta_3 = 0.5\ \mathrm{mm}$
パネル外皮材、内皮材の熱伝導率	$\lambda_1 = \lambda_3 = 40\ \mathrm{W/(m \cdot K)}$
パネル芯材（硬質ポリウレタンフォーム）の熱伝導率	$\lambda_2 = 0.030\ \mathrm{W/(m \cdot K)}$

（R2 一冷国家試験）

3・4・3 単層円筒壁の熱通過　　　一冷

単層円筒壁の伝熱量 Φ は、伝熱面積として円筒壁内面を基準にすると、次式で表される。

$$\Phi = K_1 A_1 \Delta t \quad\cdots\cdots\cdots\cdots\cdots\cdots\cdots (3.9\mathrm{a})$$

$$\frac{1}{K_1 A_1} = \frac{1}{\alpha_1 A_1} + \frac{\delta}{\lambda A_{lm}} + \frac{1}{\alpha_2 A_2} \quad\cdots\cdots (3.9\mathrm{b})$$

式(3.9b)は円筒の半径を用いて次のように表すこともできる。

$$\frac{1}{K_1 r_1} = \frac{1}{\alpha_1 r_1} + \frac{\delta}{\lambda r_{lm}} + \frac{1}{\alpha_2 r_2} \quad\cdots\cdots\cdots\cdots (3.9\mathrm{c})$$

また、円筒壁外面を基準とすると、次式で表される。

$$\Phi = K_2 A_2 \Delta t \quad\cdots\cdots\cdots\cdots\cdots\cdots\cdots (3.9\mathrm{d})$$

$$\frac{1}{K_2 A_2} = \frac{1}{\alpha_1 A_1} + \frac{\delta}{\lambda A_{lm}} + \frac{1}{\alpha_2 A_2} \quad\cdots\cdots (3.9\mathrm{e})$$

ここで

Φ：伝熱量(kW)

K_1：円筒壁内面基準の熱通過率$[\mathrm{kW/(m^2 \cdot K)}]$

K_2：円筒壁外面基準の熱通過率$[\mathrm{kW/(m^2 \cdot K)}]$

A_1：内壁面積$(\mathrm{m^2})$　　　A_2：外壁面積$(\mathrm{m^2})$　　　A_{lm}：対数平均面積$(\mathrm{m^2})$

r_1：円筒の内半径(m)　　r_2：円筒の外半径(m)　　r_{lm}：対数平均半径(m)

Δt：温度差で、$\Delta t = t_{f1} - t_{f2}(\mathrm{K})$

t_{f1}：高温流体の温度$(℃)$　　　　　　　t_{f2}：低温流体の温度$(℃)$

α_1：高温流体側の熱伝達率$[\mathrm{kW/(m^2 \cdot K)}]$　　α_2：低温流体側の熱伝達率$[\mathrm{kW/(m^2 \cdot K)}]$

δ：円筒壁の厚さ(m)で、$\delta = r_2 - r_1$　　　λ：円筒壁の熱伝導率$[\mathrm{kW/(m \cdot K)}]$

右図：
低温流体　t_{f1}　t_{w1}
t_{w2}　t_{f2}
高温流体
Φ
r_1　r_{lm}　r_2　δ

これらの各式は、次項のフィン付伝熱管などの熱通過の基礎となる関係式である。

なお、$A_2/A_1 < 2$ $(r_2/r_1 < 2)$ の場合は、伝熱面積として算術平均 $(A_1 + A_2)/2$ を用いても誤差は少ない。また、上式は円筒壁内部から円筒壁外部へ向かって熱が伝わる場合の関係式であるが、熱の伝わる方向が逆の場合は、伝熱量 Φ を正の値とするため温度差の項「$\Delta t = t_{f1} - t_{f2}$」を「$\Delta t = t_{f2} - t_{f1}$」として計算する。

参考▽

円筒壁の熱通過の式 $(3.9a) \sim (3.9e)$ は、高温側の熱伝達、円筒壁内の熱伝導および低温側の熱伝達による伝熱量が等しいことから導くことができる。

なお、伝熱管では熱伝導率 λ が大きいので、熱抵抗の項 $(\delta/\lambda A_{1m}、\delta/\lambda r_{1m})$ を無視して計算することが多い。

例 題 — 3.8　　　　　　　　　　　　　　　　　　　　一冷

外気から冷媒配管への侵入熱量などを求める

蒸発器を使用した冷蔵庫の冷却に液ポンプを用いる装置と、外気に触れる冷媒配管の条件を以下に示す。この装置の冷媒配管について次の問に答えよ。

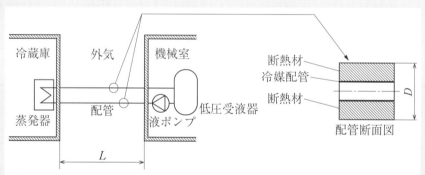

（外気に触れる冷媒配管の条件）

外気側の熱伝達率	$\alpha_o = 0.01 \text{ kW/(m}^2\cdot\text{K)}$
断熱材外径	$D = 0.1 \text{ m}$
断熱材外表面温度	$t_o = 27 \text{ ℃}$
冷媒の温度（蒸発温度）	$t_r = -33 \text{ ℃}$
外気からの侵入熱量	$\Phi = 3.0 \text{ kW}$
総配管長（往復）	$2L = 124 \text{ m}$

(1) 外気温度 t_a（℃）を求めよ。

(2) 外気温度 t_a が 38 ℃になった場合の外気から配管への侵入熱量 Φ'（kW）を求めよ。
　　ただし、冷媒配管の外表面基準の熱通過率および冷媒の温度は、外気温度が変化する前と変わらないものとする。

（H23 一冷国家試験 類似）

解説

(1) **外気温度 t_a（℃）**

外気と冷媒配管外表面（断熱材外表面）の間の熱伝達量（すなわち外気からの侵入熱量）Φ は、配管の外表面積を A_o として式(3.6a)を与えられた記号を用いて表すと

$$\Phi = \alpha_o A_o (t_a - t_o)$$

$$\therefore \quad t_a = \frac{\Phi}{\alpha_o A_o} + t_o \quad \cdots\cdots\cdots\cdots\cdots\cdots\cdots\cdots\cdots\cdots\cdots\cdots ①$$

ここで

$$A_o = \text{配管の外周} \times \text{配管の長さ} = \pi D \times 2L = 3.14 \times 0.1\,\text{m} \times 124\,\text{m} = 38.9\,\text{m}^2$$

この値とその他の既知の数値を式①に代入する。

$$t_a = \frac{3.0\,\text{kW}}{0.01\,\text{kW/(m}^2\cdot\text{K)} \times 38.9\,\text{m}^2} + 27\,℃ = 34.7\,℃ \fallingdotseq 35\,℃$$

（答　35℃）

(2) **外気温度 t_a が 38℃ になった場合の外気から配管への侵入熱量 Φ'（kW）**

外気温度が変化すると冷媒配管外表面温度も変化するが、題意により冷媒配管の外表面基準の熱通過率および冷媒の温度 t_r は、外気温度が変化する前と変わらないので、外気と配管内の冷媒間の熱通過量を考えるとこの問題は解ける。外表面基準の熱通過率を K_o とすると、外気温度が変化する前の熱通過量は外気からの侵入熱量 Φ に等しいから、式(3.9d)を使って

$$\Phi = K_o A_o (t_a - t_r) \quad \cdots\cdots\cdots\cdots\cdots\cdots\cdots\cdots\cdots\cdots\cdots ②$$

また、変化後の外気温度を t_a' とすると、Φ' は式(3.9d)を使って

$$\Phi' = K_o A_o (t_a' - t_r) \quad \cdots\cdots\cdots\cdots\cdots\cdots\cdots\cdots\cdots\cdots ③$$

式③ ÷ 式②として K_o を消去する。

$$\frac{\Phi'}{\Phi} = \frac{K_o A_o (t_a' - t_r)}{K_o A_o (t_a - t_r)} = \frac{t_a' - t_r}{t_a - t_r}$$

$$\therefore \quad \Phi' = \Phi \frac{t_a' - t_r}{t_a - t_r} = 3.0\,\text{kW} \times \frac{38\,℃ - (-33\,℃)}{35\,℃ - (-33\,℃)} = 3.13\,\text{kW} \fallingdotseq 3.1\,\text{kW}$$

（答　3.1 kW）

3·4·4 実際のフィン付伝熱管の熱通過 一冷

　凝縮器や蒸発器の伝熱管には熱伝達率の小さいほうの面にフィンを付けて熱伝達率の向上を図る場合が多い。

　図は、高温流体である冷媒側にフィンを付け有効伝熱面積を拡大した水冷凝縮器の例であるが、この拡大の割合を**有効内外伝熱面積比**（記号 m で表す。）という。

　フィン側の伝熱面を基準とした場合の伝熱量 Φ は、一般に伝熱管の熱抵抗および油膜の影響を無視し、また、低温流体である冷却水側の水あかによる汚れを考慮した次式で

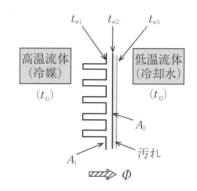

表される。この場合、汚れの伝熱面積は冷却水側の伝熱面積に等しいものとしている。

$$\Phi = K_1 A_1 \Delta t = K_1 A_1 (t_{f1} - t_{f2}) \quad \cdots\cdots (3.10\text{a})$$

$$K_1 = \cfrac{1}{\cfrac{1}{\alpha_1} + m\left(\cfrac{1}{\alpha_2} + f\right)} \quad \cdots\cdots (3.10\text{b})$$

$$f = \frac{\delta_s}{\lambda_s} \quad \cdots\cdots (3.10\text{c})$$

また、フィンが付いていない側の伝熱面を基準とした場合の伝熱量 Φ は、次式で表される。

$$\Phi = K_2 A_2 \Delta t = K_2 A_2 (t_{f1} - t_{f2}) \quad \cdots\cdots (3.10\text{d})$$

$$K_2 = \cfrac{1}{\cfrac{1}{m\alpha_1} + \cfrac{1}{\alpha_2} + f} \quad \cdots\cdots (3.10\text{e})$$

ここで

　　Φ：伝熱量(kW)

　　K_1：高温流体側（フィン側）基準の熱通過率 $[\text{kW}/(\text{m}^2\cdot\text{K})]$

　　K_2：低温流体側基準の熱通過率 $[\text{kW}/(\text{m}^2\cdot\text{K})]$

　　A_1：フィン側のフィン効率を考慮した有効伝熱面積(m^2)

　　A_2：低温流体側の伝熱面積(m^2)

　　m：有効内外伝熱面積比で、$m = A_1/A_2$(－)

　　Δt：温度差で、$\Delta t = t_{f1} - t_{f2}$(K)

　　t_{f1}：高温流体（フィン側）の温度 (℃)　　　　　t_{f2}：低温流体の温度 (℃)

　　α_1：高温流体側（フィン側）の熱伝達率 $[\text{kW}/(\text{m}^2\cdot\text{K})]$

　　α_2：低温流体側の熱伝達率 $[\text{kW}/(\text{m}^2\cdot\text{K})]$

　　f：汚れ係数($\text{m}^2\cdot\text{K}/\text{kW}$)で、汚れによる熱の伝わりにくさを表すもの。単位は

熱伝達率の単位と分母、分子が逆となる。

λ_{s}：汚れの熱伝導率 $[\mathrm{kW}/(\mathrm{m\cdot K})]$

δ_{s}：汚れの厚み(m)

これらの各式は、次章以降のフィン付伝熱管の熱通過の基礎となる関係式である。基準面のとり方は、熱交換器の種類によって異なるが、詳細は4章および5章で学習されたい。

また、上記各式は高温側流体と低温側流体の温度差 Δt が位置によらず一定であるものとして導いた式であるが、実際の凝縮器や蒸発器のように高温側流体と低温側流体の温度差が位置によって変化する場合は、次項で述べる平均温度差 Δt_{lm} または Δt_{m} を用いて計算する。

参考 ▼

熱通過の式(3.10a)〜(3.10c)は、フィン側の熱伝達、汚れ内の熱伝導および低温側の熱伝達の式から、伝熱管のフィン側の表面温度 t_{w1}、フィンの付いていない側の表面温度 t_{w2}、汚れの表面温度 t_{w3} を消去することにより導くことができる。すなわち

高温流体→高温側伝熱面：$\Phi = \alpha_1 A_1 (t_{\mathrm{f1}} - t_{\mathrm{w1}})$　∴　$t_{\mathrm{f1}} - t_{\mathrm{w1}} = \dfrac{1}{\alpha_1 A_1}\Phi$　……… ①

汚れ内　　　　　　　：$\Phi = \lambda_{\mathrm{s}} A_2 \dfrac{t_{\mathrm{w2}} - t_{\mathrm{w3}}}{\delta_{\mathrm{s}}} = \lambda_{\mathrm{s}} A_2 \dfrac{t_{\mathrm{w1}} - t_{\mathrm{w3}}}{\delta_{\mathrm{s}}}$ $(\because\ t_{\mathrm{w1}} = t_{\mathrm{w2}})$

$$\therefore\ t_{\mathrm{w1}} - t_{\mathrm{w3}} = \dfrac{\delta_{\mathrm{s}}}{\lambda_{\mathrm{s}} A_2}\Phi \ \cdots ②$$

汚れの表面→低温流体　：$\Phi = \alpha_2 A_2 (t_{\mathrm{w3}} - t_{\mathrm{f2}})$　∴　$t_{\mathrm{w3}} - t_{\mathrm{f2}} = \dfrac{1}{\alpha_2 A_2}\Phi$　……… ③

これらの式①〜③を加えると

$$t_{\mathrm{f1}} - t_{\mathrm{f2}} = \Phi\left(\frac{1}{\alpha_1 A_1} + \frac{\delta_{\mathrm{s}}}{\lambda_{\mathrm{s}} A_2} + \frac{1}{\alpha_2 A_2}\right) = \frac{\Phi}{A_1}\left(\frac{1}{\alpha_1} + \frac{\delta_{\mathrm{s}}}{\lambda_{\mathrm{s}}}\frac{A_1}{A_2} + \frac{1}{\alpha_2}\frac{A_1}{A_2}\right)$$

$$= \frac{\Phi}{A_1}\left\{\frac{1}{\alpha_1} + m\left(f + \frac{1}{\alpha_2}\right)\right\}\quad \left(\because\ f = \frac{\delta_{\mathrm{s}}}{\lambda_{\mathrm{s}}},\ m = \frac{A_1}{A_2}\right)$$

$$\therefore\ \Phi = \frac{1}{\dfrac{1}{\alpha_1} + m\left(f + \dfrac{1}{\alpha_2}\right)}A_1(t_{\mathrm{f1}} - t_{\mathrm{f2}}) = K_1 A_1 \Delta t$$

式(3.10d)、式(3.10e)についても同様の方法で導くことができるが、詳細については省略する。

3 5 熱交換器

　凝縮器や蒸発器などの熱交換器のように、高温側流体と低温側流体の温度差が位置によって変化する場合、伝熱量 Φ は、厳密には**対数平均温度差** Δt_{lm} を用いて次式で求める。

$$\Phi = KA\Delta t_{\mathrm{lm}} \qquad (3.11\mathrm{a})$$

$$\Delta t_{\mathrm{lm}} = \frac{\Delta t_1 - \Delta t_2}{\ln(\Delta t_1/\Delta t_2)} \qquad (3.11\mathrm{b})$$

　凝縮器や蒸発器などの伝熱計算では、通常は $\Delta t_1/\Delta t_2 < 2$ となるので次の**算術平均温度差** Δt_{m} を用いても誤差は少ない。

$$\Delta t_{\mathrm{m}} = \frac{\Delta t_1 + \Delta t_2}{2} \qquad (3.11\mathrm{c})$$

　また、伝熱量 Φ は、低温流体が高温流体から受け取る熱量に等しく、また高温流体が低温流体に与える熱量にも等しいから、次式が成立する。

$$\Phi = WC_p\,\Delta T = wc_p\,\Delta t \qquad (3.12)$$

　ただし

$$\Delta T = T_1 - T_2 \qquad\qquad \Delta t = t_2 - t_1$$

であり、上記各式の量記号は次図に示すとおりである。

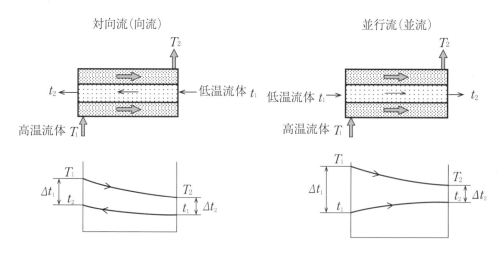

対向流（向流）　　　　　　　　　　並行流（並流）

　ここで

　　Φ：伝熱量（kW）　　　K：熱通過率［kW/(m²·K)］　　　A：伝熱面積（m²）

　Δt_{lm}：対数平均温度差（K）　　　　　　Δt_{m}：算術平均温度差（K）

　　Δt_1：高温流体の入口側での温度差（K）　　Δt_2：高温流体の出口側での温度差（K）

T_1：高温流体の入口温度（℃）　　　　t_1：低温流体の入口温度（℃）

T_2：高温流体の出口温度（℃）　　　　t_2：低温流体の出口温度（℃）

W：高温流体の質量流量（kg/s）　　　w：低温流体の質量流量（kg/s）

C_p：高温流体の比熱〔kJ/(kg·K)〕　　c_p：低温流体の比熱〔kJ/(kg·K)〕

　凝縮器や蒸発器での伝熱計算では、上記の関係式を基に計算問題を解くことになるが、詳細は4章および5章で学習されたい。

　熱交換器の伝熱の式(3.11a)、(3.11b)は、微小面積 dA を通過する熱量 $d\Phi$ から理論的に導くことができるが、誘導過程は省略する。

例題—3.9　　　　　　　　　　　　　　　　

伝熱の基礎に関する文章形式の問題を解く

　次のイ、ロ、ハ、ニの記述のうち、伝熱について正しいものはどれか。

イ．熱流束 ϕ、物体の温度 t、熱の流れる方向を x 方向とすると、$\phi = \lambda(dt/dx)$ の関係があり、比例定数の λ を熱伝導率という。

ロ．フィン付伝熱面の伝熱について、平面壁の面積を基準にした熱通過率を K_i、フィン側の面積を基準とした熱通過率を K_o、有効内外伝熱面積比を m とすると、これらの量の間には、$K_i = mK_o$ の関係がある。

ハ．熱交換器内の流体の温度が変化する場合、伝熱面全体にわたっての平均熱通過率 K は、平均温度差 Δt_m を用いて、$\Phi = KA\Delta t_m$ の比例定数として定義される。この平均温度差 Δt_m として算術平均温度差を用いることによって、より正確に伝熱量 Φ を求められる。

ニ．円筒壁の熱伝導による伝熱量 Φ は、熱の流れる方向を半径 r が大きくなる方向とすると、$(t_1 - t_2)/(\ln r_2 - \ln r_1)$ に比例する。ただし、内面壁を1、外面壁を2とする。

(H25 二冷国家試験)

解説

イ．（×）単位面積、単位時間当たりに伝わる熱量を熱流束という。熱の流れる方向 x に沿って温度 t は低下し速度勾配 dt/dx は負の値となるので、熱流束 ϕ は、正の値とするため、$\phi = -\lambda(dt/dx)$ で表される。

ロ．（○）平面壁の面積を基準にした場合の伝熱量 $\Phi = K_i A_i \Delta t$ とフィン側の面積を基準にした場合の伝熱量 $\Phi = K_o A_o \Delta t$ は等しいから

$$K_i A_i \Delta t = K_o A_o \Delta t$$

$$\therefore \quad K_i = K_o (A_o / A_i) = m K_o$$

ハ.（×）熱交換器の平均熱通過率 K の定義は正しいが、より正確に伝熱量 Φ を求める場合は平均温度差として対数平均温度差 Δt_{lm} を用いる。対数平均温度差を用いた伝熱量の計算式は、熱通過率、流体の比熱を一定として理論的に導かれたものである。

ニ.（○）円筒壁の熱伝導による伝熱量 Φ は、式(3.4a)で表される。この式中の分母は $\ln(r_2 / r_1) = \ln r_2 - \ln r_1$ であるから

$$\Phi = \frac{\lambda (2\pi L)(t_1 - t_2)}{\ln(r_2 / r_1)} = \frac{\lambda (2\pi L)(t_1 - t_2)}{\ln r_2 - \ln r_1}$$

すなわち、伝熱量 Φ は、$(t_1 - t_2)/(\ln r_2 - \ln r_1)$ に比例する。

（答　ロ、ニ）

4章

凝縮器の伝熱

　この章で扱う凝縮器の伝熱計算は、特に一種冷凍を受験する人には必須の知識であり、また、二種冷凍にも出題実績がある。

凝縮器には種々の形式があるが、本章では代表的な凝縮器である次の空冷凝縮器および水冷凝縮器の伝熱計算について述べる。

凝縮器の形式	モデル化した流体の流れ（R：冷媒、C：冷却媒体）	冷却媒体	伝熱管	管外面基準平均熱通過率 K の計算式*
空冷式	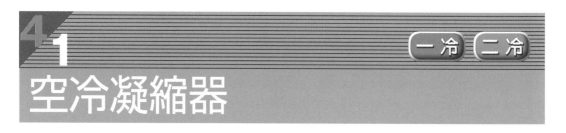	空気	プレートフィンチューブ	$K = \dfrac{1}{\dfrac{1}{\alpha_a} + \dfrac{m}{\alpha_r}}$
水冷式		水	ローフィンチューブ、裸管など	$K = \dfrac{1}{\dfrac{1}{\alpha_r} + m\left(\dfrac{1}{\alpha_w} + f\right)}$ 管内面の汚れ（水あかなど）を考慮する必要がある。

＊ 平均熱通過率 K の詳細については各節を参照されたい。

4.1 空冷凝縮器

　空冷凝縮器は、冷却管内を流れる冷媒蒸気を冷却管の外面から空気（大気）で冷却して凝縮させるものである。空気側の熱伝達率が小さいため、冷却管外面に金属の薄板でできたフィンを付けて伝熱面積を拡大している。

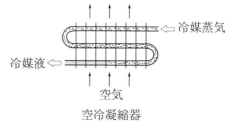

空冷凝縮器

　2章で述べた凝縮熱量すなわち**凝縮負荷** Φ_k は冷却用の空気が持ち去る熱量に等しく、次式で表される。量記号には正負の符号をもたせず常に正の値として用いているので、温度差の項は大きい値から小さい値を引いてある。

$$\Phi_k = c_a q_{ma}(t_{a2} - t_{a1}) \quad \cdots\cdots\cdots\cdots (4.1a)$$

体積流量を用いると、次式で表される。

$$\Phi_k = c_a q_{va} \rho_a(t_{a2} - t_{a1}) \quad \cdots\cdots\cdots (4.1b)$$

ここで

Φ_k：凝縮負荷（kW）

c_a：冷却空気の比熱〔kJ/(kg・K)〕

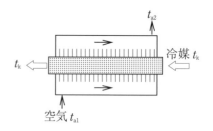

モデル化した空冷蒸発器

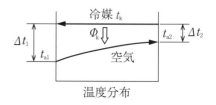

温度分布

q_{ma}：冷却空気の質量流量(kg/s)

t_{a1}：冷却空気入口温度(℃)

t_{a2}：冷却空気出口温度(℃)

q_{va}：冷却空気の体積流量(m^3/s)

ρ_a：冷却空気の密度(kg/m^3)

また、凝縮負荷 Φ_k は冷媒から冷却用空気への伝熱量にも等しく、3章の熱交換器の熱通過の式で表すこともできる。温度差として対数平均温度差を用いる場合は

$$\Phi_k = KA\Delta t_{1m} \quad \cdots\cdots\cdots\cdots\cdots\cdots\cdots\cdots\cdots\cdots\cdots\cdots\cdots\cdots\cdots\cdots \text{(4.2a)}$$

$$\Delta t_{1m} = \frac{\Delta t_1 - \Delta t_2}{\ln(\Delta t_1/\Delta t_2)} \quad \cdots\cdots\cdots\cdots\cdots\cdots\cdots\cdots\cdots\cdots\cdots\cdots \text{(4.2b)}$$

近似値として算術平均温度差を用いる場合は、次式を用いる。空冷凝縮器の計算には、一般にこの式を用いる。

$$\Phi_k = KA\Delta t_m \quad \cdots\cdots\cdots\cdots\cdots\cdots\cdots\cdots\cdots\cdots\cdots\cdots\cdots\cdots\cdots\cdots \text{(4.2c)}$$

$$\Delta t_m = \frac{\Delta t_1 + \Delta t_2}{2} = t_k - \frac{t_{a1} + t_{a2}}{2} \quad \cdots\cdots\cdots\cdots\cdots\cdots\cdots\cdots\cdots \text{(4.2d)}$$

ここで

Φ_k：凝縮負荷(kW)

K：<u>空気側（外表面）基準</u>の平均熱通過率[kW/(m^2·K)]

A：<u>空気側</u>有効伝熱面積(m^2)

Δt_{1m}：対数平均温度差(K)

Δt_m：算術平均温度差(K)

Δt_1：凝縮温度(t_k)と冷却空気入口温度(t_{a1})の差(K)

Δt_2：凝縮温度(t_k)と冷却空気出口温度(t_{a2})の差(K)

t_k：凝縮温度(℃)。実際には凝縮器出入口付近では凝縮温度とは異なる温度であるが、計算には影響が少ないので一定値とみなして計算する。

平均熱通過率 K は外面（フィン側）基準であり、3章3·4·4項のフィン付伝熱管の熱通過の式(3.10b)において、伝熱管の汚れの影響を無視して、次式で計算する。

$$K = \frac{1}{\dfrac{1}{\alpha_a} + \dfrac{m}{\alpha_r}} \quad \cdots\cdots\cdots\cdots\cdots\cdots\cdots\cdots\cdots\cdots\cdots\cdots\cdots\cdots\cdots \text{(4.2e)}$$

ここで

α_a：空気側熱伝達率[kW/(m^2·K)]　　　　α_r：冷媒側熱伝達率[kW/(m^2·K)]

m：有効内外伝熱面積比（-）

式(4.2d)は、次のようにして導かれる。

$$\Delta t_{\mathrm{m}} = \frac{\Delta t_1 + \Delta t_2}{2} = \frac{(t_{\mathrm{k}} - t_{\mathrm{a1}}) + (t_{\mathrm{k}} - t_{\mathrm{a2}})}{2} = \frac{2\,t_{\mathrm{k}} - (t_{\mathrm{a1}} + t_{\mathrm{a2}})}{2}$$

$$= t_{\mathrm{k}} - \frac{t_{\mathrm{a1}} + t_{\mathrm{a2}}}{2}$$

算術平均温度差 Δt_{m} は、図のように冷却用空気の温度分布を直線とみなしたときの温度差で、凝縮温度 t_{k} と空気の出入口温度の算術平均値 $(t_{\mathrm{a1}} + t_{\mathrm{a2}})/2$ との差を示す。

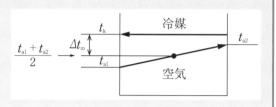

例題 ― 4.1 〔二冷〕

空冷凝縮器の伝熱面積を求める

空冷凝縮器が次の条件で作動している。この空冷凝縮器の伝熱面積は何 m^2 か。

ただし、凝縮温度と冷却空気温度との平均温度差には算術平均温度差を用いるものとする。

（作動条件）

凝縮負荷	$\Phi_{\mathrm{k}} = 50\ \mathrm{kW}$
凝縮器の平均熱通過率	$K = 0.04\ \mathrm{kW/(m^2 \cdot K)}$
凝縮温度	$t_{\mathrm{k}} = 40\ ℃$
冷却空気入口温度	$t_{\mathrm{a1}} = 25\ ℃$
冷却空気出口温度	$t_{\mathrm{a2}} = 35\ ℃$

(H24-2 二冷検定)

解説

式(4.2d)を使って算術平均温度差 Δt_{m} を求め、次いで、熱通過の式(4.2c) $\Phi_{\mathrm{k}} = KA\Delta t_{\mathrm{m}}$ から伝熱面積 A を求める。

まず、算術平均温度差 Δt_{m} を求める。

$$\Delta t_{\mathrm{m}} = t_{\mathrm{k}} - \frac{t_{\mathrm{a1}} + t_{\mathrm{a2}}}{2} = 40\ ℃ - \frac{25\ ℃ + 35\ ℃}{2} = 40\ ℃ - 30\ ℃ = 10\ ℃ = 10\ \mathrm{K}$$

（温度差の場合は「K = ℃」）

次に、熱通過の式(4.2c) $\Phi_{\mathrm{k}} = KA\Delta t_{\mathrm{m}}$ を伝熱面積 A を求める式に変形すると

$$A = \frac{\Phi_{\mathrm{k}}}{K\Delta t_{\mathrm{m}}}$$

与えられた数値を上式に代入すると

$$A = \frac{50 \text{ kW}}{0.04 \text{ kW/(m}^2\cdot\text{K}) \times 10 \text{ K}}$$

$$= 125 \text{ m}^2$$

（答　125 m²）

温度分布

例題 — 4.2　（二冷）

空冷凝縮器の算術平均温度差を求める

次の仕様のプレートフィンコイル形の空冷凝縮器がある。

外表面有効伝熱面積　　$A = 180 \text{ m}^2$

有効内外伝熱面積比　　$m = 20$

空気側熱伝達率　　　　$\alpha_a = 0.052 \text{ kW/(m}^2\cdot\text{K})$

冷媒側熱伝達率　　　　$\alpha_r = 2.3 \text{ kW/(m}^2\cdot\text{K})$

この凝縮器を凝縮負荷 60 kW の条件で運転したい。凝縮器の冷媒と冷却水の算術平均温度差はおよそ何 K で運転することになるか。

解説

式(4.2e)を使って熱通過率 K を求める。

$$K = \frac{1}{\dfrac{1}{\alpha_a} + \dfrac{m}{\alpha_r}} = \frac{1}{\dfrac{1}{0.052 \text{ kW/(m}^2\cdot\text{K})} + \dfrac{20}{2.3 \text{ kW/(m}^2\cdot\text{K})}}$$

$$= 0.0358 \text{ kW/(m}^2\cdot\text{K})$$

熱通過の式(4.2c) $\Phi_k = KA\Delta t_m$ から

$$\Delta t_m = \frac{\Phi_k}{KA} = \frac{60 \text{ kW}}{0.0358 \text{ kW/(m}^2\cdot\text{K}) \times 180 \text{ m}^2} = 9.3 \text{ K}$$

（答　9.3 K）

空冷凝縮器の伝熱面積を求める

R 22冷凍装置において、プレートフィンコイル形の空冷凝縮器を下記の条件で使用する。

凝縮負荷	$\Phi_k = 92\,\text{kW}$
空気入口温度	$t_{a1} = 32\,℃$
空気出口温度	$t_{a2} = 40\,℃$
有効内外伝熱面積比	$m = 22$
空気側熱伝達率	$\alpha_a = 0.05\,\text{kW/(m}^2\cdot\text{K)}$
冷媒側熱伝達率	$\alpha_r = 2.45\,\text{kW/(m}^2\cdot\text{K)}$

この凝縮器の凝縮温度を 45 ℃ にするために必要な空気側有効伝熱面積 $A\,(\text{m}^2)$ はいくらか。

ただし、計算に際しては凝縮温度と空気温度との温度差は算術平均温度差を用い、冷却管材の熱伝導抵抗、冷却管壁の汚れの影響はないものとする。

（H14 一冷検定 類似）

▽ 解説

平均熱通過率 K、算術平均温度差 Δt_m を、それぞれ式(4.2e)、式(4.2d)を使って求め、次いでこれらの値を用いて熱通過の式(4.2c)から伝熱面積 A を求める。

まず、平均熱通過率 K は

$$K = \frac{1}{\dfrac{1}{\alpha_a} + \dfrac{m}{\alpha_r}}$$

ここで

$$\alpha_a = 0.05\,\text{kW/(m}^2\cdot\text{K)} \qquad \alpha_r = 2.45\,\text{kW/(m}^2\cdot\text{K)} \qquad m = 22$$

これらの数値を上式に代入すると

$$K = \frac{1}{\dfrac{1}{0.05\,\text{kW/(m}^2\cdot\text{K)}} + \dfrac{22}{2.45\,\text{kW/(m}^2\cdot\text{K)}}} = 0.03451\,\text{kW/(m}^2\cdot\text{K)}$$

算術平均温度差 Δt_m は

$$\Delta t_m = t_k - \frac{t_{a1} + t_{a2}}{2}$$

ここで

$$t_k = 45\,℃ \qquad t_{a1} = 32\,℃$$
$$t_{a2} = 40\,℃$$

温度分布

これらの数値を上式に代入すると

$$\Delta t_m = 45\,℃ - \frac{32\,℃ + 40\,℃}{2} = 9.0\,℃ = 9.0\,\text{K}$$

伝熱面積 A は、熱通過の式(4.2c) $\Phi_k = KA\Delta t_m$ を変形して

$$A = \frac{\Phi_k}{K\Delta t_m} = \frac{92\,\text{kW}}{0.03451\,\text{kW/(m}^2\cdot\text{K)} \times 9.0\,\text{K}} = 296\,\text{m}^2$$

(答　296 m²)

例題—4.4　

空冷凝縮器の平均熱通過率、出口空気温度および凝縮温度を求める

空冷凝縮器の仕様および運転条件は次のとおりである。

凝縮負荷	$\Phi_k = 5.5\,\text{kW}$
空気側平均熱伝達率	$\alpha_a = 0.05\,\text{kW/(m}^2\cdot\text{K)}$
冷媒側平均熱伝達率	$\alpha_r = 2.0\,\text{kW/(m}^2\cdot\text{K)}$
空気側の伝熱面積	$A = 14\,\text{m}^2$
有効内外伝熱面積比	$m = 20$
入口空気温度	$t_{a1} = 30\,℃$
風量	$Q = 0.4\,\text{m}^3/\text{s}$
空気の比熱	$c_p = 1.0\,\text{kJ/(kg}\cdot\text{K)}$
空気の密度	$\rho = 1.2\,\text{kg/m}^3$

この凝縮器について、次の(1)について答えよ。また、(2)、(3)について、四捨五入により小数第1位まで求めよ。

ただし、冷却管材の熱伝導抵抗は無視できるものとし、空気と冷媒との温度差は算術平均温度差を用いて計算せよ。

(1)　この凝縮器の平均熱通過率 K は何 kW/(m²·K)か。

(2)　出口空気温度 t_{a2} は何 ℃ か。

(3)　凝縮温度 t_k は何 ℃ か。

(H9 一冷国家試験 類似)

(1)　**平均熱通過率 K [kW/(m²·K)]**

題意により冷却管材の熱伝導抵抗は無視できるから、式(4.2e)を使って計算する。

$$K = \frac{1}{\dfrac{1}{\alpha_a} + \dfrac{m}{\alpha_r}}$$

ここで

$$\alpha_a = 0.05\,\text{kW/(m}^2\cdot\text{K)} \qquad \alpha_r = 2.0\,\text{kW/(m}^2\cdot\text{K)} \qquad m = 20$$

これらの数値を上式に代入すると

$$K = \frac{1}{\dfrac{1}{0.05\,\text{kW/(m}^2\cdot\text{K)}} + \dfrac{20}{2.0\,\text{kW/(m}^2\cdot\text{K)}}} = 0.033\,\text{kW/(m}^2\cdot\text{K)}$$

(答　0.033 kW/(m²·K))

(2) 出口空気温度 t_{a2}（℃）

空気が持ち去る熱量は、凝縮負荷 $\varPhi_k$ に等しいので、次の式(4.1b)を使って計算する。

$$\varPhi_k = c_p Q \rho (t_{a2} - t_{a1})$$

この式を出口空気温度 t_{a2} を求める式に変形すると

$$t_{a2} = \frac{\varPhi_k}{c_p Q \rho} + t_{a1}$$

ここで

$$\varPhi_k = 5.5\,\text{kW} = 5.5\,\text{kJ/s} \qquad c_p = 1.0\,\text{kJ/(kg·K)} \qquad Q = 0.4\,\text{m}^3\text{/s}$$

$$\rho = 1.2\,\text{kg/m}^3 \qquad t_{a1} = 30\,℃$$

これらの数値を上式に代入すると

$$t_{a2} = \frac{5.5\,\text{kJ/s}}{1.0\,\text{kJ/(kg·K)} \times 0.4\,\text{m}^3\text{/s} \times 1.2\,\text{kg/m}^3} + 30\,℃ = 41.5\,℃$$

（答　41.5 ℃）

(3) 凝縮温度 t_k（℃）

熱通過の式(4.2c) $\varPhi_k = KA\varDelta t_m$ から得られる熱通過量と凝縮負荷は等しいから、この式から算術平均温度差 $\varDelta t_m$ を求め、次に、算術平均温度差の計算式(4.2d)から凝縮温度 t_k を計算する。式(4.2c)から

$$\varDelta t_m = \frac{\varPhi_k}{KA} = \frac{5.5\,\text{kW}}{0.033\,\text{kW/(m}^2\text{·K)} \times 14\,\text{m}^2} = 11.9\,\text{K} = 11.9\,℃$$

式(4.2d)から、凝縮温度 t_k は

$$t_k = \varDelta t_m + \frac{t_{a1} + t_{a2}}{2} = 11.9\,℃ + \frac{30\,℃ + 41.5\,℃}{2} = 47.7\,℃$$

（答　47.7 ℃）

例題 — 4.5 　　　　　　　　　　　　　　　　　　　　　　　　一冷

空冷凝縮器の凝縮負荷、平均熱通過率および凝縮温度を求める

R 22冷凍装置におけるプレートフィンコイル形の空冷凝縮器が、下記の条件で使われている。

送風機風量	$q_{va} = 150\,\text{m}^3\text{/min}$
流入空気温度	$t_{a1} = 32\,℃$
流出空気温度	$t_{a2} = 42\,℃$
外表面伝熱面積	$A = 100\,\text{m}^2$
有効内外伝熱面積比	$m = 21$
空気密度	$\rho_a = 1.2\,\text{kg/m}^3$
空気比熱	$c_a = 1.00\,\text{kJ/(kg·K)}$
空気側熱伝達率	$\alpha_a = 0.0523\,\text{kW/(m}^2\text{·K)}$

冷媒側熱伝達率 　　　　　　　$\alpha_r = 2.32\,\text{kW/(m}^2\cdot\text{K)}$

この凝縮器について、次の(1)、(2)の値を求めよ。

(1) 凝縮負荷 Φ_k

(2) 外表面基準の平均熱通過率 K および凝縮温度 t_k

　ただし、空気と冷媒との温度差は算術平均温度差を用いて計算せよ。

（H10 一冷国家試験 類似）

 解説

(1) 凝縮負荷 Φ_k

　式(4.1b)を使って計算する。凝縮負荷の単位は通常 kW（= kJ/s）で表すので、風量の単位は m³/s に換算する必要がある。

$$\Phi_k = c_a q_{va} \rho_a (t_{a2} - t_{a1})$$

ここで

$$c_a = 1.00\,\text{kJ/(kg}\cdot\text{K)} \qquad q_{va} = 150\,\text{m}^3/\text{min} = 150\,\text{m}^3/(60\,\text{s}) = 2.5\,\text{m}^3/\text{s}$$

$$\rho_a = 1.2\,\text{kg/m}^3 \qquad t_{a1} = 32\,^\circ\text{C} \qquad t_{a2} = 42\,^\circ\text{C}$$

これらの数値を上式に代入すると

$$\Phi_k = 1.00\,\text{kJ/(kg}\cdot\text{K)} \times 2.5\,\text{m}^3/\text{s} \times 1.2\,\text{kg/m}^3 \times (42\,^\circ\text{C} - 32\,^\circ\text{C})$$

$$= 1.00\,\text{kJ/(kg}\cdot\text{K)} \times 3.0\,\text{kg/s} \times 10\,\text{K} = 30.0\,\text{kJ/s} = 30.0\,\text{kW}$$

（答　30.0 kW）

(2) 外表面基準の平均熱通過率 K および凝縮温度 t_k

　前例題と同様に式(4.2e)を使って

$$K = \cfrac{1}{\cfrac{1}{\alpha_a} + \cfrac{m}{\alpha_r}}$$

ここで

$$\alpha_a = 0.0523\,\text{kW/(m}^2\cdot\text{K)} \qquad \alpha_r = 2.32\,\text{kW/(m}^2\cdot\text{K)} \qquad m = 21$$

これらの数値を上式に代入すると

$$K = \cfrac{1}{\cfrac{1}{0.0523\,\text{kW/(m}^2\cdot\text{K)}} + \cfrac{21}{2.32\,\text{kW/(m}^2\cdot\text{K)}}} = 0.0355\,\text{kW/(m}^2\cdot\text{K)}$$

凝縮温度 t_k についても、前例題と同様に熱通過の式(4.2c) $\Phi_k = KA\Delta t_m$ と算術平均温度差の計算式(4.2d)を用いて計算する。式(4.2c)から

$$\Delta t_m = \frac{\Phi_k}{KA} = \frac{30.0\,\text{kW}}{0.0355\,\text{kW/(m}^2\cdot\text{K)} \times 100\,\text{m}^2} = 8.45\,\text{K} = 8.45\,^\circ\text{C}$$

式(4.2d)から、凝縮温度 t_k は

$$t_k = \Delta t_m + \frac{t_{a1} + t_{a2}}{2} = 8.45\,^\circ\text{C} + \frac{32\,^\circ\text{C} + 42\,^\circ\text{C}}{2} = 45.5\,^\circ\text{C}$$

（答　$K = 0.0355\,\text{kW/(m}^2\cdot\text{K)}$、$t_k = 45.5\,^\circ\text{C}$）

R 22 用空冷凝縮器において、下記の条件で使用するために必要な空気側有効伝熱面積（m²）はおよそいくらか。

ただし、冷却管の熱伝導抵抗は無視する。

凝縮負荷	$\Phi_k = 60\,\text{kW}$
空気側熱伝達率	$\alpha_a = 0.05\,\text{kW/(m}^2\cdot\text{K)}$
冷媒側熱伝達率	$\alpha_r = 2.5\,\text{kW/(m}^2\cdot\text{K)}$
有効内外伝熱面積比	$m = 22$
冷媒と空気の平均温度差	$\Delta t_m = 9\,\text{K}$

演習問題 4-2

次の条件で設計されている R 22 用空冷凝縮器がある。凝縮温度はおよそ何 ℃ になるか。四捨五入により小数第 1 位まで求めよ。

凝縮負荷	Φ_k	$= 30\,\text{kW}$
平均熱通過率	K	$= 0.036\,\text{kW/(m}^2\cdot\text{K)}$
伝熱面積	A	$= 100\,\text{m}^2$
空気入口温度	t_{a1}	$= 32\,℃$
空気出口温度	t_{a2}	$= 42\,℃$

なお、空気と冷媒の温度差は算術平均温度差を用いて計算せよ。

演習問題 4-3

下記仕様のプレートフィンコイル形のフルオロカーボン空冷凝縮器を下記の運転条件で使用したい。次の(1)～(3)について答えよ。ただし、冷却管材および汚れの熱伝導抵抗は無視できるものとし、凝縮温度と冷却空気温度との間の平均温度差には算術平均温度差を用いて計算せよ。

（仕様および運転条件）

空気側熱伝達率	α_a	$= 0.05\,\text{kW/(m}^2\cdot\text{K)}$
冷媒側熱伝達率	α_r	$= 2.44\,\text{kW/(m}^2\cdot\text{K)}$
有効内外伝熱面積比	m	$= 21$
送風機の送風量	q_{va}	$= 5\,\text{m}^3\text{/s}$

空気の入口温度　　　　　$t_{a1} = 30\,℃$

空気の出口温度　　　　　$t_{a2} = 42\,℃$

空気の密度　　　　　　　$\rho_a = 1.2\,\mathrm{kg/m^3}$

空気の比熱　　　　　　　$c_a = 1.0\,\mathrm{kJ/(kg \cdot K)}$

(1)　凝縮負荷 $\Phi_k\,(\mathrm{kW})$ を求めよ。

(2)　冷却管の外表面積基準の平均熱通過率 $K\,[\mathrm{kW/(m^2 \cdot K)}]$ を求めよ。

(3)　凝縮温度を $45\,℃$ に設定したい場合、外表面有効伝熱面積 $A\,(\mathrm{m^2})$ はいくらにすれ
ばよいか。小数点以下を四捨五入して、整数値で答えよ。

(H26 一冷検定)

演習問題 4-4　　　　　　　　　　　　　　

R 410A 冷凍装置における空冷凝縮器が下記の条件で使われている。この凝縮器につ
いて、次の(1)〜(3)の値を求めよ。答は四捨五入により小数第 1 位まで求めよ。また、(4)
の問に答えよ。

（条件）

凝縮負荷　　　　　　　　　$\Phi_k = 13\,\mathrm{kW}$

凝縮器の伝熱面積　　　　　$A = 24\,\mathrm{m^2}$

凝縮器の平均熱通過率　　　$K = 0.05\,\mathrm{kW/(m^2 \cdot K)}$

冷却空気の入口温度　　　　$t_{a1} = 32.0\,℃$

冷却空気の比熱　　　　　　$c_a = 1.0\,\mathrm{kJ/(kg \cdot K)}$

冷却空気の密度　　　　　　$\rho_a = 1.2\,\mathrm{kg/m^3}$

送風機の送風量　　　　　　$q_{va} = 72\,\mathrm{m^3/min}$

ただし、凝縮温度と冷却空気温度との温度差は算術平均温度差を用いるものとする。

(1)　凝縮器出口の冷却空気温度 $t_{a2}\,(℃)$ を求めよ。

(2)　凝縮温度と冷却空気温度との算術平均温度差 $\Delta t_m\,(\mathrm{K})$ を求めよ。

(3)　凝縮温度 $t_k\,(℃)$ を求めよ。

(4)　送風機の送風量が減少すると、凝縮器の平均熱通過率、冷却空気の出口温度、算術
平均温度差および凝縮温度は、それぞれ大きく（高く）なるか、小さく（低く）なるか。
ただし、凝縮負荷および冷却空気の入口温度は変わらないものとする。

(H20 一冷国家試験 類似)

演習問題 4-5　　　　　　　　　　　　　　　　　　　　　一冷

　冷凍装置におけるプレートフィンコイル形の空冷凝縮器が、下記の条件で使われている。

　　（条件）

送風機の送風量	$q_{va} = 5\,\mathrm{m^3/s}$	
空気の入口温度	$t_{a1} = 30\,\mathrm{℃}$	
空気の出口温度	$t_{a2} = 40\,\mathrm{℃}$	
空気の密度	$\rho_a = 1.20\,\mathrm{kg/m^3}$	
空気の比熱	$c_a = 1.00\,\mathrm{kJ/(kg \cdot K)}$	
外表面有効伝熱面積	$A = 180\,\mathrm{m^2}$	
有効内外伝熱面積比	$m = 20$	
空気側熱伝達率	$\alpha_a = 0.0523\,\mathrm{kW/(m^2 \cdot K)}$	
冷媒側熱伝達率	$\alpha_r = 2.32\,\mathrm{kW/(m^2 \cdot K)}$	

このとき、次の(1)～(4)について答えよ。

　ただし、冷却管材の熱伝導抵抗は無視できるものとし、凝縮温度と冷却空気温度との間の平均温度差には算術平均温度差を用いて計算せよ。

(1)　空気の質量流量 $q_{ma}\,\mathrm{(kg/s)}$ を求めよ。

(2)　凝縮負荷 $\Phi_k\,\mathrm{(kW)}$ を求めよ。

(3)　冷却管の外表面基準の平均熱通過率 $K\,\mathrm{[kW/(m^2 \cdot K)]}$ を求めよ。

(4)　凝縮温度 $t_k\,\mathrm{(℃)}$ を求めよ。

（H22 一冷検定）

4・2 水冷凝縮器　　一冷　二冷

　水冷凝縮器には、シェルアンドチューブ凝縮器、二重管凝縮器などがあるが、いずれも冷却管内を冷却水が、また、冷却管外を冷媒が流れる構造であり、空冷凝縮器とは逆の構造である。冷却水側より冷媒側の熱伝達率が小さいので、冷却管は、一般にローフィンチューブを用いて外側の伝熱面積を拡大しているが、裸管を用いる場合もある。また、冷却水側（冷

却管内側）には水あかが付着するので、伝熱計算をする場合には、汚れ係数を考慮する必要がある。

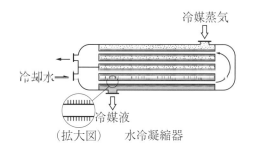

2章で述べた凝縮熱量すなわち**凝縮負荷** Φ_k は冷却水が持ち去る熱量に等しく、次式で表される。

$$\Phi_k = c_w q_{mw}(t_{w2} - t_{w1}) \quad \cdots\cdots (4.3)$$

ここで

Φ_k：凝縮負荷(kW)

c_w：冷却水の比熱[kJ/(kg·K)]

q_{mw}：冷却水の質量流量(kg/s)

t_{w1}：冷却水入口温度(℃)

t_{w2}：冷却水出口温度(℃)

また、水の場合は質量 1kg の体積が 1L であるから、質量流量 q_{mw} の代わりに体積流量を用いる場合も単位として L/s を用いれば、上式がそのまま使える。

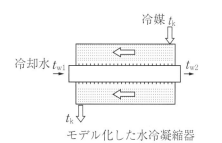

モデル化した水冷凝縮器

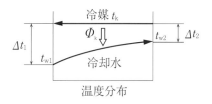

温度分布

また、凝縮負荷 Φ_k は冷媒から冷却水への伝熱量にも等しく、3章の熱交換器の熱通過の式で表すこともできる。温度差として対数平均温度差を用いる場合は

$$\Phi_k = K A \Delta t_{lm} \quad \cdots\cdots\cdots\cdots\cdots\cdots\cdots\cdots\cdots\cdots (4.4a)$$

$$\Delta t_{lm} = \frac{\Delta t_1 - \Delta t_2}{\ln(\Delta t_1 / \Delta t_2)} \quad \cdots\cdots\cdots\cdots\cdots\cdots\cdots (4.4b)$$

近似値として算術平均温度差を用いる場合は、次式を用いる。水冷凝縮器の計算には、一般にこの式を用いる。

$$\Phi_k = K A \Delta t_m \quad \cdots\cdots\cdots\cdots\cdots\cdots\cdots\cdots\cdots\cdots (4.4c)$$

$$\Delta t_m = \frac{\Delta t_1 + \Delta t_2}{2} = t_k - \frac{t_{w1} + t_{w2}}{2} \quad \cdots\cdots\cdots\cdots (4.4d)$$

ここで

Φ_k：凝縮負荷(kW)

K：冷媒側（外表面）基準の平均熱通過率[kW/(m^2·K)]

A：冷媒側有効伝熱面積(m^2)

Δt_{lm}：対数平均温度差(K)

Δt_m：算術平均温度差(K)

Δt_1：凝縮温度(t_k)と冷却水入口温度(t_{w1})の差(K)

Δt_2：凝縮温度(t_k)と冷却水出口温度(t_{w2})の差(K)

t_k：凝縮温度（℃）。実際には凝縮器出入口付近では凝縮温度とは異なる温度であるが、計算には影響が少ないので一定値とみなして計算する。

平均熱通過率 K は外面（フィン側）基準であり、3章のフィン付熱交換器の熱通過率の式 (3.10b) に基づき、冷却水側の汚れを考慮して次式で計算する。

$$K = \cfrac{1}{\cfrac{1}{\alpha_r} + m\left(\cfrac{1}{\alpha_w} + f\right)} \quad \cdots\cdots\cdots\cdots\cdots\cdots\cdots\cdots\cdots\cdots (4.4e)$$

ここで

α_r：冷媒側熱伝達率 $[kW/(m^2 \cdot K)]$

α_w：冷却水側熱伝達率 $[kW/(m^2 \cdot K)]$

m：有効内外伝熱面積比（－）

f：冷却水側汚れ係数 $(m^2 \cdot K/kW)$

例 題 — 4.6　　　　　　　　　　　　　　　　　　　　二冷

水冷凝縮器の伝熱面積を求める

R 22 シェルアンドチューブ水冷凝縮器において、下記仕様にて必要な冷媒側基準の冷却面積 (m^2) はおよそいくらか。ただし、冷却管の熱伝導抵抗は無視する。

冷媒側熱伝達率	$\alpha_r = 3.5\ kW/(m^2 \cdot K)$
冷却水側熱伝達率	$\alpha_w = 9.3\ kW/(m^2 \cdot K)$
汚れ係数	$f = 0.086\ m^2 \cdot K/kW$
ローフィンチューブの有効内外伝熱面積比	$m = 3.5$
冷媒と冷却水の算術平均温度差	$\Delta t_m = 7\ ℃$
凝縮負荷	$\Phi_k = 150\ kW$

(H2 二冷国家試験 類似)

解説

平均熱通過率 K を式 (4.4e) で計算した後、熱通過量の式 (4.4c) を用いて冷却面積（伝熱面積）A を計算する。

まず、平均熱通過率 K を計算する。

$$K = \cfrac{1}{\cfrac{1}{\alpha_r} + m\left(\cfrac{1}{\alpha_w} + f\right)}$$

ここで

$\alpha_r = 3.5\ kW/(m^2 \cdot K)$　　　　$\alpha_w = 9.3\ kW/(m^2 \cdot K)$

$f = 0.086\ m^2 \cdot K/kW$　　　　$m = 3.5$

これらの数値を上式に代入すると

$$K = \cfrac{1}{\cfrac{1}{3.5\ \mathrm{kW/(m^2 \cdot K)}} + 3.5 \times \left(\cfrac{1}{9.3\ \mathrm{kW/(m^2 \cdot K)}} + 0.086\ \mathrm{m^2 \cdot K/kW} \right)}$$

$$= 1.04\ \mathrm{kW/(m^2 \cdot K)}$$

次に、式(4.4c) $\Phi_\mathrm{k} = KA\Delta t_\mathrm{m}$ を冷却面積 A を求める式に変形すると

$$A = \frac{\Phi_\mathrm{k}}{K\Delta t_\mathrm{m}}$$

ここで

$$\Phi_\mathrm{k} = 150\ \mathrm{kW} \qquad K = 1.04\ \mathrm{kW/(m^2 \cdot K)} \qquad \Delta t_\mathrm{m} = 7\ \mathrm{K}$$

これらの数値を上式に代入すると

$$A = \frac{150\ \mathrm{kW}}{1.04\ \mathrm{kW/(m^2 \cdot K)} \times 7\ \mathrm{K}} = 20.6\ \mathrm{m^2} \fallingdotseq 21\ \mathrm{m^2}$$

（答　$21\ \mathrm{m^2}$）

例題 — 4.7　　二冷

水冷凝縮器の算術平均温度差を求める

水冷シェルアンドチューブ水冷凝縮器の仕様は次のとおりである。

冷媒側伝熱面積	$A = 30\ \mathrm{m^2}$
冷却管の有効内外伝熱面積比	$m = 3.0$
冷媒側熱伝達率	$\alpha_\mathrm{r} = 2.3\ \mathrm{kW/(m^2 \cdot K)}$
冷却水側熱伝達率	$\alpha_\mathrm{w} = 9.3\ \mathrm{kW/(m^2 \cdot K)}$
汚れ係数	$f = 0.11\ \mathrm{m^2 \cdot K/kW}$

この凝縮器を凝縮負荷 $167\ \mathrm{kW}$ の条件で運転したい。凝縮器の冷媒と冷却水の算術平均温度差はおよそ何 K で運転することになるか。四捨五入により小数第1位まで求めよ。

（H5 二冷国家試験 類似）

解説

前例題と同様に平均熱通過率 K を式(4.4e)で計算した後、熱通過量の式(4.4c)を用いて算術平均温度差 Δt_m を計算する。

まず、平均熱通過率 K を計算する。

$$K = \cfrac{1}{\cfrac{1}{\alpha_\mathrm{r}} + m\left(\cfrac{1}{\alpha_\mathrm{w}} + f \right)}$$

ここで

$$\alpha_\mathrm{r} = 2.3\ \mathrm{kW/(m^2 \cdot K)} \qquad \alpha_\mathrm{w} = 9.3\ \mathrm{kW/(m^2 \cdot K)}$$

$$f = 0.11\ \mathrm{m^2 \cdot K/kW} \qquad m = 3.0$$

これらの数値を上式に代入すると

$$K = \cfrac{1}{\cfrac{1}{2.3\ \mathrm{kW/(m^2 \cdot K)}} + 3.0 \times \left(\cfrac{1}{9.3\ \mathrm{kW/(m^2 \cdot K)}} + 0.11\ \mathrm{m^2 \cdot K/kW}\right)}$$

$$= 0.920\ \mathrm{kW/(m^2 \cdot K)}$$

次に、式(4.4c) $\Phi_k = KA\Delta t_m$ を算術平均温度差 Δt_m を計算する式に変形すると

$$\Delta t_m = \frac{\Phi_k}{KA}$$

ここで

$$\Phi_k = 167\ \mathrm{kW} \qquad K = 0.920\ \mathrm{kW/(m^2 \cdot K)} \qquad A = 30\ \mathrm{m^2}$$

これらの数値を上式に代入すると

$$\Delta t_m = \frac{167\ \mathrm{kW}}{0.920\ \mathrm{kW/(m^2 \cdot K)} \times 30\ \mathrm{m^2}} = 6.05\ \mathrm{K} \fallingdotseq 6.1\ \mathrm{K}$$

（答　6.1 K）

例 題 — 4.8　　二冷

水冷凝縮器の伝熱面積を求める

　R 22 冷凍装置のシェルアンドチューブ水冷凝縮器を、冷却水の入口温度 30 ℃、出口温度 35 ℃、冷却水量 2 L/s のとき、冷媒と冷却水との間の算術平均温度差 6 K で使用したい。このためには、凝縮器の冷媒側伝熱面積はおよそ何 m² のものを選定すればよいか。

　ただし、冷却管の外表面基準の平均熱通過率は 0.87 kW/(m²·K)、水の比熱は 4.18 kJ/(kg·K) とする。

（H9 二冷国家試験 類似）

解説

　凝縮負荷 Φ_k を式(4.3)で計算した後、熱通過量の式(4.4c)を用いて伝熱面積 A を計算する。

　まず、凝縮負荷 Φ_k を計算する。

$$\Phi_k = c_w q_{mw}(t_{w2} - t_{w1})$$

ここで

$$c_w = 4.18\ \mathrm{kJ/(kg \cdot K)} \qquad q_{mw} = 2\ \mathrm{kg/s}\ (\because\ 水 1 \mathrm{L} は 1\ \mathrm{kg})$$

$$t_{w2} = 35\ ℃ \qquad\qquad t_{w1} = 30\ ℃$$

これらの数値を上式に代入すると

$$\Phi_k = 4.18\ \mathrm{kJ/(kg \cdot K)} \times 2\ \mathrm{kg/s} \times (35\ ℃ - 30\ ℃)$$

$$= 4.18\ \mathrm{kJ/(kg \cdot K)} \times 2\ \mathrm{kg/s} \times 5\ \mathrm{K} = 41.8\ \mathrm{kJ/s} = 41.8\ \mathrm{kW}$$

次に、式(4.4c) $\Phi_k = KA\Delta t_m$ を伝熱面積 A を計算する式に変形すると

$$A = \frac{\Phi_k}{K\Delta t_m}$$

ここで

$$\varPhi_k = 41.8 \text{ kW} \qquad K = 0.87 \text{ kW/(m}^2 \cdot \text{K)} \qquad \Delta t_m = 6 \text{ K}$$

これらの数値を上式に代入すると

$$A = \frac{41.8 \text{ kW}}{0.87 \text{ kW/(m}^2 \cdot \text{K)} \times 6 \text{ K}} = 8.01 \text{ m}^2$$

(答　8.01 m^2)

例題 — 4.9 　一冷

水冷凝縮器の凝縮負荷、汚れ係数などを求める

ローフィンチューブを使用した水冷シェルアンドチューブ凝縮器の仕様および運転条件は下記のとおりである。次の問に答えよ。

ただし、冷媒と冷却水との間の温度差は算術平均温度差を用いるものとする。

（仕様および運転条件）

有効内外伝熱面積比	$m = 3.0$	
冷媒側有効伝熱面積	$A = 3.0 \text{ m}^2$	
冷媒側熱伝達率	$\alpha_r = 3.0 \text{ kW/(m}^2 \cdot \text{K)}$	
冷却水側熱伝達率	$\alpha_w = 9.0 \text{ kW/(m}^2 \cdot \text{K)}$	
冷却水量	$q_{mw} = 1.0 \text{ kg/s}$	
冷却水入口温度	$t_{w1} = 30.0 \text{ ℃}$	
冷却水出口温度	$t_{w2} = 36.0 \text{ ℃}$	
冷却水の比熱	$c_w = 4.2 \text{ kJ/(kg} \cdot \text{K)}$	

(1) 凝縮負荷 $\varPhi_k$ (kW) を求めよ。

(2) 凝縮負荷が同じ場合、冷却水側の汚れがない場合に比べて、冷却水側の水あかなどの汚れがある場合の凝縮温度の上昇を 3 K 以下としたい。許容される最大の汚れ係数を求めよ。

ただし、伝熱管の熱伝導抵抗は無視できるものとし、汚れ係数 f (m$^2 \cdot$ K/kW) と凝縮温度以外の条件は変わらないものとする。

(H26 一冷国家試験 類似)

解説

(1) **凝縮負荷 $\varPhi_k$ (kW)**

冷却水の流量、温度および比熱の値が与えられているので、式(4.3)で計算する。

$$\varPhi_k = c_w q_{mw} (t_{w2} - t_{w1})$$

ここで

$$c_w = 4.2 \text{ kJ/(kg} \cdot \text{K)} \qquad q_{mw} = 1.0 \text{ kg/s}$$
$$t_{w1} = 30.0 \text{ ℃} \qquad\qquad t_{w2} = 36.0 \text{ ℃}$$

これらの値を上式に代入すると

$$\Phi_k = 4.2\,\text{kJ/(kg·K)} \times 1.0\,\text{kg/s} \times (36.0\,℃ - 30.0\,℃) = 25.2\,\text{kJ/s} = 25.2\,\text{kW}$$

(答　25.2 kW)

(2)　**許容される最大の汚れ係数 $f\,(\text{m}^2\text{·K/kW})$**

汚れがない場合の算術平均温度差 Δt_m を求め、汚れがある場合の算術平均温度差 $\Delta t_\text{m}{}'$ が $\Delta t_\text{m}{}' = \Delta t_\text{m} + 3\,\text{K}$ となる汚れ係数 f を求める。

まず、汚れがない場合の外面（冷媒側）基準の平均熱通過率 K を式(4.4e)で求める。

$$K = \cfrac{1}{\cfrac{1}{\alpha_\text{r}} + m\left(\cfrac{1}{\alpha_\text{w}} + f\right)}$$

ここで

$$\alpha_\text{r} = 3.0\,\text{kW/(m}^2\text{·K)} \qquad \alpha_\text{w} = 9.0\,\text{kW/(m}^2\text{·K)}$$
$$m = 3.0 \qquad\qquad\qquad f = 0$$

これらの値を上式に代入すると

$$K = \cfrac{1}{\cfrac{1}{\alpha_\text{r}} + \cfrac{m}{\alpha_\text{w}}} = \cfrac{1}{\cfrac{1}{3.0\,\text{kW/(m}^2\text{·K)}} + \cfrac{3.0}{9.0\,\text{kW/(m}^2\text{·K)}}} = 1.5\,\text{kW/(m}^2\text{·K)}$$

よって、式(4.4a)より汚れがない場合の算術平均温度差 Δt_m は

$$\Delta t_\text{m} = \frac{\Phi_k}{KA} = \frac{25.2\,\text{kW}}{1.5\,\text{kW/(m}^2\text{·K)} \times 3.0\,\text{m}^2} = 5.6\,\text{K}$$

次に、算術平均温度差 $\Delta t_\text{m}{}' = \Delta t_\text{m} + 3\,\text{K}$、その他既知の数値を式(4.4a)に代入して、汚れがある場合の外面（冷媒側）基準の平均熱通過率 K' を求める。

$$25.2\,\text{kW} = K' \times 3.0\,\text{m}^2 \times (5.6\,\text{K} + 3\,\text{K})$$

$$\therefore\quad K' = \frac{25.2\,\text{kW}}{3.0\,\text{m}^2 \times (5.6\,\text{K} + 3\,\text{K})} = 0.9767\,\text{kW/(m}^2\text{·K)}$$

以上の結果を基に汚れ係数 f を次の式(4.4e)から求める。

$$K' = \cfrac{1}{\cfrac{1}{\alpha_\text{r}} + m\left(\cfrac{1}{\alpha_\text{w}} + f\right)}$$

既知の数値を代入すると

$$0.9767\,\text{kW/(m}^2\text{·K)} = \cfrac{1}{\cfrac{1}{3.0\,\text{kW/(m}^2\text{·K)}} + 3.0 \times \left(\cfrac{1}{9.0\,\text{kW/(m}^2\text{·K)}} + f\right)}$$

$$\cfrac{1}{3.0\,\text{kW/(m}^2\text{·K)}} + 3.0 \times \left(\cfrac{1}{9.0\,\text{kW/(m}^2\text{·K)}} + f\right) = \cfrac{1}{0.9767\,\text{kW/(m}^2\text{·K)}}$$

両辺に $3.0\,\text{kW/(m}^2\text{·K)}$ を掛けると

$$1 + 1 + 9.0\,f\,\text{kW/(m}^2\text{·K)} = 3.072$$

$$\therefore\quad f = 0.119\,\text{m}^2\text{·K/kW}$$

(答　0.119 m²·K/kW)

水冷凝縮器の平均熱通過率および汚れ係数を求める

　R 22 用シェルアンドチューブ水冷凝縮器が、冷却水入口温度 32 ℃、出口温度 37 ℃、冷却水量 500 L/min、凝縮温度 41 ℃ で運転されている。

　この凝縮器の冷却管の伝熱性能は、次のとおりである。

　　　　　　　冷却水側 (内面) 熱伝達率　　　$\alpha_w = 8.7\,\mathrm{kW/(m^2 \cdot K)}$

　　　　　　　冷媒側 (外面) 熱伝達率　　　　$\alpha_r = 2.3\,\mathrm{kW/(m^2 \cdot K)}$

　　　　　　　有効内外伝熱面積比　　　　　$m = 3.0$

　　　　　　　冷媒側伝熱面積　　　　　　　$A = 30\,\mathrm{m^2}$

　　　　　　　冷却水の比熱　　　　　　　　$c_w = 4.18\,\mathrm{kJ/(kg \cdot K)}$

　この凝縮器について、次の(1)、(2)について答えよ。

　ただし、冷媒と冷却水との間の温度差は算術平均温度差を用い、冷却管の熱伝導抵抗は無視できるものとする。

(1)　この凝縮器の外表面基準の平均熱通過率 K は何 $\mathrm{kW/(m^2 \cdot K)}$か。

(2)　この凝縮器の冷却管の汚れ係数 f は何 $\mathrm{m^2 \cdot K/kW}$ か。

(H5 一冷国家試験 類似)

解説

(1)　**外表面基準の平均熱通過率 $K\,[\mathrm{kW/(m^2 \cdot K)}]$**

　式(4.3)で得られる凝縮負荷 Φ_k と式(4.4c)で得られる熱通過量 Φ_k は等しいから

$$\Phi_k = c_w q_{mw}(t_{w2} - t_{w1}) = KA\Delta t_m$$

　熱通過率 K を求める式に変形すると

$$K = \frac{c_w q_{mw}(t_{w2} - t_{w1})}{A\Delta t_m}$$

　ここで

　　　　$c_w = 4.18\,\mathrm{kJ/(kg \cdot K)}$　　　　$q_{mw} = (500/60)\,\mathrm{kg/s}$（∵　水 1 L は 1 kg）

　　　　$t_{w2} = 37\,℃$　　　　　　　　　$t_{w1} = 32\,℃$　　　$A = 30\,\mathrm{m^2}$

　　　算術平均温度差 Δt_m は式(4.4d)を使って求める。凝縮温度は $t_k = 41\,℃$ であるから

$$\Delta t_m = t_k - \frac{t_{w1} + t_{w2}}{2} = 41\,℃ - \frac{32\,℃ + 37\,℃}{2} = 6.5\,℃ = 6.5\,\mathrm{K}$$

　これらの数値を上式に代入すると

$$K = \frac{4.18\,\mathrm{kJ/(kg \cdot K)} \times (500/60)\,\mathrm{kg/s} \times (37\,℃ - 32\,℃)}{30\,\mathrm{m^2} \times 6.5\,\mathrm{K}}$$

$$= \frac{4.18\,\mathrm{kJ/(kg \cdot K)} \times (500/60)\,\mathrm{kg/s} \times 5\,\mathrm{K}}{30\,\mathrm{m^2} \times 6.5\,\mathrm{K}} = 0.893\,\mathrm{kW/(m^2 \cdot K)}$$

（答　$0.893\,\mathrm{kW/(m^2 \cdot K)}$）

(2) 冷却管の汚れ係数 $f(\mathrm{m^2 \cdot K/kW})$

式(4.4e)から求める。

$$K = \cfrac{1}{\cfrac{1}{\alpha_\mathrm{r}} + m\left(\cfrac{1}{\alpha_\mathrm{w}} + f\right)}$$

汚れ係数 f を求める式に変形する。

$$\frac{1}{K} = \frac{1}{\alpha_\mathrm{r}} + m\left(\frac{1}{\alpha_\mathrm{w}} + f\right)$$

$$\frac{1}{K} - \frac{1}{\alpha_\mathrm{r}} = m\left(\frac{1}{\alpha_\mathrm{w}} + f\right)$$

$$f = \frac{1}{m}\left(\frac{1}{K} - \frac{1}{\alpha_\mathrm{r}}\right) - \frac{1}{\alpha_\mathrm{w}}$$

ここで

$K = 0.893\ \mathrm{kW/(m^2 \cdot K)}$　　　$m = 3.0$

$\alpha_\mathrm{r} = 2.3\ \mathrm{kW/(m^2 \cdot K)}$　　　$\alpha_\mathrm{w} = 8.7\ \mathrm{kW/(m^2 \cdot K)}$

これらの数値を上式に代入すると

$$f = \frac{1}{3.0} \times \left(\frac{1}{0.893\ \mathrm{kW/(m^2 \cdot K)}} - \frac{1}{2.3\ \mathrm{kW/(m^2 \cdot K)}}\right) - \frac{1}{8.7\ \mathrm{kW/(m^2 \cdot K)}}$$

$$= 0.113\ \mathrm{m^2 \cdot K/kW}$$

（答　$0.113\ \mathrm{m^2 \cdot K/kW}$）

例 題 ── 4.11　　　　　　　　　　　　　　　　　　一冷

水冷凝縮器の凝縮負荷、凝縮温度などを求める

ローフィンチューブを用いた水冷凝縮器の仕様および運転条件は次のとおりである。

（仕様および運転条件）

冷媒側有効伝熱面積　　　$A_\mathrm{r} = 5\ \mathrm{m^2}$

有効内外伝熱面積比　　　$m = 4$

冷媒側熱伝達率　　　　　$\alpha_\mathrm{r} = 3.2\ \mathrm{kW/(m^2 \cdot K)}$

冷却水側熱伝達率　　　　$\alpha_\mathrm{w} = 7.5\ \mathrm{kW/(m^2 \cdot K)}$

冷却水側汚れ係数　　　　$f = 0.17\ \mathrm{m^2 \cdot K/kW}$

冷却水量　　　　　　　　$q_\mathrm{mw} = 1.3\ \mathrm{kg/s}$

冷却水入口温度　　　　　$t_\mathrm{w1} = 24\ \mathrm{℃}$

冷却水出口温度　　　　　$t_\mathrm{w2} = 29\ \mathrm{℃}$

次の(1)～(5)について答えよ。ただし、ローフィンチューブ材の熱伝導抵抗は無視し、冷媒と冷却水との間の平均温度差には算術平均温度差を用いるものとする。また、冷却水の比熱 c_w は、$4.2\ \mathrm{kJ/(kg \cdot K)}$ で一定とする。

(1) 冷却水側伝熱面積 $A_\mathrm{w}(\mathrm{m^2})$ を求めよ。

(2) 凝縮負荷 Φ_k(kW) を求めよ。

(3) 熱通過率 K[kW/(m²·K)] を求めよ。

(4) 冷媒と冷却水との間の平均温度差 Δt_m(K) を求めよ。

(5) 凝縮温度 t_k(℃) を求めよ。

（R2 一冷検定）

(1) 冷却水側伝熱面積 A_w(m²)

有効内外伝熱面積比 m は、冷媒側有効伝熱面積 A_r と冷却水側伝熱面積 A_w との比で、$m = A_r/A_w$ であるから

$$A_w = \frac{A_r}{m} = \frac{5\,\text{m}^2}{4} = 1.25\,\text{m}^2$$

（答　1.25 m²）

(2) 凝縮負荷 Φ_k(kW)

式(4.3)を使う。

$$\Phi_k = c_w q_{mw}(t_{w2} - t_{w1}) = 4.2\,\text{kJ/(kg·K)} \times 1.3\,\text{kg/s} \times (29 - 24)\,\text{K}$$
$$= 27.3\,\text{kJ/s} = 27.3\,\text{kW}$$

（答　27.3 kW）

(3) 熱通過率 K[kW/(m²·K)]

式(4.4e)を使う。

$$K = \frac{1}{\dfrac{1}{\alpha_r} + m\left(\dfrac{1}{\alpha_w} + f\right)}$$

$$= \frac{1}{\dfrac{1}{3.2\,\text{kW/(m}^2\text{·K)}} + 4 \times \left(\dfrac{1}{7.5\,\text{kW/(m}^2\text{·K)}} + 0.17\,\text{m}^2\text{·K/kW}\right)}$$

$$= 0.655\,\text{kW/(m}^2\text{·K)}$$

（答　0.655 kW(m²·K)）

(4) 冷媒と冷却水との間の算術平均温度差 Δt_m(K)

式(4.4c)を算術平均温度差 Δt_m を求める式に変形して求める。

$$\Delta t_m = \frac{\Phi_k}{KA_r} = \frac{27.3\,\text{kW}}{0.655\,\text{kW/(m}^2\text{·K)} \times 5\,\text{m}^2} = 8.34\,\text{K}$$

（答　8.34 K）

(5) 凝縮温度 t_k(℃)

式(4.4d)を使う。

$$t_k = \Delta t_m + \frac{t_{w1} - t_{w2}}{2} = 8.34\,℃ + \frac{(24 + 29)\,℃}{2} = 34.8\,℃$$

（答　34.8 ℃）

演習問題 4-6

　有効内外伝熱面積比 4.2 のローフィン管を使用するシェルアンドチューブ水冷凝縮器があり、汚れ係数は $f = 0.086\ \mathrm{m^2 \cdot K/kW}$ で設計されている。

　使用中汚れ係数が3倍になったとするとき、凝縮温度と冷却水温度との算術平均温度差はおよそ何倍になると予想されるか。

　ただし、凝縮負荷、冷却水側熱伝達率、冷媒側熱伝達率はいずれの場合も同一とし、熱伝達率は次の値とする。

冷却水側熱伝達率　　　$\alpha_\mathrm{w} = 9.3\ \mathrm{kW/(m^2 \cdot K)}$

冷媒側熱伝達率　　　　$\alpha_\mathrm{r} = 3.7\ \mathrm{kW/(m^2 \cdot K)}$

（H3 二冷国家試験 類似）

演習問題 4-7

　下記の条件で設計されている水冷凝縮器がある。この凝縮器の伝熱面積はおよそ何 $\mathrm{m^2}$ 必要か。

冷凍能力　　　　　　　$\varPhi_\mathrm{o} = 58\ \mathrm{kW}$

圧縮機所要軸動力　　　$P = 22\ \mathrm{kW}$

凝縮温度　　　　　　　$t_\mathrm{k} = 30\ ℃$

熱通過率　　　　　　　$K = 1.0\ \mathrm{kW/(m^2 \cdot K)}$

冷却水入口温度　　　　$t_\mathrm{w1} = 22\ ℃$

冷却水出口温度　　　　$t_\mathrm{w2} = 28\ ℃$

なお、冷却水と冷媒の温度差は算術平均温度差を用いて計算せよ。

また、圧縮機の軸動力はすべて冷媒に加えられるものとする。

（H7 二冷国家試験 類似）

演習問題 4-8

　次の条件で設計されているシェルアンドチューブ水冷凝縮器がある。凝縮温度はおよそ何℃になるか。

冷凍能力　　　　　　　$\varPhi_\mathrm{o} = 40\ \mathrm{kW}$

圧縮機の軸動力　　　　$P = 15\ \mathrm{kW}$

平均熱通過率　　　　　$K = 1.0 \, \text{kW}/(\text{m}^2 \cdot \text{K})$

伝熱面積　　　　　　　$A = 10 \, \text{m}^2$

冷却水入口温度　　　　$t_{w1} = 32 \, ℃$

冷却水出口温度　　　　$t_{w2} = 37 \, ℃$

なお、冷却水と冷媒の温度差は算術平均温度差を用いて計算せよ。

また、圧縮機の軸動力はすべて冷媒に加えられるものとする。

（H15-1 二冷検定）

演習問題 4-9

ローフィンチューブを使用した水冷シェルアンドチューブ凝縮器があり、その仕様と運転条件は次のとおりである。この水冷凝縮器について、次の(1)および(2)に答えよ。

ただし、冷媒と冷却水との温度差は算術平均温度差を用い、冷却管材の熱伝導抵抗は無視できるものとする。

（仕様および運転条件）

冷却水量	$q_{mw} = 60 \, \text{kg/min}$
冷却水入口温度	$t_{w1} = 28 \, ℃$
冷却水出口温度	$t_{w2} = 34 \, ℃$
冷媒側熱伝達率	$\alpha_r = 2.3 \, \text{kW}/(\text{m}^2 \cdot \text{K})$
冷却水側熱伝達率	$\alpha_w = 8.9 \, \text{kW}/(\text{m}^2 \cdot \text{K})$
有効内外伝熱面積比	$m = 3.6$
冷却水側汚れ係数	$f = 0.091 \, \text{m}^2 \cdot \text{K/kW}$
冷却水の比熱	$c_w = 4.2 \, \text{kJ}/(\text{kg} \cdot \text{K})$
ローフィンチューブの内径	$d = 12.7 \, \text{mm}$

(1) 冷却管の外表面積基準の熱通過率 K は何 $\text{kW}/(\text{m}^2 \cdot \text{K})$ か。

(2) 凝縮温度と冷却水温度との温度差を $\Delta t_m = 8 \, \text{K}$ にするために必要な総冷却管長 L は何 m か。

（H18 一冷国家試験 類似）

ローフィン管を使用した水冷シェルアンドチューブ凝縮器があり、その仕様および運転条件は次のとおりである。

（仕様および運転条件）

凝縮温度	$t_k = 39\,℃$	
冷却水量	$q_{mw} = 1\,\text{kg/s}$	
冷却水入口温度	$t_{w1} = 30\,℃$	
冷却水出口温度	$t_{w2} = 36\,℃$	
冷却水の比熱	$c_w = 4.2\,\text{kJ/(kg·K)}$	
有効内外伝熱面積比	$m = 4.2$	
冷媒側熱伝達率	$\alpha_r = 2.5\,\text{kW/(m}^2\text{·K)}$	
冷却水側熱伝達率	$\alpha_w = 9.0\,\text{kW/(m}^2\text{·K)}$	
冷却水側汚れ係数	$f = 0.09\,\text{m}^2\text{·K/kW}$	

このとき、次の(1)〜(3)について答えよ。

ただし、冷媒と冷却水との間の温度差は算術平均温度差を用いて計算せよ。また、冷却管材の熱伝導抵抗は無視できるものとする。

(1) 凝縮負荷 $\Phi_k\,(\text{kW})$ を求めよ。

(2) 冷却管の外表面積基準の平均熱通過率 $K\,[\text{kW/(m}^2\text{·K)}]$ を求めよ。

(3) 冷却水側伝熱面に水あかが付着して汚れ係数が3倍に増大すると、凝縮温度 t_k' は何℃になるか。答は四捨五入により小数第1位まで求めよ。ただし、冷却水側汚れ係数および凝縮温度以外の凝縮器の仕様および運転条件は上記のとおりで、変わらないものとする。

（H20 一冷検定）

ローフィン管を使用した水冷シェルアンドチューブ凝縮器があり、その仕様および運転条件は次のとおりである。

（仕様および運転条件）

冷媒蒸気温度	$t_k = 40\,℃$	
冷却水流量	$q_{mw} = 1.5\,\text{kg/s}$	
冷却水入口温度	$t_{w1} = 30\,℃$	

冷却水出口温度	$t_{w2} = 36\,℃$
有効内外伝熱面積比	$m = 4.2$
冷却水の比熱	$c_w = 4.2\,\mathrm{kJ/(kg \cdot K)}$
冷媒側熱伝達率	$\alpha_r = 2.9\,\mathrm{kW/(m^2 \cdot K)}$
冷却水側熱伝達率	$\alpha_w = 9.3\,\mathrm{kW/(m^2 \cdot K)}$
冷却水側汚れ係数	$f = 0.1\,\mathrm{m^2 \cdot K/kW}$

このとき、次の(1)~(4)について答えよ。

ただし、冷却管材の熱伝導抵抗は無視できるものとし、冷媒蒸気温度と冷却水温度との平均温度差は、算術平均温度差を用いるものとする。

(1) 凝縮負荷 $\varPhi_k\,(\mathrm{kW})$ を求めよ。

(2) 冷却管の外表面積基準の平均熱通過率 $K\,[\mathrm{kW/(m^2 \cdot K)}]$ を求めよ。

(3) 冷媒側有効伝熱面積 $A_r\,(\mathrm{m^2})$ を求めよ。

(4) 装置運転中、凝縮器内に不凝縮ガスが侵入して冷媒側熱伝達率が低下したため、器内の冷媒蒸気温度 t_k が $40\,℃$ から $45\,℃$ に上昇した。不凝縮ガス侵入後の冷媒側熱伝達率 $\alpha'_r\,[\mathrm{kW/(m^2 \cdot K)}]$ を求めよ。ただし、凝縮器内の冷媒蒸気温度および冷媒側熱伝達率以外の凝縮器の仕様および運転条件は上記のとおりで、変わらないものとする。

(H29 一冷検定)

5章

蒸発器の伝熱

　この章で扱う蒸発器の伝熱計算は、特に一種冷凍を受験する人には必須の知識であり、また、二種冷凍にも出題実績がある。

蒸発器には種々の形式があるが、本書では下表に示す代表的な蒸発器である乾式（フィンコイル式およびシェルアンドチューブ式）および満液式（シェルアンドチューブ式）の伝熱計算について述べる。

蒸発器の形式		モデル化した流体の流れ （R：冷媒、C：被冷却物）	主な被冷却物	伝熱管の形式	管外面基準の平均熱通過率 K の計算式*
乾式	フィンコイル式		空気	プレートフィンチューブ	$K = \dfrac{1}{\dfrac{1}{\alpha_a} + \dfrac{\delta}{\lambda} + \dfrac{m}{\alpha_r}}$ 空調の場合は、管外面の霜の影響 (δ/λ) は考慮しないのが一般的。
	シェルアンドチューブ式		水ブライン	インナフィンチューブ	$K = \dfrac{1}{\dfrac{1}{m\alpha_r} + \dfrac{1}{\alpha_w} + f}$ 管外面の汚れ（水あかなど）の影響 (f) を考慮している。
満液式	シェルアンドチューブ式 （管外蒸発方式）		水ブライン	ローフィンチューブ	$K = \dfrac{1}{\dfrac{1}{\alpha_r} + m\left(\dfrac{1}{\alpha_w} + f\right)}$ 管内面の汚れ（水あかなど）の影響 (f) を考慮している。

* 平均熱通過率 K の詳細については各節を参照願いたい。

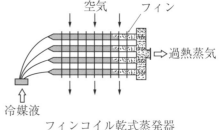

5・1 フィンコイル乾式蒸発器

一冷 二冷

蒸発器出口の冷媒の状態が過熱蒸気であるものを、乾式蒸発器という。フィンコイル乾式蒸発器は主に空調用や冷蔵庫用として空気の冷却に用いられるもので、冷却管内を流れる冷媒によって冷却管外の空気を冷却する。空気側の熱伝達率が小さいため、冷却管外面にフィンを付けて伝熱面積を拡大している。

2章で述べた冷却熱量すなわち**冷凍能力**（冷凍負荷）Φ_o は、冷却管外を流れる空気が失う熱量に等しく、次式で表される。量記号には正負の符号をもたせず常に正の値として用いて

空気 　　　　　　　　フィン
→過熱蒸気
冷媒液
フィンコイル乾式蒸発器

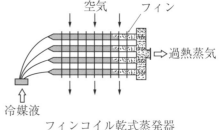

いるので、温度差の項は大きい値から小さい値を引いてある。

$$\Phi_o = c_a q_{ma}(t_{a1} - t_{a2}) \quad\cdots\cdots\cdots\cdots\cdots\cdots\cdots\cdots\cdots\cdots\cdots\cdots\cdots\cdots \text{(5.1a)}$$

体積流量を用いると、次式で表される。

$$\Phi_o = c_a q_{va} \rho_a (t_{a1} - t_{a2}) \quad\cdots\cdots\cdots\cdots\cdots\cdots\cdots\cdots\cdots\cdots\cdots \text{(5.1b)}$$

ここで

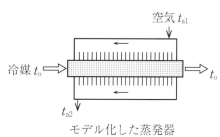

モデル化した蒸発器

Φ_o：冷凍能力(kW)

c_a：空気の比熱[kJ/(kg·K)]

q_{ma}：空気の質量流量(kg/s)

t_{a1}：空気入口温度(℃)

t_{a2}：空気出口温度(℃)

q_{va}：空気の体積流量(m³/s)

ρ_a：空気の密度(kg/m³)

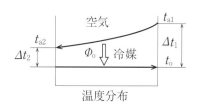

温度分布

また、冷凍能力 Φ_o は空気から冷媒への伝熱量にも等しく、3章の熱交換器の熱通過の式で表すことができる。

温度差として対数平均温度差を用いる場合は

$$\Phi_o = KA\Delta t_{1m} \quad\cdots\cdots\cdots\cdots\cdots\cdots\cdots\cdots\cdots\cdots\cdots\cdots\cdots\cdots\cdots \text{(5.2a)}$$

$$\Delta t_{1m} = \frac{\Delta t_1 - \Delta t_2}{\ln(\Delta t_1 / \Delta t_2)} \quad\cdots\cdots\cdots\cdots\cdots\cdots\cdots\cdots\cdots\cdots \text{(5.2b)}$$

近似値として算術平均温度差を用いる場合は、次式を用いる。フィンコイル蒸発器の計算には、一般にこの式を用いる。

$$\Phi_o = KA\Delta t_m \quad\cdots\cdots\cdots\cdots\cdots\cdots\cdots\cdots\cdots\cdots\cdots\cdots\cdots\cdots\cdots \text{(5.2c)}$$

$$\Delta t_m = \frac{\Delta t_1 + \Delta t_2}{2} = \frac{t_{a1} + t_{a2}}{2} - t_o \quad\cdots\cdots\cdots\cdots\cdots\cdots\cdots \text{(5.2d)}$$

ここで

K：空気側（外表面）基準の平均熱通過率[kW/(m²·K)]

A：空気側有効伝熱面積(m²)

Δt_{1m}：対数平均温度差(K)

Δt_m：算術平均温度差(K)

Δt_1：空気入口温度(t_{a1})と蒸発温度(t_o)の差(K)

Δt_2：空気出口温度(t_{a2})と蒸発温度(t_o)の差(K)

t_o：蒸発温度(℃)。実際には蒸発器出口付近では蒸発温度とは異なる温度であるが、計算には影響が少ないので一定値とみなして計算する。

平均熱通過率 K は一般に外面（フィン側）基準であり、3章3·4·4項のフィン付熱交換器の熱通過率の式(3.10b)において、伝熱管の汚れを省略しフィン側の霜による伝熱抵抗を加味

した次式で計算する。霜の層の伝熱面積は空気側有効伝熱面積に等しいとして

$$K = \cfrac{1}{\cfrac{1}{\alpha_a} + \cfrac{\delta}{\lambda} + \cfrac{m}{\alpha_r}} \quad \cdots\cdots\cdots\cdots\cdots\cdots\cdots\cdots\cdots (5.2e)$$

ここで

α_a：空気側熱伝達率$[kW/(m^2 \cdot K)]$

α_r：冷媒側熱伝達率$[kW/(m^2 \cdot K)]$

m：有効内外伝熱面積比（－）

δ：霜の厚さ(m)

λ：霜の熱伝導率$[kW/(m \cdot K)]$

なお、空調用蒸発器の場合は一般に霜の影響は考慮しない。

参考▼

式(5.2d)は、次のようにして導かれる。

$$\Delta t_m = \frac{\Delta t_1 + \Delta t_2}{2} = \frac{(t_{a1} - t_o) + (t_{a2} - t_o)}{2} = \frac{(t_{a1} + t_{a2}) - 2 t_o}{2}$$

$$= \frac{t_{a1} + t_{a2}}{2} - t_o$$

算術平均温度差 Δt_m は、図のように冷却される空気の温度分布を直線とみなしたときの温度差で、空気の出入口温度の算術平均値$(t_{a1} + t_{a2})/2$と蒸発温度 t_o との差を示す。

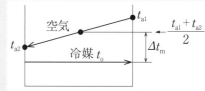

例題 — 5.1 　　　　　　　　　　　　　　　　二冷

霜の付着を考慮して裸管式蒸発器の熱通過率を求める

空気を冷却するアンモニア用裸管式蒸発器において、冷却管外面に霜が 5 mm の厚さに付着している。このときに蒸発器の伝熱係数は

空気側熱伝達率　　$\alpha_a = 0.023 \, kW/(m^2 \cdot K)$

冷媒側熱伝達率　　$\alpha_r = 4.7 \, kW/(m^2 \cdot K)$

霜の熱伝導率　　　$\lambda = 0.00023 \, kW/(m \cdot K)$

である。冷却管壁の厚さおよび霜の厚さによる面積増加、冷却管材の熱伝導抵抗は無視できるものとする。

この蒸発器の熱通過率 K はおよそ何 $kW/(m^2 \cdot K)$ か。

(S62 二冷国家試験 類似)

解説

　題意により、冷却管材の熱伝導抵抗は無視できるから、式(5.2e)で計算する。このとき、この蒸発器はフィンの付いていない裸管式であり、また、題意により冷却管の内外面の面積は同じとしてよいことから、有効内外伝熱面積比は、$m = 1$ である。長さの単位は m に統一して計算する。

$$K = \cfrac{1}{\cfrac{1}{\alpha_a} + \cfrac{\delta}{\lambda} + \cfrac{m}{\alpha_r}}$$

$$= \cfrac{1}{\cfrac{1}{0.023\ \mathrm{kW/(m^2 \cdot K)}} + \cfrac{0.005\ \mathrm{m}}{0.00023\ \mathrm{kW/(m \cdot K)}} + \cfrac{1}{4.7\ \mathrm{kW/(m^2 \cdot K)}}}$$

$$= 0.015\ \mathrm{kW/(m^2 \cdot K)}$$

（答　$0.015\ \mathrm{kW/(m^2 \cdot K)}$）

例 題 — **5.2**　　　　　　　　　　　　　　　　　　　　（二冷）

空調用フィンコイル蒸発器の空気と冷媒との算術平均温度差を求める

　下記仕様の空調用フィンコイル蒸発器がある。

冷凍能力	Φ_o	$= 6.0\ \mathrm{kW}$
空気側平均熱伝達率	α_a	$= 0.050\ \mathrm{kW/(m^2 \cdot K)}$
冷媒側平均熱伝達率	α_r	$= 1.5\ \mathrm{kW/(m^2 \cdot K)}$
有効内外伝熱面積比	m	$= 20$
空気側伝熱面積	A	$= 25\ \mathrm{m^2}$

　これを用いて運転したときの、空気と冷媒との間の算術平均温度差はおよそ何 K であるか。

　ただし、霜および冷却管材の熱伝導抵抗は無視できるものとする。

解説

　式(5.2e)により空気側基準の平均熱通過率 K を求め、次いで、式(5.2c) $\Phi_o = KA\Delta t_m$ を使って算術平均温度差 Δt_m を計算する。

　まず、平均熱通過率 K は、題意により式(5.2e)中の霜の伝熱抵抗に相当する部分(δ/λ)を除外して計算する。

$$K = \cfrac{1}{\cfrac{1}{\alpha_a} + \cfrac{m}{\alpha_r}}$$

ここで

　　　$\alpha_a = 0.050\ \mathrm{kW/(m^2 \cdot K)}$　　　　$\alpha_r = 1.5\ \mathrm{kW/(m^2 \cdot K)}$　　　　$m = 20$

これらの数値を上式に代入すると

$$K = \cfrac{1}{\cfrac{1}{0.050\,\mathrm{kW/(m^2 \cdot K)}} + \cfrac{20}{1.5\,\mathrm{kW/(m^2 \cdot K)}}} = 0.030\,\mathrm{kW/(m^2 \cdot K)}$$

次に、式 (5.2c) $\Phi_\mathrm{o} = KA\Delta t_\mathrm{m}$ を算術平均温度差 Δt_m を求める式に変形する。

$$\Delta t_\mathrm{m} = \frac{\Phi_\mathrm{o}}{KA}$$

ここで

$$\Phi_\mathrm{o} = 6.0\,\mathrm{kW} \qquad K = 0.030\,\mathrm{kW/(m^2 \cdot K)} \qquad A = 25\,\mathrm{m^2}$$

これらの数値を上式に代入すると

$$\Delta t_\mathrm{m} = \frac{\Phi_\mathrm{o}}{KA} = \frac{6.0\,\mathrm{kW}}{0.030\,\mathrm{kW/(m^2 \cdot K)} \times 25\,\mathrm{m^2}} = 8.0\,\mathrm{K}$$

（答　8.0 K）

例題 — 5.3　　　　　　　　　　　　　　　　　　　　　　　一冷

冷蔵庫用蒸発器の平均熱通過率、伝熱面積などを求める

所要冷凍能力 5.8 kW の冷蔵庫用 R 22 蒸発器を、冷媒と庫内空気との間の算術平均温度差 8 K で運転したい。

この蒸発器の仕様は、空気側平均熱伝達率 $\alpha_\mathrm{a} = 0.047\,\mathrm{kW/(m^2 \cdot K)}$、冷媒側平均熱伝達率 $\alpha_\mathrm{r} = 0.58\,\mathrm{kW/(m^2 \cdot K)}$、有効内外伝熱面積比 $m = 7.5$ のプレートフィンコイルであり、フィンコイル材の熱伝導抵抗は無視できる程度に小さい。また、蒸発器は霜の付かない条件で運転されるものとする。

この蒸発器について、次の各値を求めよ。

(1)　蒸発器の外表面基準の平均熱通過率 K はおよそ何 $\mathrm{kW/(m^2 \cdot K)}$ か。

(2)　必要とする蒸発器の外表面積 A はおよそ何 $\mathrm{m^2}$ か。

(3)　この蒸発器が冷媒回路数 $n = 4$、蒸発管内径 $d = 15\,\mathrm{mm}$ であれば、1回路当たりのコイルの長さ L は何 m か。

（S63 一冷国家試験 類似）

解説

(1)　外表面基準の平均熱通過率 K [$\mathrm{kW/(m^2 \cdot K)}$]

平均熱通過率 K は、題意により式 (5.2e) 中の霜の伝熱抵抗に相当する部分 (δ/λ) を除外して計算する。

$$K = \cfrac{1}{\cfrac{1}{\alpha_\mathrm{a}} + \cfrac{m}{\alpha_\mathrm{r}}}$$

ここで

$$\alpha_\mathrm{a} = 0.047\,\mathrm{kW/(m^2 \cdot K)} \qquad \alpha_\mathrm{r} = 0.58\,\mathrm{kW/(m^2 \cdot K)} \qquad m = 7.5$$

これらの数値を上式に代入すると

$$K = \cfrac{1}{\cfrac{1}{0.047\,\mathrm{kW/(m^2 \cdot K)}} + \cfrac{7.5}{0.58\,\mathrm{kW/(m^2 \cdot K)}}} = 0.029\,\mathrm{kW/(m^2 \cdot K)}$$

（答 $0.029\,\mathrm{kW/(m^2 \cdot K)}$）

(2) 蒸発器の外表面積 $A\,(\mathrm{m^2})$

熱通過量 $\varPhi_\mathrm{o}$ の計算式(5.2c) $\varPhi_\mathrm{o} = KA\varDelta t_\mathrm{m}$ を外表面積 A を求める式に変形する。

$$A = \frac{\varPhi_\mathrm{o}}{K\varDelta t_\mathrm{m}}$$

ここで

$$\varPhi_\mathrm{o} = 5.8\,\mathrm{kW} \qquad K = 0.029\,\mathrm{kW/(m^2 \cdot K)} \qquad \varDelta t_\mathrm{m} = 8\,\mathrm{K}$$

これらの数値を上式に代入すると

$$A = \frac{\varPhi_\mathrm{o}}{K\varDelta t_\mathrm{m}} = \frac{5.8\,\mathrm{kW}}{0.029\,\mathrm{kW/(m^2 \cdot K)} \times 8\,\mathrm{K}} = 25\,\mathrm{m^2}$$

（答 $25\,\mathrm{m^2}$）

(3) 1 回路当たりのコイルの長さ $L\,(\mathrm{m})$

蒸発器の内表面積は 1 回路当たりの内表面積 πdL の 4 倍の $4\pi dL$ である。この内表面積の m 倍が外表面積 A に等しいから

$$4\pi dLm = A$$

$$\therefore \quad L = \frac{A}{4\pi dm}$$

ここで

$$A = 25\,\mathrm{m^2} \qquad d = 0.015\,\mathrm{m} \qquad m = 7.5$$

これらの数値を上式に代入すると

$$L = \frac{25\,\mathrm{m^2}}{4\pi \times 0.015\,\mathrm{m} \times 7.5} = 18\,\mathrm{m}$$

（答 $18\,\mathrm{m}$）

例 題 — **5.4**

冷蔵庫用フィンコイル蒸発器の平均熱通過率、伝熱面積などを求める

R 404A を用いた冷蔵庫用のフィンコイル蒸発器が着霜のない状態で、次の仕様および運転条件で運転されている。この蒸発器について、次の(1)〜(4)の問に答えよ。

ただし、蒸発器出口における冷媒の状態は乾き飽和蒸気とし、冷媒と空気との間の温度差は算術平均温度差を用い、フィンコイル材の熱伝導抵抗は無視できるものとする。

（仕様および運転条件）

有効内外伝熱面積比	$m = 16$
冷媒流量	$q_\mathrm{mr} = 0.090\,\mathrm{kg/s}$
冷媒蒸発温度	$t_\mathrm{o} = -20\,\mathrm{℃}$
冷凍能力	$\varPhi_\mathrm{o} = 4.6\,\mathrm{kW}$

冷媒蒸発温度における冷媒の比エンタルピー

$$\begin{aligned}
\text{飽和液} \qquad\qquad & h_\mathrm{B} = 173\,\mathrm{kJ/kg} \\
\text{乾き飽和蒸気} \qquad\qquad & h_\mathrm{D} = 355\,\mathrm{kJ/kg} \\
\text{空気側平均熱伝達率} \qquad & \alpha_\mathrm{a} = 0.047\,\mathrm{kW/(m^2\cdot K)} \\
\text{冷媒側平均熱伝達率} \qquad & \alpha_\mathrm{r} = 3.6\,\mathrm{kW/(m^2\cdot K)} \\
\text{入口空気温度} \qquad\qquad & t_\mathrm{a1} = -10\,\text{℃} \\
\text{出口空気温度} \qquad\qquad & t_\mathrm{a2} = -15\,\text{℃}
\end{aligned}$$

(1) 蒸発器入口における冷媒の乾き度 x を求めよ。

(2) 着霜のない状態における蒸発器の外表面積基準の平均熱通過率 $K\,[\mathrm{kW/(m^2\cdot K)}]$ を求めよ。

(3) 着霜のない状態における蒸発器の空気側伝熱面積 $A\,(\mathrm{m^2})$ を求めよ。

(4) 着霜した場合の蒸発器の外表面積基準の平均熱通過率 $K'\,[\mathrm{kW/(m^2\cdot K)}]$ を求めよ。
　　ただし、霜の熱伝導率 λ は $0.16\,\mathrm{W/(m\cdot K)}$ とし、霜の厚さ δ は $2.0\,\mathrm{mm}$ とする。

（H25 一冷国家試験）

解説

(1) 蒸発器入口の冷媒の乾き度 x

　蒸発器入口の冷媒の比エンタルピーを h_x とすると、蒸発器出口の冷媒の比エンタルピーは題意により h_D であるから、式(2.3a)から次式が成立する。

$$\Phi_\mathrm{o} = q_\mathrm{mr}(h_\mathrm{D} - h_x)$$

h_x を求める式に変形し、与えられた数値を代入すると

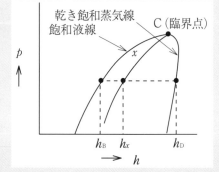

乾き飽和蒸気線
飽和液線
C（臨界点）
x

$$\begin{aligned}
h_x &= h_\mathrm{D} - \frac{\Phi_\mathrm{o}}{q_\mathrm{mr}} = 355\,\mathrm{kJ/kg} - \frac{4.6\,\mathrm{kJ/s}}{0.090\,\mathrm{kg/s}} \\
&= 303.9\,\mathrm{kJ/kg}
\end{aligned}$$

乾き度 x は式(1.4)を使って

$$x = \frac{h_x - h_\mathrm{B}}{h_\mathrm{D} - h_\mathrm{B}} = \frac{(303.9 - 173)\,\mathrm{kJ/kg}}{(355 - 173)\,\mathrm{kJ/kg}} = 0.719$$

（答　0.719）

(2) 着霜のない状態での外表面積基準の平均熱通過率 $K\,[\mathrm{kW/(m^2\cdot K)}]$

　式(5.2e)中の霜の伝熱抵抗に相当する部分 (δ/λ) を除外して、次式で計算する。

$$K = \cfrac{1}{\cfrac{1}{\alpha_\mathrm{a}} + \cfrac{m}{\alpha_\mathrm{r}}}$$

ここで

$$\alpha_\mathrm{a} = 0.047\,\mathrm{kW/(m^2\cdot K)} \qquad \alpha_\mathrm{r} = 3.6\,\mathrm{kW/(m^2\cdot K)} \qquad m = 16$$

これらの値を上式に代入すると

$$K = \cfrac{1}{\cfrac{1}{0.047\,\mathrm{kW/(m^2 \cdot K)}} + \cfrac{16}{3.6\,\mathrm{kW/(m^2 \cdot K)}}} = 0.0389\,\mathrm{kW/(m^2 \cdot K)}$$

（答　0.0389 kW/(m²・K)）

(3) **着霜のない状態での空気側伝熱面積 $A\,(\mathrm{m^2})$**

式(5.2a)より空気側伝熱面積 A は

$$A = \frac{\varPhi_\mathrm{o}}{K\varDelta t_\mathrm{m}}$$

ここで

$$\varPhi_\mathrm{o} = 4.6\,\mathrm{kW}$$

$$K = 0.0389\,\mathrm{kW/(m^2 \cdot K)}$$

算術平均温度差 $\varDelta t_\mathrm{m}$ は式(5.2d)を使って計算する。

$$\varDelta t_\mathrm{m} = \frac{t_\mathrm{a1} + t_\mathrm{a2}}{2} - t_\mathrm{o} = \frac{(-10\,\text{℃}) + (-15\,\text{℃})}{2} - (-20\,\text{℃}) = 7.5\,\text{℃} = 7.5\,\mathrm{K}$$

これらの値を上式に代入すると

$$A = \frac{4.6\,\mathrm{kW}}{0.0389\,\mathrm{kW/(m^2 \cdot K)} \times 7.5\,\mathrm{K}} = 15.8\,\mathrm{m^2}$$

（答　15.8 m²）

(4) **着霜した場合の外表面積基準の平均熱通過率 $K'\,[\mathrm{kW/(m^2 \cdot K)}]$**

式(5.2e)で計算する。

$$K' = \cfrac{1}{\cfrac{1}{\alpha_\mathrm{a}} + \cfrac{\delta}{\lambda} + \cfrac{m}{\alpha_\mathrm{r}}}$$

ここで

$$\alpha_\mathrm{a} = 0.047\,\mathrm{kW/(m^2 \cdot K)} \qquad \lambda = 0.00016\,\mathrm{kW/(m \cdot K)} \qquad \delta = 0.002\,\mathrm{m}$$

$$\alpha_\mathrm{r} = 3.6\,\mathrm{kW/(m^2 \cdot K)} \qquad m = 16$$

これらの値を上式に代入すると

$$K' = \cfrac{1}{\cfrac{1}{0.047\,\mathrm{kW/(m^2 \cdot K)}} + \cfrac{0.002\,\mathrm{m}}{0.00016\,\mathrm{kW/(m \cdot K)}} + \cfrac{16}{3.6\,\mathrm{kW/(m^2 \cdot K)}}} = 0.0262\,\mathrm{kW/(m^2 \cdot K)}$$

（答　0.0262 kW/(m²・K)）

演習問題 5-1

冷蔵庫用のフィンコイル蒸発器があり、これの仕様と運転条件は次のとおりである。

ただし、蒸発器は霜の付かない条件で、また、フィンコイル材の熱伝導抵抗は無視できるものとする。

冷凍能力	$\Phi_\circ = 5.8\,\mathrm{kW}$
空気側平均熱伝達率	$\alpha_\mathrm{a} = 0.047\,\mathrm{kW/(m^2\cdot K)}$
冷媒側平均熱伝達率	$\alpha_\mathrm{r} = 0.58\,\mathrm{kW/(m^2\cdot K)}$
有効内外伝熱面積比	$m = 7.5$
空気と冷媒の算術平均温度差	$\Delta t_\mathrm{m} = 8\,\mathrm{K}$

蒸発器の必要とする空気側伝熱面積 $A\,(\mathrm{m^2})$ はおよそいくらか。

（S63 二冷国家試験 類似）

演習問題 5-2

冷蔵庫用のフィンコイル蒸発器において、冷却管外面に霜が 1.2 mm の厚さに付着している。このときの蒸発器の伝熱係数は

空気側熱伝達率	$\alpha_\mathrm{a} = 0.05\,\mathrm{kW/(m^2\cdot K)}$
冷媒側熱伝達率	$\alpha_\mathrm{r} = 1.5\,\mathrm{kW/(m^2\cdot K)}$
霜の熱伝導率	$\lambda = 0.00020\,\mathrm{kW/(m\cdot K)}$
有効内外伝熱面積比	$m = 7.5$

である。霜の厚さによる面積増加およびフィンコイル材の熱伝導抵抗は無視できるものとする。

この凝縮器の熱通過率 K はおよそ何 $\mathrm{kW/(m^2\cdot K)}$ か。

演習問題 5-3

R 22 空調用フィンコイル蒸発器の仕様および運転条件は次のとおりである。

この蒸発器について、次の(1)、(2)および(3)に答えよ。

ただし、蒸発器出口の冷媒は乾き飽和蒸気の状態とし、空気と冷媒との温度差は算術平均温度差を用い、冷却管材の熱伝導抵抗は無視できるものとする。

冷凍能力	$\Phi_\circ = 6.5\,\mathrm{kW}$

冷媒蒸発温度	$t_\mathrm{o} = 6.0\,^\circ\mathrm{C}$
蒸発器入口冷媒の乾き度	$x = 0.23$

蒸発温度における R 22 の比エンタルピー

飽和液	$h' = 207.0\,\mathrm{kJ/kg}$
乾き飽和蒸気	$h'' = 406.7\,\mathrm{kJ/kg}$
冷媒側平均熱伝達率	$\alpha_\mathrm{r} = 5.8\,\mathrm{kW/(m^2 \cdot K)}$
空気側平均熱伝達率	$\alpha_\mathrm{a} = 0.07\,\mathrm{kW/(m^2 \cdot K)}$
空気の比熱	$c_\mathrm{a} = 1.0\,\mathrm{kJ/(kg \cdot K)}$
有効内外伝熱面積比	$m = 20$
入口空気温度	$t_\mathrm{a1} = 28\,^\circ\mathrm{C}$
出口空気温度	$t_\mathrm{a2} = 16\,^\circ\mathrm{C}$

(1) 冷媒流量は何 kg/s か。

(2) 空気の風量は何 kg/s か。

(3) 外表面伝熱面積は何 $\mathrm{m^2}$ か。

(H16 一冷国家試験)

演習問題 5-4　　　　　　　　　　　　　　　　　　　　　一冷

　R 404A を用いた冷蔵庫用のフィンコイル乾式蒸発器が、着霜のない状態で次の仕様および運転条件で運転されている。この蒸発器について、次の(1)～(4)の問に答えよ。

　ただし、蒸発器出口における冷媒の状態は乾き飽和蒸気とし、冷媒と空気との間の温度差は算術平均温度差を用い、フィンコイル材の熱伝導抵抗は無視できるものとする。

　（仕様および運転条件）

有効内外伝熱面積比	$m = 20$
冷媒流量	$q_\mathrm{mr} = 0.11\,\mathrm{kg/s}$
冷媒蒸発温度	$t_\mathrm{o} = -15\,^\circ\mathrm{C}$
蒸発器入口における冷媒の乾き度	$x = 0.42$

冷媒蒸発温度における冷媒の比エンタルピー

飽和液	$h_\mathrm{B} = 180\,\mathrm{kJ/kg}$
乾き飽和蒸気	$h_\mathrm{D} = 358\,\mathrm{kJ/kg}$
空気側平均熱伝達率	$\alpha_\mathrm{a} = 0.045\,\mathrm{kW/(m^2 \cdot K)}$
冷媒側平均熱伝達率	$\alpha_\mathrm{r} = 3.6\,\mathrm{kW/(m^2 \cdot K)}$
入口空気温度	$t_\mathrm{a1} = -5\,^\circ\mathrm{C}$

出口空気温度 $t_{a2} = -10\,℃$

(1) 冷凍能力 $\Phi_o(\mathrm{kW})$ を求めよ。

(2) 着霜のない状態における蒸発器の外表面積基準の平均熱通過率 $K\,[\mathrm{kW/(m^2 \cdot K)}]$ を求めよ。

(3) 着霜のない状態における蒸発器の空気側伝熱面積 $A\,(\mathrm{m^2})$ を求めよ。

(4) 着霜した場合の蒸発器の外表面積基準の平均熱通過率 $K'\,[\mathrm{kW/(m^2 \cdot K)}]$ を求めよ。

ただし、霜の熱伝導率 λ は $0.18\,\mathrm{W/(m \cdot K)}$ とし、霜の厚さ δ は $3.0\,\mathrm{mm}$ とし、それ以外の条件は変わらないものとする。

（H29 一冷国家試験）

5 2 一冷 二冷 シェルアンドチューブ乾式蒸発器

　シェルアンドチューブ乾式蒸発器は、水やブラインの冷却に使用されるもので、冷却管内を冷媒が流れ、冷却管外を被冷却物である水やブラインが流れる構造である。

　熱伝達率の小さい冷媒側（冷却管内側）にフィンを付けて伝熱面積を拡大したインナフィンチューブを使用することが多い。また、被冷却物側の汚れ係数を考慮して計算する必要がある。

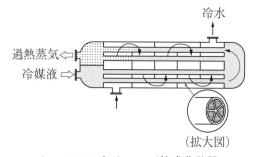

シェルアンドチューブ乾式蒸発器

　2章で述べた冷却熱量すなわち**冷凍能力**（冷凍負荷）Φ_o は、冷却管外を流れる被冷却物が失う熱量に等しく、次式で表される。

$$\Phi_o = c_w q_{mw}(t_{w1} - t_{w2}) \quad\cdots\cdots\cdots\cdots\cdots\cdots\cdots (5.3\mathrm{a})$$

体積流量を用いると、次式で表される。

$$\Phi_o = c_w q_{vw} \rho_w (t_{w1} - t_{w2}) \quad\cdots\cdots\cdots\cdots\cdots\cdots (5.3\mathrm{b})$$

ここで

　Φ_o：冷凍能力（kW）

　c_w：被冷却物の比熱 $[\mathrm{kJ/(kg \cdot K)}]$

q_{mw}：被冷却物の質量流量(kg/s)

t_{w1}：蒸発器入口の被冷却物の温度(℃)

t_{w2}：蒸発器出口の被冷却物の温度(℃)

q_{vw}：被冷却物の体積流量(m³/s)

ρ_w：被冷却物の密度(kg/m³)

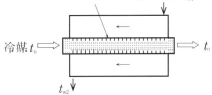

モデル化した蒸発器

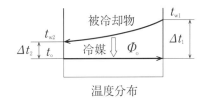

温度分布

なお、水の場合は質量1kgの体積が1Lであるから、体積流量の単位としてL/sを用いれば、式(5.3a)がそのまま使える。

また、冷凍能力 Φ_o は被冷却物から冷媒への伝熱量にも等しく、3章の熱交換器の式で表すことができる。温度差として対数平均温度差を用いる場合は

$$\Phi_o = KA\Delta t_{lm} \quad\cdots\cdots\cdots\cdots\cdots\cdots\cdots\cdots\cdots (5.4a)$$

$$\Delta t_m = \frac{\Delta t_1 - \Delta t_2}{\ln(\Delta t_1/\Delta t_2)} \quad\cdots\cdots\cdots\cdots\cdots\cdots\cdots (5.4b)$$

近似値として算術平均温度差を用いる場合は、次式を用いる。シェルアンドチューブ乾式蒸発器の計算には、一般にこの式を用いる。

$$\Phi_o = KA\Delta t_m \quad\cdots\cdots\cdots\cdots\cdots\cdots\cdots\cdots\cdots (5.4c)$$

$$\Delta t_m = \frac{\Delta t_1 + \Delta t_2}{2} = \frac{t_{w1} + t_{w2}}{2} - t_o \quad\cdots\cdots\cdots\cdots (5.4d)$$

ここで

K：被冷却物側（外表面）基準の平均熱通過率[kW/(m²·K)]

A：被冷却物側伝熱面積(m²)

Δt_{lm}：対数平均温度差(K)

Δt_m：算術平均温度差(K)

Δt_1：被冷却物の入口温度(t_{w1})と蒸発温度(t_o)の差(K)

Δt_2：被冷却物の出口温度(t_{w2})と蒸発温度(t_o)の差(K)

t_o：蒸発温度（℃）。実際には蒸発器出口付近では蒸発温度とは異なる温度であるが、計算には影響が少ないので一定値とみなして計算する。

平均熱通過率 K は外面基準であり、3章3·4·4項のフィン付熱交換器の熱通過率の式(3.10e)に基づき、次式で計算する。フィンは管の内面に付いているので有効内外伝熱面積比 m の位置に注意が必要である。汚れの伝熱面積は被冷却物側伝熱面積に等しいとして

$$K = \cfrac{1}{\cfrac{1}{m\alpha_r} + \cfrac{1}{\alpha_w} + f} \quad\cdots\cdots\cdots\cdots\cdots\cdots\cdots (5.4e)$$

ここで

α_r：冷媒側熱伝達率$[kW/(m^2 \cdot K)]$

α_w：被冷却物側熱伝達率$[kW/(m^2 \cdot K)]$

m：有効内外伝熱面積比$(-)$

f：被冷却物側の汚れ係数$(m^2 \cdot K/kW)$

水冷却器の平均熱通過率を求める

下記の運転条件で使用されているシェルアンドチューブ形の乾式水冷却器がある。このときの水冷却器の冷却管の外表面基準の平均熱通過率はおよそ何$kW/(m^2 \cdot K)$か。

ただし、平均温度差は算術平均温度差によるものとする。

冷水流量	$q_{vw} = 830\,L/min$
冷水入口温度	$t_{w1} = 10\,℃$
冷水出口温度	$t_{w2} = 6\,℃$
冷水の密度	$\rho_w = 1.0\,kg/L$
冷水の比熱	$c_w = 4.2\,kJ/(kg \cdot K)$
冷媒の蒸発温度	$t_o = 2\,℃$
冷水側の伝熱面積	$A = 50\,m^2$

▽ 解説

冷却熱量Φ_oを式(5.3b)で計算した後、熱通過量の計算式(5.4c)$\Phi_o = KA\Delta t_m$を使って平均熱通過率Kを求める。

まず、冷却熱量Φ_oを式(5.3b)で求める。

$$\Phi_o = c_w q_{vw} \rho_w (t_{w1} - t_{w2})$$

ここで

$$c_w = 4.2\,kJ/(kg \cdot K) \qquad q_{vw} = (830/60)\,L/s$$

$$\rho_w = 1.0\,kg/L \qquad t_{w1} = 10\,℃ \qquad t_{w2} = 6\,℃$$

これらの数値を上式に代入すると

$$\Phi_o = 4.2\,kJ/(kg \cdot K) \times (830/60)\,L/s \times 1.0\,kg/L \times (10\,℃ - 6\,℃)$$

$$= 232\,kJ/s = 232\,kW$$

次に、熱通過量Φ_oの計算式(5.4c)$\Phi_o = KA\Delta t_m$を平均熱通過率Kを求める式に変形する。

$$K = \frac{\Phi_o}{A\Delta t_m}$$

ここで

$$\Phi_o = 232\,kW \qquad A = 50\,m^2$$

算術平均温度差Δt_mは式(5.4d)で計算する。

$$\Delta t_{\mathrm{m}} = \frac{t_{\mathrm{w1}} + t_{\mathrm{w2}}}{2} - t_{\mathrm{o}}$$

$$= \frac{10\,℃ + 6\,℃}{2} - 2\,℃$$

$$= 6\,\mathrm{K}$$

これらの数値を上式に代入すると

$$K = \frac{232\,\mathrm{kW}}{50\,\mathrm{m}^2 \times 6\,\mathrm{K}} = 0.77\,\mathrm{kW/(m^2 \cdot K)}$$

（答　$0.77\,\mathrm{kW/(m^2 \cdot K)}$）

例題 — 5.6　　　　　　　　　　　　　　　　　　　　（二冷）

ブライン冷却器（裸管）の平均熱通過率および伝熱面積を求める

　下記の運転条件で使用されているシェルアンドチューブ形の乾式ブライン冷却器がある。

　このブライン冷却器について、次の各問に答えよ。

　ただし、冷却管材は裸管とし、その厚さおよび熱伝導抵抗は無視できるものとする。また、平均温度差は算術平均温度差によるものとする。

冷却能力	$\Phi_{\mathrm{o}} = 225\,\mathrm{kW}$
ブライン側平均熱伝達率	$\alpha_{\mathrm{B}} = 1.45\,\mathrm{kW/(m^2 \cdot K)}$
冷媒側平均熱伝達率	$\alpha_{\mathrm{r}} = 1.16\,\mathrm{kW/(m^2 \cdot K)}$
ブライン側の汚れ係数	$f = 0.172\,\mathrm{m^2 \cdot K/kW}$
冷媒とブラインの間の算術平均温度差	$\Delta t_{\mathrm{m}} = 6\,\mathrm{K}$

(1)　外表面基準の平均熱通過率 $K\,[\mathrm{kW/(m^2 \cdot K)}]$ を求めよ。

(2)　ブライン側伝熱面積 $A\,(\mathrm{m}^2)$ を求めよ。

解説

(1)　外表面基準の平均熱通過率 $K\,[\mathrm{kW/(m^2 \cdot K)}]$

　式(5.4e)を使って求める。題意より有効内外伝熱面積比は1であるから、平板とみなして次式で計算する。

$$K = \frac{1}{\dfrac{1}{\alpha_{\mathrm{r}}} + \dfrac{1}{\alpha_{\mathrm{B}}} + f}$$

ここで

$$\alpha_{\mathrm{r}} = 1.16\,\mathrm{kW/(m^2 \cdot K)} \qquad \alpha_{\mathrm{B}} = 1.45\,\mathrm{kW/(m^2 \cdot K)} \qquad f = 0.172\,\mathrm{m^2 \cdot K/kW}$$

これらの数値を上式に代入すると

$$K = \cfrac{1}{\cfrac{1}{1.16 \text{ kW/(m}^2 \cdot \text{K)}} + \cfrac{1}{1.45 \text{ kW/(m}^2 \cdot \text{K)}} + 0.172 \text{ m}^2 \cdot \text{K/kW}}$$

$$= 0.580 \text{ kW/(m}^2 \cdot \text{K)}$$

（答　0.580 kW/(m²·K)）

(2)　ブライン側伝熱面積 A (m²)

熱通過量 Φ_o の計算式(5.4c) $\Phi_\text{o} = KA\Delta t_\text{m}$ を外表面伝熱面積 A を求める式に変形する。

$$A = \frac{\Phi_\text{o}}{K\Delta t_\text{m}}$$

ここで

$$\Phi_\text{o} = 225 \text{ kW} \qquad K = 0.580 \text{ kW/(m}^2 \cdot \text{K)} \qquad \Delta t_\text{m} = 6 \text{ K}$$

これらの数値を上式に代入すると

$$A = \frac{\Phi_\text{o}}{K\Delta t_\text{m}} = \frac{225 \text{ kW}}{0.580 \text{ kW/(m}^2 \cdot \text{K)} \times 6 \text{ K}} = 64.7 \text{ m}^2$$

（答　64.7 m²）

演習問題 5-5

　　下記の運転条件で使用されているシェルアンドチューブ形の乾式ブライン冷却器がある。このブライン冷却管の外表面基準の平均熱通過率はおよそ何 W/(m²·K)か。

　　ただし、冷却管材は裸管とし、その厚さおよび熱伝導抵抗は無視できるものとする。また、ブラインと冷媒との平均温度差は算術平均温度差によるものとする。

ブライン流量	$q_\text{B} = 10.8 \text{ L/s}$
ブライン入口温度	$t_\text{B1} = -9 \text{ °C}$
ブライン出口温度	$t_\text{B2} = -13 \text{ °C}$
ブラインの密度	$\rho_\text{B} = 1.2 \text{ kg/L}$
ブラインの比熱	$c_\text{B} = 2.93 \text{ kJ/(kg·K)}$
冷媒の蒸発温度	$t_\text{o} = -16 \text{ °C}$
ブライン側の伝熱面積	$A = 95 \text{ m}^2$

（H12 二冷国家試験　類似）

5·3 シェルアンドチューブ満液式蒸発器

　シェルアンドチューブ満液式蒸発器（管外蒸発方式）は、水やブラインの冷却に使用されるもので、冷却管内を被冷却物である水やブラインが流れ、冷却管外を冷媒が流れる構造である。冷媒はほぼ乾き飽和蒸気の状態で圧縮機に送られる。

　熱伝達率の小さい冷媒側（冷却管外側）にフィンを付けて伝熱面積を拡大したローフィンチューブを使用した蒸発器の場合、外表面基準の熱通過率 K は次式で求める。

$$K = \cfrac{1}{\cfrac{1}{\alpha_r} + m\left(\cfrac{1}{\alpha_w} + f\right)} \qquad \cdots\cdots\cdots\cdots\cdots\cdots\cdots\cdots\cdots\cdots\cdots\cdots (5.5)$$

また、熱通過率 K 以外の冷凍負荷などについては、5·2節と同じ計算式が使用できる。

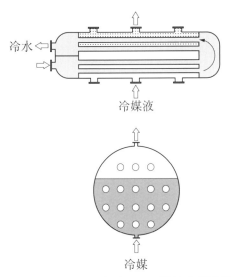

シェルアンドチューブ満液式蒸発器

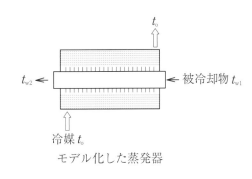

モデル化した蒸発器

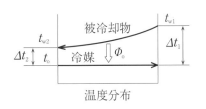

温度分布

圧力容器

受液器や凝縮器などの圧力容器の設計は材料力学に基づいて行われる。この章では、特に一種冷凍で出題が多い圧力容器に誘起される応力や許容圧力、必要板厚などの計算方法について述べる。

応力とひずみ

6·1·1 応　力

　図の丸棒の引っ張りの例のように、物体が外力（荷重）を受けると、内部には外力とつり合う形で外力と等しい大きさの内力が発生する。単位断面積当たりの内力を**応力**といい、一様な断面をもつ部材では、外力を $F(\mathrm{N})$、部材の断面積を $A(\mathrm{m^2})$ とすると応力 σ は次式で表される。

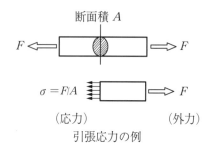

引張応力の例

$$\sigma = \frac{F}{A} \quad\cdots\cdots\cdots\cdots\cdots\cdots\cdots\cdots\cdots\cdots\cdots\cdots\cdots\cdots\cdots\cdots\cdots (6.1)$$

　応力 σ の SI 単位は $\mathrm{Pa}(= \mathrm{N/m^2})$ で圧力の単位と同じであるが、応力の単位には一般に $\mathrm{N/mm^2}$ が、また、圧力の単位には接頭語 $\mathrm{M}(10^6)$ を使って MPa が使われる。この場合

$$1\,\mathrm{N/mm^2} = 10^6\,\mathrm{N/m^2} = 1\,\mathrm{MPa}$$

の関係がある。

　応力には、引張応力のほかに、圧縮応力、せん断応力などがあるが、圧力容器に誘起される応力で問題となる応力は引張応力である。

6·1·2 ひずみ

　ひずみは、物体の変形の割合を表すものである。

　図の引っ張りの例で、部材が引張方向に Δl だけ伸びたとすると、Δl を元の長さ l で除した値がひずみ（縦ひずみともいう。）ε である。ひずみは、無次元量である。

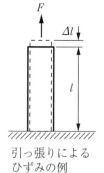

$$\varepsilon = \frac{\Delta l}{l} \quad\cdots\cdots\cdots\cdots\cdots\cdots\cdots\cdots\cdots\cdots\cdots (6.2)$$

引っ張りによる
ひずみの例

6·1·3 フックの法則

　次頁の図は軟鋼の応力-ひずみ線図を示す。A 点は**比例限度**で、OA 間では、応力 σ とひずみ ε は正比例する。B 点は荷重を取り除くとひずみがなくなる限界の応力で**弾性限度**である。OA 間においては、E を比例定数とすると

6章 圧力容器

$$\sigma = E\varepsilon \quad \cdots\cdots\cdots\cdots\cdots\cdots\cdots\cdots\cdots\cdots\cdots\cdots\cdots\cdots\cdots\cdots \quad (6.3)$$

の関係があり、これを**フックの法則**という。また、比例定数 E を**縦弾性係数**または**ヤング率**といい、応力-ひずみ線図の OA の傾きに相当する。

なお、図において、C 点から E 点に至る材料の降伏過程のうち C 点を**上降伏点**、DE 部に相当する応力を**下降伏点**、また最大応力を示す F 点に相当する応力を**引張強さ**（または、極限強さ）、破断する G 点に相当する応力を**破壊応力**（または、破断強さ）という。これらの応力は、いずれも加えた荷重を試験片が変形する前の断面積で除したものである。

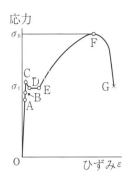

応力

軟鋼の応力-ひずみ
線図

6・1・4 許容応力と安全率

材料の破壊に対する安全性の観点から、これらを構成する部材に許容される最大の応力を**許容応力**という。許容応力は、引張強さなどの基準強さを**安全率**で除した値で表される。

$$許容応力 \ = \frac{基準強さ}{安全率}$$

圧力容器の許容応力については、冷凍保安規則関係例示基準に材料ごとに規定されているが、冷凍装置によく使われる溶接構造用圧延鋼材 SM 400B については基準強さとなる引張強さが $400\,\mathrm{N/mm^2}$ であり、許容応力はその $1/4$（安全率 $= 4$）の $100\,\mathrm{N/mm^2}$ である。

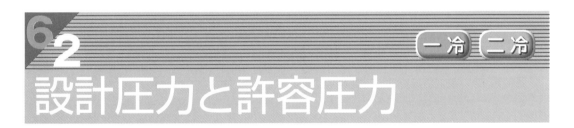

6 2 設計圧力と許容圧力

一冷 二冷

6・2・1 設計圧力

設計圧力は、圧力容器の設計において板厚を決定するときなどに用いる圧力である。

圧力容器の設計圧力については、冷凍保安規則関係例示基準に規定されており

①　高圧部（圧縮機の作用による圧力を受ける部分）については、冷媒ガスの種類および基準凝縮温度に応じて規定されている。その抜粋を次頁の表に示す。例示基準の表に示されていない冷媒ガスについては、通常の運転中に予想される最高の圧力などにより決定する。

②　低圧部（高圧部以外の部分）については、冷媒ガスの種類に応じて規定されている。例

示基準の表に示されていない冷媒ガスについては、停止中に予想される最高温度により生じる圧力などにより決定する。

設計圧力の例（抜粋）

冷媒ガスの種類	高圧部（単位　MPa）					低圧部
	基準凝縮温度（単位　℃）					
	43	50	55	60	65	（単位　MPa）
アンモニア	1.6	2.0	2.3	2.6	—	1.26
R 22	1.6	1.9	2.2	2.5	2.8	1.3

　例示基準の表に掲げる基準凝縮温度以外のときは、最も近い上位の温度に対応する圧力を設計圧力とする。

6・2・2　許容圧力

　許容圧力は圧力容器が実際に許容できる圧力で、法令では、①設計圧力、または②腐れしろを除いた肉厚に対応する圧力（後述する限界圧力）のうち低いほうの圧力とされている。
　冷凍保安規則で規定されている耐圧試験を液圧で行う場合は、基準となる許容圧力の 1.5 倍以上の圧力で、また、気密試験を行う場合は基準となる許容圧力以上の圧力で行うが、設計圧力に基づき製作された圧力容器で腐食などがないものについては、設計圧力を耐圧試験および気密試験の試験圧力の基準とする。

6.3　円筒形圧力容器（薄肉円筒胴）に生じる応力

一冷　二冷

　内圧 P(MPa) が加わる厚さ t(mm)、内径 D_i(mm) の薄肉円筒胴には、円周方向（接線方向）に引張応力である**円周応力** σ_t が、長手方向（軸方向）に引張応力である**軸応力** σ_l が、また、半径方向に圧縮応力である**半径応力** σ_r の 3 つの応力（主応力）が生じる。

　$t/D_i \leqq 1/4$ の薄肉円筒胴では、円周応力 σ_t、軸応力 σ_l は厚さ方向に対して変化が少ないので一様とみなし、また、半径応力 σ_r は $-P$（内壁）から大気圧 0（外壁）へと変化するが σ_t、σ_l に比べて小さいので 0 とみなす。円周応力 σ_t(N/mm²) および軸応力 σ_l(N/mm²) は以下の式で表される。

$$\text{円周応力}\qquad \sigma_t = \frac{PD_i}{2t} \quad\cdots\cdots\cdots\cdots\cdots\cdots\cdots\cdots\cdots\cdots\cdots\cdots (6.4a)$$

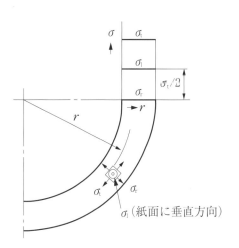

軸応力　　　$\sigma_l = \dfrac{PD_i}{4\,t} = \dfrac{\sigma_t}{2}$

.... (6.4b)

　また、応力の大きさは、$\sigma_t > \sigma_l (= \sigma_t/2)$ であり、最大応力は円周応力 σ_t である。

　なお、圧力容器に作用する実効圧力は内圧と容器外部の圧力（大気圧）との差であり、前述の設計圧力、許容圧力および内圧は、ゲージ圧力で表す。

参考

　物体が外力を受けた場合に、その内部の微小要素に生じる応力は、xyz 直交座標系の直交 3 軸を適当に選ぶと、x 面、y 面、z 面では、垂直応力（考えている面に垂直な応力）が最大値、最小値および中間値を示し、かつ、せん断応力がすべてゼロで垂直応力のみとなる。このときの垂直応力を主応力という。

　薄肉円筒胴に生じる主応力である円周応力 σ_t および軸応力 σ_l は次のように導くことができる。

① 円周応力 σ_t

　図(a)の半円筒の水平方向の力のつり合いを考える。内圧 P により内面に作用する力は、半円筒の長さを L とすると圧力 P の作用面積（投影面積）は $D_i L$ であるから、$PD_i L$ である。また、この力が上下の切断面（面積 $2\,tL$）に加わり円周応力 σ_t を生じているから、次式が成立する。

$$PD_i L = 2\,tL\sigma_t$$

$$\therefore \quad \sigma_t = \frac{PD_i L}{2\,tL} = \frac{PD_i}{2\,t}$$

（a）円周応力 σ_t　　　（b）軸応力 σ_l

② 軸応力 σ_l

　図(b)の円筒胴の水平方向の力のつり合いを考える。内圧 P により内面に作用する力は、作用面積（投影面積）が $\pi D_i^2/4$ であるから、$(\pi D_i^2/4)P$ である。また、この力が切断面（作用面積は、肉厚が薄いので内径を用いて近似的に $\pi D_i t$）に加わり軸応力 σ_l を生じているから、次式が成立する。

$$\frac{\pi D_i^2}{4}P = (\pi D_i t)\sigma_l$$

$$\therefore \quad \sigma_1 = \frac{\pi D_i^2 P}{4} \cdot \frac{1}{\pi D_i t} = \frac{PD_i}{4\,t} = \frac{\sigma_t}{2}$$

例 題 — **6.1**　　　　　　　　　　　　　　　　　　（二冷）

受液器の胴板に生じる最大応力を求める

　R 404A を冷媒とする冷凍装置があり、その受液器の寸法は、内径 480 mm、胴板の厚さ 10 mm である。凝縮温度が 55 ℃ のとき、この受液器の胴板に誘起される最大応力はおよそ何 N/mm² か。

　ただし、凝縮温度 55 ℃ における R 404A の飽和圧力は 2.58 MPa（絶対圧力）とする。

　胴板には、円周応力 σ_t および軸応力 σ_1 が生じるが、これらの応力の大きさは $\sigma_t > \sigma_1$ （$= \sigma_t/2$）であるから、設問の最大応力は円周応力 σ_t である。

　また、受液器に作用する内圧 P は、受液器内の液化ガスの飽和圧力 2.58 MPa（絶対圧力）である。

　よって、式(6.4a)で計算できるが、同式中の内圧 P はゲージ圧力であるから、まず1章の式(1.2)を使って設問の絶対圧力(abs)をゲージ圧力(g)に換算する。

$$P = (2.58 - 0.1)\,\mathrm{MPa(g)} = 2.48\,\mathrm{MPa(g)}$$

$$\therefore \quad \sigma_t = \frac{PD_i}{2\,t} = \frac{2.48\,\mathrm{MPa} \times 480\,\mathrm{mm}}{2 \times 10\,\mathrm{mm}} = 59.5\,\mathrm{MPa} = 59.5\,\mathrm{N/mm^2}$$

　単位の項で述べたように、MPa = N/mm² である。また、円周応力の計算には、容器の長さは関係しない。

　念のため、t/D_i の値を求めると

$$\frac{t}{D_i} = \frac{10\,\mathrm{mm}}{480\,\mathrm{mm}} = \frac{1}{48} \leqq \frac{1}{4}$$

であるので、薄肉円筒胴として計算できる。冷凍装置に使用される円筒形の圧力容器は、薄肉円筒胴と考えて差し支えない。

（答　59.5 N/mm²）

演習問題 6-1

　R 22 を冷媒とする冷凍装置があり、その受液器の寸法は、外径 432 mm、胴板の厚さ 9 mm である。凝縮温度が 55 ℃ のとき、この受液器の胴板に誘起される最大応力はおよそいくらか。

　ただし、凝縮温度 55 ℃ における R 22 の飽和圧力は 2.18 MPa（絶対圧力）とする。

（H7 二冷国家試験　類似）

6·4 冷凍保安規則関係例示基準による円筒形圧力容器に関する計算 一冷

6·4·1 円筒形圧力容器の板厚

　胴板の最小厚さが胴の内径の 1/4 以下である薄肉円筒胴の設計製作にあたっては、冷凍保安規則関係例示基準に基づき次の計算式で**必要厚さ** t_a を計算する。

$$t_a = \frac{PD_i}{2\,\sigma_a\eta - 1.2\,P} + \alpha \quad\cdots\cdots\cdots\cdots\cdots\cdots\cdots\cdots\cdots\cdots\cdots\cdots\cdots (6.5a)$$

ここで

t_a：必要厚さ（mm）

P：設計圧力（MPa）

D_i：円筒胴の内径（mm）

σ_a：材料の許容引張応力

　　（N/mm² = MPa）

η：溶接継手の効率（－）で、溶接継手の種類と放射線透過試験の実施割合で定められている。

材　料　の　種　類		腐れしろ（mm）
鋳　鉄		1
鋼	直接風雨にさらされない部分で、耐食処理を施したもの	0.5
	被冷却液又は加熱熱媒に触れる部分	1
	その他の部分	1
銅、銅合金、ステンレス鋼、アルミニウム、アルミニウム合金、チタン		0.2

α：腐れしろ（mm）で、上表に示すように材料の種類ごとに定められている。

上式から腐れしろ α を除いた板厚を、**最小厚さ**という。

式(6.5a)は薄肉円筒のσ_tとtの関係式（式(6.4a)）を、板厚の影響（分母の$-1.2P$）、溶接継手の効率η、腐れしろαを考慮して修正したものである。（詳細は、日本冷凍空調学会発行の「上級冷凍受験テキスト」などに記載されている。）

なお、配管の場合は外径D_oが基準となるので、最小厚さt（式(6.5a)のαを除外した厚さ）の計算式に$D_i = D_o - 2t$の関係を代入して得られる厚さに腐れしろαを加えた次式を使う。

$$t_a = \frac{PD_o}{2\sigma_a\eta + 0.8P} + \alpha \quad \cdots\cdots (6.5b)$$

なお、必要厚さの計算で計算結果を丸める場合には、安全サイドの設計とするために端数は切り上げる。

また、さら形鏡板または全半球形鏡板の必要厚さt_aは冷凍保安規則関係例示基準に基づき次式で計算する。

$$t_a = \frac{PRW}{2\sigma_a\eta - 0.2P} + \alpha \quad \cdots\cdots (6.5c)$$

ここで

t_a：必要厚さ（mm）

P：設計圧力（MPa）

R：さら形鏡板の中央部または全半球形鏡板の内面の半径（mm）

W：さら形の形状に関する補正係数で、次の算式によって得られる数値（全半球形鏡板にあっては1）

$$W = \frac{1}{4}\left(3 + \sqrt{\frac{R}{r}}\right)$$

r：さら形鏡板のすみの丸みの内面の半径（mm）

σ_a：材料の許容引張応力（N/mm^2 = MPa）

η：溶接継手（胴に取り付ける継手を除く。）の効率（継手がない場合は1）

上式は薄肉球形胴のσ_tとtの関係式を、板厚の影響、応力集中などを考慮して修正したものである。

さら形鏡板

6·4·2 限界圧力

限界圧力[*]は、圧力容器の腐れしろを除いた肉厚に対応する圧力のことで、既設の圧力容器の実際の厚さをtとするとき、その容器の限界圧力P_aは、式(6.5a)中の設計圧力Pを限界圧力P_aに置き換えて得られる次式で求める。

$$P_a = \frac{2\sigma_a\eta(t - \alpha)}{D_i + 1.2(t - \alpha)} \quad \cdots\cdots (6.6a)$$

同様に、配管の場合は式(6.5b)から

$$P_a = \frac{2\,\sigma_a\eta\,(t-\alpha)}{D_o - 0.8(t-\alpha)} \quad\cdots\cdots\cdots\cdots\cdots\cdots\cdots\cdots\cdots\cdots\cdots\cdots\cdots\cdots\cdots\cdots\cdots\cdots\cdots\cdots \text{(6.6b)}$$

安全サイドとするため、計算結果の不要な位は切り捨てる。

　なお、耐圧試験などの基準となる許容圧力を求める場合は、例示基準の設計圧力の選定表から、算出した限界圧力に最も近い下位の設計圧力を選び、これを許容圧力とする。

（＊）日本冷凍空調学会発行の「上級冷凍受験テキスト」による。旧版で「最高使用圧力」としていたもの。

例 題 ― 6.2

凝縮器の必要厚さおよび胴板に誘起される最大応力を求める

　シェルアンドチューブ R 22 水冷凝縮器の計画に際し、冷却水入口最高温度を 32 ℃、それに対する出口温度を 37.4 ℃、凝縮温度と冷却水との算術平均温度差を 5.5 K、シェル内径を 304 mm とするとき、次の各問に答えよ。

(1)　冷凍保安規則関係例示基準に基づく胴板の必要厚さは何 mm か。小数第 1 位まで求めよ。

(2)　この凝縮器を(1)で求めた板厚で製作後に液圧による耐圧試験を最小試験圧力で実施するとき、胴板に誘起される最大引張応力はいくらか。

　ただし、胴板の材料は SM 400B、溶接継手の効率 $\eta = 0.6$、腐れしろ $\alpha = 0.5$ mm とする。

　また、R 22 の基準凝縮温度と飽和圧力との関係は下表のとおりとする。

基準凝縮温度　　℃	43	50	55	60	65
R 22 飽和圧力　MPa (g)	1.6	1.9	2.2	2.5	2.8

(H3 一冷国家試験 類似)

---

(1)　胴板の必要厚さ (mm)

　胴板の必要厚さ t_a は、次の式(6.5a)で計算する。

$$t_a = \frac{PD_i}{2\,\sigma_a\eta - 1.2\,P} + \alpha \quad\cdots\cdots\cdots\cdots\cdots\cdots\cdots\cdots\cdots\cdots\cdots\cdots\cdots\cdots\cdots\cdots\cdots\cdots\cdots ①$$

ここで

$\quad\quad D_i = 304$ mm

$\quad\quad \sigma_a = 100$ N/mm² (SM 400B 材の引張強さは 400 N/mm² であり、許容応力は
$\quad\quad\quad\quad$ この値の 1/4 である。この値は覚えておく。)

$\quad\quad \eta = 0.6 \quad\quad \alpha = 0.5$ mm

P は、基準凝縮温度から求める。4 章の式 (4.4d) を凝縮温度 t_k を求める式に変形し、数値を代入すると

$$t_k = \Delta t_m + \frac{t_{w1} + t_{w2}}{2} = 5.5\,℃ + \frac{32\,℃ + 37.4\,℃}{2} = 40.2\,℃$$

したがって、基準凝縮温度は問題文に示されている表の「40.2 ℃ に最も近い上位の温度」である 43 ℃、また、設計圧力はその下の欄の 1.6 MPa である。これらの数値を式①に代入すると

$$t_a = \frac{1.6\,\text{MPa} \times 304\,\text{mm}}{2 \times 100\,\text{N/mm}^2 \times 0.6 - 1.2 \times 1.6\,\text{MPa}} + 0.5\,\text{mm}$$

$$= 4.62\,\text{mm} ≒ 4.7\,\text{mm}$$

(注) 単位の項で述べたように、MPa ＝ N/mm² であり、式 (6.5a) を用いるときは、圧力の単位は MPa、応力の単位は N/mm²(＝ MPa)、内径や厚さの単位は mm であることに注意し、また、式 (6.5a) や SM 400B 材の許容応力は、覚えておく。また、答は、安全サイドの設計とするため、小数第 1 位を切り上げる。

(答　4.7 mm)

(2) 胴板に誘起される最大引張応力

新規に製作された圧力容器の耐圧試験は、設計圧力の 1.5 倍以上の圧力で実施する。よって設問の最小試験圧力は設計圧力の 1.5 倍の圧力であり、耐圧試験時の内圧 P は

$$P = 1.6\,\text{MPa} \times 1.5 = 2.4\,\text{MPa}$$

また、胴板に生じる応力の中で最大の応力は円周方向に作用する引張応力（円周応力）σ_t であるから、式 (6.4a) で計算すればよい。すなわち

$$\sigma_t = \frac{PD_i}{2\,t_a} = \frac{2.4\,\text{MPa} \times 304\,\text{mm}}{2 \times 4.7\,\text{mm}} = 77.6\,\text{MPa} = 77.6\,\text{N/mm}^2$$

(答　77.6 N/mm²)

例題 — 6.3　　一冷

胴板の厚さから受液器の使用の可否と耐圧試験時の最大引張応力を求める

下記の仕様で製作された新しい円筒胴圧力容器がある。この圧力容器について、次の (1)、(2) の問に答えよ。

（円筒胴圧力容器の仕様）

使用鋼板	SM 400B
鋼板の許容引張応力	$\sigma_a = 100\,\text{N/mm}^2$
胴の外径	$D_o = 600\,\text{mm}$
胴板の厚さ	$t = 14\,\text{mm}$
胴板の腐れしろ	$\alpha = 1\,\text{mm}$
胴板の溶接継手の効率	$\eta = 0.70$

(1) この圧力容器を基準凝縮温度 50 ℃ で運転される R 410A 冷凍装置の高圧受液器と

して屋外に設置し、使用したい。使用の可否を判断せよ。

ただし、R 410A 冷凍装置の基準凝縮温度 50 ℃ における高圧部設計圧力は 2.96 MPa とする。

(2) 最小の必要耐圧試験圧力でこの受液器の耐圧試験を液圧で実施するとき、胴板に誘起される最大引張応力 σ_t（N/mm²）を求めよ。

(H25 一冷国家試験)

 解説

(1) 使用の可否

胴板の必要厚さ t_a を、次の式(6.5a)で計算し、その値を胴板の厚さ $t = 14\,\mathrm{mm}$ と比較して使用の可否を判断する。

$$t_a = \frac{PD_i}{2\,\sigma_a\eta - 1.2\,P} + \alpha$$

ここで

$$\sigma_a = 100\,\mathrm{N/mm^2}$$
$$\eta = 0.70 \qquad P = 2.96\,\mathrm{MPa}$$
$$D_i = D_o - 2\,t = 600\,\mathrm{mm} - 2 \times 14\,\mathrm{mm} = 572\,\mathrm{mm}$$
$$\alpha = 1\,\mathrm{mm}$$

これらの値を上式に代入すると

$$t_a = \frac{2.96\,\mathrm{MPa} \times 572\,\mathrm{mm}}{2 \times 100\,\mathrm{N/mm^2} \times 0.70 - 1.2 \times 2.96\,\mathrm{MPa}} + 1\,\mathrm{mm}$$

$$= 13.41\,\mathrm{mm} \fallingdotseq 13.5\,\mathrm{mm}（切り上げ）\leqq t$$

（答 使用可）

(2) 胴板に誘起される最大引張応力 σ_t（N/mm²）

新規に製作した受液器の耐圧試験を液圧で行う場合の最小圧力は、設計圧力の 1.5 倍である。

また胴板に生じる応力の中で最大引張応力は円周応力 σ_t であるから、式(6.4a)で計算する。

$$\sigma_t = \frac{1.5\,PD_i}{2\,t} = \frac{1.5 \times 2.96\,\mathrm{MPa} \times 572\,\mathrm{mm}}{2 \times 14\,\mathrm{mm}} = 90.7\,\mathrm{MPa} = 90.7\,\mathrm{N/mm^2}$$

（答 90.7 N/mm²）

例 題 — **6.4**　　　　　　　

高圧受液器の限界圧力などを求める

下記仕様のアンモニア用高圧受液器の薄肉円筒胴に関する次の(1)および(2)について答えよ。

（仕様）

使用鋼板	SM 400B（JIS G 3106）
板厚	$t_a = 10\ \text{mm}$
円筒胴の内径	$D_i = 410\ \text{mm}$
溶接継手の効率	$\eta = 0.60$
腐れしろ	$\alpha = 1\ \text{mm}$

(1) この高圧受液器の腐れしろを除いた肉厚に対応する圧力（限界圧力）P_a(MPa)はいくらか。小数点以下1桁までの数値で答えよ。

(2) この高圧受液器を 2.3 MPa の圧力で使用するとき、円筒胴接線方向に発生する引張応力 σ_t(N/mm²)を小数点以下1桁までの数値で答えよ。

（R2 一冷検定）

(1) **限界圧力 P_a(MPa)**

限界圧力（最高使用圧力）P_a は式(6.6a)を使う

$$P_a = \frac{2\,\sigma_a\eta(t_a - \alpha)}{D_i + 1.2(t_a - \alpha)}$$

ここで

> $\sigma_a = 100\ \text{N/mm}^2$（SM 400B 材の引張強さは 400 N/mm² であり、許容応力はこの値の 1/4 である。）
>
> $t_a = 10\ \text{mm}$ $\eta = 0.60$ $\alpha = 1\ \text{mm}$ $D_i = 410\ \text{mm}$

これらの値を上式に代入すると

$$P_a = \frac{2 \times 100\ \text{N/mm}^2 \times 0.60 \times (10\ \text{mm} - 1\ \text{mm})}{410\ \text{mm} + 1.2 \times (10\ \text{mm} - 1\ \text{mm})}$$

$$= 2.567\ \text{N/mm}^2 \fallingdotseq 2.5\ \text{MPa}$$

（答　2.5 MPa）

(2) **円筒胴接線方向の引張応力 σ_t(N/mm²)**

円筒胴接線方向の引張応力（円周応力）σ_t は、次の式(6.4a)で計算する。

$$\sigma_t = \frac{PD_i}{2\,t}$$

ここで

> $P = 2.3\ \text{MPa}$ $D_i = 410\ \text{mm}$ $t = 10\ \text{mm}$

これらの値を上式に代入すると

$$\sigma_t = \frac{2.3\ \text{MPa} \times 410\ \text{mm}}{2 \times 10\ \text{mm}} = 47.2\ \text{N/mm}^2$$

（答　47.2 N/mm²）

最高の基準凝縮温度および設計圧力が作用したときの応力を求める

　下記仕様で製作された円筒胴圧力容器を R 404A 用の高圧受液器として使用したい。これについて、次の(1)および(2)の問に答えよ。

　　（円筒胴圧力容器の仕様）

使用鋼板	SM 400B
円筒胴の外径	$D_o = 620$ mm
円筒胴板の厚さ	$t_a = 13$ mm
円筒胴板の腐れしろ	$\alpha = 1$ mm
円筒胴板の溶接継手の効率	$\eta = 0.7$

　ただし、R 404A の各基準凝縮温度における設計圧力は、次表の圧力を使用するものとする。

基準凝縮温度(℃)	43	50	55	60	65
設計圧力(MPa)	1.86	2.21	2.48	2.78	3.11

(1)　この受液器が使用できる最高の基準凝縮温度(℃)を求めよ。

(2)　この受液器に、基準凝縮温度 50 ℃ の設計圧力が作用したとき、円筒胴板に誘起される接線方向の引張応力 σ_t(N/mm²)と長手方向の引張応力 σ_l(N/mm²)をそれぞれ求めよ。

（R1 一冷国家試験 類似）

(1)　最高の基準凝縮温度(℃)

　式(6.6a)により限界圧力 P_a を計算する。式中の内径は $D_i = D_o - 2\,t_a = (620 - 2 \times 13)$ mm $= 594$ mm、使用鋼板 SM 400B の引張強さは 400 N/mm² であり許容応力はその 1/4 の $\sigma_a = 100$ N/mm² であるから

$$P_a = \frac{2\,\sigma_a \eta\,(t_a - \alpha)}{D_i + 1.2(t_a - \alpha)} = \frac{2 \times 100\,\text{N/mm}^2 \times 0.7 \times (13 - 1)\,\text{mm}}{594\,\text{mm} + 1.2 \times (13 - 1)\,\text{mm}}$$

$$= 2.76\,\text{N/mm}^2 = 2.76\,\text{MPa}$$

　与えられた表より、設計圧力はこの限界圧力より低い設計圧力のうち最も高い設計圧力である 2.48 MPa であり、最高の基準凝縮温度は 55 ℃ である。

（答　55 ℃）

(2)　基準凝縮温度 50 ℃の設計圧力が作用したときに誘起される接線方向の引張応力 σ_t (N/mm²)と長手方向の引張応力 σ_l(N/mm²)

　与えられた表より、基準凝縮温度 50 ℃ に対応する設計圧力は 2.21 MPa である。接線方向の引張応力、すなわち円周応力 σ_t は式(6.4a)を使って

$$\sigma_t = \frac{PD_i}{2\,t_a} = \frac{2.21\,\text{MPa} \times 594\,\text{mm}}{2 \times 13\,\text{mm}} = 50.49\,\text{MPa} \fallingdotseq 50.5\,\text{N/mm}^2$$

長手方向の引張応力、すなわち軸応力 σ_l は式(6.4b)を使って

$$\sigma_l = \frac{\sigma_t}{2} = \frac{59.49 \text{ N/mm}^2}{2} = 25.2 \text{ N/mm}^2$$

（答　$\sigma_t = 50.5 \text{ N/mm}^2$、$\sigma_l = 25.2 \text{ N/mm}^2$）

例 題 — 6.6　　　　　　　　　　　　　　　　　　　　一冷

最大の円筒胴内径、円周応力などを求める

円筒胴圧力容器用板材として、板厚 9 mm の SM 400B がある。

この板材を用いて屋外設置の R 22 用高圧受液器を設計したい。この受液器に関して、次の(1)、(2)について答えよ。

ただし、冷凍装置は基準凝縮温度 50 ℃ で運転するものとし、冷凍保安規則関係例示基準による設計圧力は 1.9 MPa、溶接効率は 0.7 とする。

(1)　許容しうる受液器の最大の円筒胴内径 D_i は何 mm か。ただし、円筒胴内径の小数点以下は切り捨てよ。

(2)　(1)で求められた受液器に設計圧力が作用したときに、円筒胴の接線方向応力 σ_t はいくらになるか。

（H8 一冷国家試験 類似）

 解説

(1)　最大の円筒胴内径 D_i (mm)

板厚 t の計算式(6.5a)を内径 D_i を求める式に変形する。

$$t = \frac{PD_i}{2\sigma_a\eta - 1.2P} + \alpha \;\rightarrow\; t - \alpha = \frac{PD_i}{2\sigma_a\eta - 1.2P} \;\rightarrow\; (t-\alpha)(2\sigma_a\eta - 1.2P) = PD_i$$

$$\therefore\; D_i = \frac{(t-\alpha)(2\sigma_a\eta - 1.2P)}{P}$$

ここで

$t = 9 \text{ mm}$

$\alpha = 1 \text{ mm}$（冷凍保安規則関係例示基準により、風雨にさらされる屋外設置の鋼の場合は $\alpha = 1 \text{ mm}$）

$\sigma_a = 100 \text{ N/mm}^2$（SM 400B 材の引張強さは 400 N/mm² であり、許容応力はこの値の 1/4 である。）

$\eta = 0.7$　　　$P = 1.9 \text{ MPa}$

これらの値を上式に代入すると

$$D_i = \frac{(9 \text{ mm} - 1 \text{ mm}) \times (2 \times 100 \text{ N/mm}^2 \times 0.7 - 1.2 \times 1.9 \text{ MPa})}{1.9 \text{ MPa}}$$

$$= 579.87 \text{ mm} \fallingdotseq 579 \text{ mm}（題意により、小数点以下は切り捨てる。）$$

（答　579 mm）

(2) 設計圧力が作用したときの円筒胴の接線方向応力 σ_t

円筒胴接線方向の引張応力（円周応力）σ_t は、次の式(6.4a)で計算する。

$$\sigma_t = \frac{PD_i}{2t}$$

ここで

$$P = 1.9\,\text{MPa} \qquad D_i = 579\,\text{mm} \qquad t = 9\,\text{mm}$$

これらの値を上式に代入すると

$$\sigma_t = \frac{1.9\,\text{MPa} \times 579\,\text{mm}}{2 \times 9\,\text{mm}} = 61.1\,\text{MPa} = 61.1\,\text{N/mm}^2$$

（答　61.1 N/mm²）

例 題 — 6.7

円筒胴の最大外径および半球形鏡板の必要板厚を求める

円筒胴圧力容器とそれの鏡板に用いる板材として、円筒胴用に板厚9mm、鏡板用に板厚6mmのともにSM 400Bがある。この板材を用いて屋外設置のR 404A用高圧受液器を設計したい。この高圧受液器について、次の(1)および(2)の問に答えよ。

ただし、R 404Aの凝縮温度50℃における高圧部設計圧力は、2.21 MPaとする。

(1) 設計可能な最大の円筒胴の外径 D_o は何mmか。

ただし、溶接効率は0.7とし、円筒胴外径の小数点以下は切り捨てよ。

(2) (1)で求めた円筒胴に取り付ける鏡板の形状は半球形とし、この鏡板には溶接継手はないものとする。これに板厚6mmの板材を用いてもよいか、必要板厚を計算して判断せよ。

ただし、円筒胴と鏡板は外径寸法を同一とする。

（H23 一冷国家試験）

(1) 設計可能な最大の円筒胴の外径 D_o (mm)

円筒胴の必要板厚 t_a の計算式(6.5a)において、必要板厚 t_a を実際の板厚 $t = 9\,\text{mm}$ と置きかえて求めた内径 D_i が最大の内径である。前例題と同様に

$$D_i = \frac{(t - \alpha)(2\sigma_a\eta - 1.2P)}{P}$$

この式に、$t = 9\,\text{mm}$、$\alpha = 1\,\text{mm}$（屋外設置なので）、$\sigma_a = 100\,\text{N/mm}^2$(SM 400B)、$\eta = 0.7$、$P = 2.21\,\text{MPa}$ を代入すると

$$D_i = \frac{(9\,\text{mm} - 1\,\text{mm}) \times (2 \times 100\,\text{N/mm}^2 \times 0.7 - 1.2 \times 2.21\,\text{MPa})}{2.21\,\text{MPa}}$$

$$= 497.1\,\text{mm}$$

よって、最大の外径 D_o は

$$D_\mathrm{o} = D_\mathrm{i} + 2\,t = 497.1\,\mathrm{mm} + 2 \times 9\,\mathrm{mm} = 515.1\,\mathrm{mm}$$

$$\fallingdotseq 515\,\mathrm{mm}\,(小数点以下切り捨て)$$

（答　$D_\mathrm{o} = 515\,\mathrm{mm}$）

(2) 半球形鏡板の板材の使用の可否

半球形鏡板の場合は、鏡板の内面の半径 R とすみの丸みの内面の半径 r は等しく、形状係数 $W = 1$ であるから、必要板厚 t_a の計算式 (6.5c) は

$$t_\mathrm{a} = \frac{PR}{2\,\sigma_\mathrm{a}\eta - 0.2\,P} + \alpha$$

題意により、$R = (D_\mathrm{o} - 2\,t)/2 = (515\,\mathrm{mm} - 2 \times 6\,\mathrm{mm})/2 = 251.5\,\mathrm{mm}$、$\eta = 1$、その他既知の数値を代入すると

$$t_\mathrm{a} = \frac{2.21\,\mathrm{MPa} \times 251.5\,\mathrm{mm}}{2 \times 100\,\mathrm{N/mm^2} \times 1 - 0.2 \times 2.21\,\mathrm{MPa}} + 1\,\mathrm{mm} = 3.79\,\mathrm{mm} < t$$

よって、使用可能である。

（答　使用可能）

演習問題 6-2　　　　　一冷

R 22 を冷媒とする空冷凝縮器を用いる冷凍装置の受液器について、空気入口最高温度 35 ℃、それに対する空気出口温度 45 ℃、凝縮温度と空気との算術平均温度差 13 ℃、胴内径 414 mm とするとき、次の(1)、(2)に答えよ。

(1) 冷凍保安規則関係例示基準に基づく胴板の必要厚さは何 mm か。小数第 1 位まで求めよ。

ただし、胴板材料　　　　　SM 400B

溶接継手の効率　　$\eta = 0.6$

腐れしろ　　　　　$\alpha = 1\,\mathrm{mm}$

また、R 22 の基準凝縮温度と設計圧力との関係は下表のとおりである。

基準凝縮温度	（℃）	43	50	55	60	65
設計圧力	（MPa）	1.6	1.9	2.2	2.5	2.8

(2) この凝縮器を(1)で求めた仕様で製作後に液圧による耐圧試験を最小試験圧力で実施するとき、胴板に誘起される最大引張応力はいくらか。

（H7 一冷国家試験 類似）

演習問題 6-3 　　　　　　　　　　　　　　　　　　　　　　　　　　一冷

屋外設置の R 410A 用高圧受液器の仕様を下記に示す。このとき、次の(1)および(2)について答えよ。ただし、容器の腐れしろは下表による。

(仕様)

使用材料	SM 400B (JIS G 3106)
設計圧力	$P = 2.96\ \mathrm{MPa}$
円筒胴の板材の厚さ	$t_a = 8\ \mathrm{mm}$
円筒胴材料の許容引張応力	$\sigma_a = 100\ \mathrm{N/mm^2}$
溶接継手の効率	$\eta = 0.7$

表　容器の腐れしろ

材料の種類		腐れしろ α(mm)
鋳鉄		1
鋼	直接風雨にさらされない部分で、耐食処理を施したもの	0.5
	被冷却液又は加熱熱媒に触れる部分	1
	その他の部分	1
銅、銅合金、ステンレス鋼、アルミニウム、アルミニウム合金、チタン		0.2

(1) 設計できる最大の円筒胴の外径 D_o(mm)を求め、整数値で答えよ。

(2) 設計圧力が作用したとき、円筒胴の接線方向に生じる引張応力 σ_t (N/mm²)を求め、有効数字 3 桁で答えよ。

(3) (1)で求めた外径の受液器が長期間の使用によって、円筒胴外表面に深さ 1 mm の腐食が生じると、限界圧力(最高使用圧力)P_a は何 MPa に低下するか。小数点以下 1 桁までの数値で答えよ。

(H29 一冷検定 類似)

演習問題 6-4 　　　　　　　　　　　　　　　　　　　　　　　　　　一冷

下記仕様で製作された薄肉円筒胴圧力容器がある。

(仕様)

円筒胴の外径	$D_o = 500\ \mathrm{mm}$
円筒胴板材の厚さ	$t = 9\ \mathrm{mm}$

円筒胴板材の許容引張応力	$\sigma_a = 100\ \mathrm{N/mm^2}$
溶接継手の効率	$\eta = 0.7$
腐れしろ	$\alpha = 1\ \mathrm{mm}$

　この圧力容器を基準凝縮温度 50 ℃ で運転される R 404A 冷凍装置の高圧受液器として使用したい。これについて、次の(1)および(2)について答えよ。ただし、R 404A の基準凝縮温度 50 ℃ における高圧部設計圧力は 2.21 MPa である。

(1)　この受液器の使用の可否を冷凍保安規則関係例示基準に基づき判定せよ。

(2)　この受液器を最小の必要耐圧試験圧力で、液圧による耐圧試験を実施するとき、円筒胴板に誘起される最大引張応力は、使用板材の許容引張応力の何 % になるか。

（H26 一冷検定）

演習問題 6-5　　　　　　　　　　　　　　　　　　　　　一冷

　以下に示す仕様の R 134a 用高圧受液器の薄肉円筒胴に関する次の(1)および(2)について答えよ。

　　（仕様）

設計圧力	$P = 1.40\ \mathrm{MPa}$
円筒胴の板材の厚さ	$t = 9.0\ \mathrm{mm}$
円筒胴材料の許容引張応力	$\sigma_a = 100\ \mathrm{N/mm^2}$
溶接継手の効率	$\eta = 0.9$
腐れしろ	$\alpha = 1\ \mathrm{mm}$

(1)　円筒胴の外径 D_o を 700 mm とした場合、設計圧力 P が作用したときの円筒胴接線方向の引張応力 $\sigma_t\,(\mathrm{N/mm^2})$ を求めよ。

(2)　設計できる円筒胴の内径 $D_i\,(\mathrm{mm})$ の最大値を求めよ。ただし、小数点以下は切り捨てよ。

（H20 一冷検定 類似）

演習問題 6-6　　　　　　　　　　　　　　　　　　　　　一冷

　下記仕様で製作された円筒胴圧力容器がある。この容器を R 404A 用の高圧受液器として使用したい。これについて、次の(1)〜(3)に答えよ。

　　（受液器の円筒胴仕様）

使用鋼板	SM 400B
鋼板の許容引張応力	$\sigma_a = 100\,\text{N/mm}^2$
円筒胴板の厚さ	$t = 9\,\text{mm}$
円筒胴の外径	$D_o = 580\,\text{mm}$
円筒胴板の溶接継手の効率	$\eta = 0.7$
円筒胴板の腐れしろ	$\alpha = 1\,\text{mm}$

ただし、R 404A の各基準凝縮温度における設計圧力は、次表の圧力を使用するものとする。

基準凝縮温度　（℃）	43	50	55	60	65
設計圧力　　（MPa）	1.86	2.21	2.48	2.78	3.11

(1) この受液器の限界圧力 P_a(MPa)はいくらか。小数点以下 2 桁まで求めよ。

(2) この受液器は、基準凝縮温度は何 ℃ か。また、そのときの設計圧力 P は何 MPa で使用できるか。

(3) この受液器に内圧として設計圧力が作用した場合に、円筒胴板の接線方向に誘起される引張応力 σ_t(N/mm²)はいくらか。

(H20 一冷国家試験 類似)

演習問題 6-7　　　　　　　　　　　　　　一冷

下記仕様で製作された円筒胴圧力容器がある。この容器を R 410A 用の高圧受液器として使用したい。これについて、次の(1)および(2)に答えよ。

（受液器の円筒胴仕様）

使用鋼板	SM 400B
鋼板の許容引張応力	$\sigma_a = 100\,\text{N/mm}^2$
円筒胴板の厚さ	$t = 9\,\text{mm}$
円筒胴の外径	$D_o = 340\,\text{mm}$
円筒胴板の溶接継手の効率	$\eta = 0.7$
円筒胴板の腐れしろ	$\alpha = 1\,\text{mm}$

ただし、R 410A の各基準凝縮温度における設計圧力は、次表の圧力を使用するものとする。

基準凝縮温度　（℃）	43	50	55	60	65
設計圧力　　（MPa）	2.50	2.96	3.33	3.73	4.17

(1) この受液器は、基準凝縮温度 50 ℃ で使用できるか否か。この条件での円筒胴板が必要とする板厚を算出して判断せよ。

(2) この受液器に内圧として基準凝縮温度 50 ℃ における設計圧力が作用した場合に、円筒胴板の接線方向に誘起される引張応力 $\sigma_t (\mathrm{N/mm^2})$ はいくらか。

（H21 一冷国家試験 類似）

演習問題 6-8

以下に示す仕様の R 407C 用高圧受液器の皿形鏡板に関する次の(1)および(2)について答えよ。ただし、答は小数第一位まで求めよ。

（仕様）

設計圧力	$P = 2.67\ \mathrm{MPa}$
皿形鏡板中央部の内面の半径	$R = 300\ \mathrm{mm}$
皿形鏡板の形状に関する補正係数	$W = 1.54$
鏡板材料の許容引張応力	$\sigma_a = 100\ \mathrm{N/mm^2}$
溶接継手の効率	$\eta = 1.00$
腐れしろ	$\alpha = 1\ \mathrm{mm}$

(1) 腐れしろを考慮した実際の最小必要厚さ $t_a (\mathrm{mm})$ を求めよ。

(2) 皿形鏡板の隅の丸みの内面の半径 $r (\mathrm{mm})$ を求めよ

（H23 一冷検定 類似）

演習問題の解答

イ．（×）　力 F は、質量 m と加速度（ここでは重力の加速度 g）の積で定義されるので

$$F = mg \quad \cdots\cdots\cdots\cdots\cdots\cdots\cdots\cdots\cdots\cdots\cdots\cdots\cdots ①$$

ここで、$m = 5\,\text{kg}$、$g = 9.8\,\text{m/s}^2$ であるから、式①に代入すると

$$F = 5\,\text{kg} \times 9.8\,\text{m·s}^{-2} = 49\,\text{kg·m·s}^{-2} = 49\,\text{N}$$

ロ．（○）　圧力 p は、力 F をそれがかかる面積 A で除して計算されるので

$$p = \frac{F}{A} \quad \cdots\cdots\cdots\cdots\cdots\cdots\cdots\cdots\cdots\cdots\cdots\cdots\cdots ②$$

$1\,\text{cm}^2 = 10^{-2}\,\text{m} \times 10^{-2}\,\text{m} = 10^{-4}\,\text{m}^2$ であるので、式②により

$$p = \frac{10\,\text{N}}{10^{-4}\,\text{m}^2} = 10 \times 10^4\,\text{N/m}^2 = 100 \times 10^3\,\text{Pa} = 100\,\text{kPa}$$

ハ．（○）　$\text{MPa} = 10^3\,\text{kPa}$ であるので

$$0.1013\,\text{MPa} = 0.1013 \times 10^3\,\text{kPa} = 101.3\,\text{kPa}$$

なお、この圧力は、標準大気圧としてよく使われる数値である。

ニ．（○）　圧力の単位の Pa は、ロの式②の力と面積の単位をそれぞれ N、m^2 として計算すると得られる。すなわち、$1\,\text{N}$ の力が $1\,\text{m}^2$ にかかるとして

$$1\,\text{Pa} = \frac{1\,\text{N}}{1\,\text{m}^2} = 1\,\text{N/m}^2$$

となる。

（答　ロ、ハ、ニ）

イ．（×）　絶対温度 $T\,(\text{K})$ とセルシウス度 $t\,(℃)$ の関係は、式(1.1)のとおり

$$t = T - 273$$

である。これに与えられた数値を代入すると

$$t = (200 - 273)℃ = -73℃$$

となる。

ロ．（○）　絶対温度とセルシウス度は、基準点(零度)は異なるが目盛りの間隔は同じである。したがって、温度差はどちらの目盛り(または単位)を使っても同じ数値になる。

ハ．（○）　絶対圧力 p とゲージ圧力 p_g の関係は、大気圧を p_a として式(1.2)のとおり

$$p_\text{g} = p - p_\text{a} \quad \cdots\cdots\cdots\cdots\cdots\cdots\cdots\cdots\cdots\cdots\cdots\cdots\cdots ①$$

式①を変形して

$$p - p_\text{g} = p_\text{a}$$

これは、絶対圧力からゲージ圧力を引いたものは大気圧であることを表してい

る。

ニ. （×） Pa と J の関係を導く。

$$\text{Pa} = \text{N/m}^2 \quad \text{\dotfill ②}$$

$$\text{J} = \text{N·m} \quad \text{\dotfill ③}$$

②／③として

$$\frac{\text{Pa}}{\text{J}} = \frac{\text{N·m}^{-2}}{\text{N·m}} = \text{m}^{-3}$$

$$\therefore \quad \text{Pa} = \text{J/m}^3 \quad \text{または} \quad \text{J} = \text{Pa·m}^3$$

となり、設問の式と異なる。

ホ. （○） 絶対圧力になおして

圧縮前の圧力 $p_1 = (0.30 + 0.101)\,\text{MPa} = 0.401\,\text{MPa}$（絶対圧力）

圧縮後の圧力 $p_2 = (1.5 + 0.101)\,\text{MPa} = 1.601\,\text{MPa}$（絶対圧力）

したがって、圧力比は

$$圧力比 = \frac{p_2}{p_1} = \frac{1.601\,\text{MPa}}{0.401\,\text{MPa}} = 3.99 \fallingdotseq 4$$

（答　ロ、ハ、ホ）

■ 演習問題 1-3 の解答 ■

イ. （○） 仕事 W は、力と物体の移動距離の積である。すなわち

$$W\,(\text{J}) = 力\,(\text{N}) \times 移動距離\,(\text{m}) \quad \text{\dotfill ①}$$

式①に与えられた数値を代入すると

$$W = 100\,\text{N} \times 1\,\text{m} = 100\,\text{N·m} = 100\,\text{J}$$

ロ. （○） 重力の加速度 g に逆らって質量 m の物体を動かす力 F は

$$F = mg = 1\,\text{kg} \times 9.8\,\text{m·s}^{-2} = 9.8\,\text{N}$$

移動距離は 1 m であるから、イの式①により仕事 W は

$$W = 9.8\,\text{N} \times 1\,\text{m} = 9.8\,\text{N·m} = 9.8\,\text{J} \fallingdotseq 10\,\text{J}$$

ハ. （○） 1 秒間に行う仕事量が仕事率ワット（W）である。

3 分間で 90 kJ（$= 90 \times 10^3\,\text{J}$）の仕事をしたのであるから、1 秒間では

$$仕事率 = \frac{90 \times 10^3\,\text{J}}{3\,\text{min} \times 60\,\text{s/min}} = 500\,\text{J/s} = 500\,\text{W}$$

ニ. （×） 接頭語であるキロ（k）とメガ（M）の関係を問うている。

$1\,\text{kW} = 10^{-3}\,\text{MW}$ であるから

$$30\,\text{kW} = 30 \times 10^{-3}\,\text{MW} = 0.03\,\text{MW}$$

（答　イ、ロ、ハ）

図の c 点における湿り蒸気の乾き度 x_c は、式(1.4)により比エンタルピーの差の比として計算できる。

$$x_c = \frac{h_c - h'}{h'' - h'}$$

式を変形して、h_c について解くと

$$h_c = h'' x_c + h'(1 - x_c)$$

.... ①

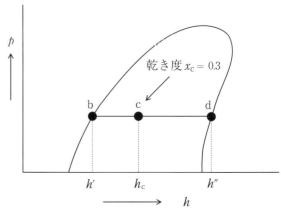

式①に与えられた数値を代入すると

$$h_c = 350\,\text{kJ/kg} \times 0.3$$
$$+ 160\,\text{kJ/kg} \times (1 - 0.3)$$
$$= (105 + 112)\text{kJ/kg} = 217\,\text{kJ/kg}$$

（答 217 kJ/kg）

■ 演習問題 2-1 の解答 ■

軸動力 P、比エンタルピー差 $(h_2 - h_1)$、ピストン押しのけ量 V および効率などの関係は、式 (2.2b) から

$$P = \frac{V\eta_{\mathrm{v}}(h_2 - h_1)}{v_1 \eta_{\mathrm{c}} \eta_{\mathrm{m}}}$$

$$\therefore \quad \eta_{\mathrm{v}} = \frac{P v_1 \eta_{\mathrm{c}} \eta_{\mathrm{m}}}{V(h_2 - h_1)} = \frac{21\,\mathrm{kJ/s} \times 0.08\,\mathrm{m^3/kg} \times 0.80 \times 0.80}{0.04\,\mathrm{m^3/s} \times (460 - 424)\,\mathrm{kJ/kg}} = 0.75$$

(答 0.75)

■ 演習問題 2-2 の解答 ■

式 (2.2b) から

$$P = \frac{V\eta_{\mathrm{v}}(h_2 - h_1)}{v_1 \eta_{\mathrm{c}} \eta_{\mathrm{m}}}$$

$$\therefore \quad V = \frac{P v_1 \eta_{\mathrm{c}} \eta_{\mathrm{m}}}{\eta_{\mathrm{v}}(h_2 - h_1)} \quad \cdots\cdots\cdots\cdots\cdots\cdots\cdots\cdots\cdots\cdots\cdots\cdots ①$$

式①に与えられた値を代入して

$$V = \frac{65\,\mathrm{kJ/s} \times 0.60\,\mathrm{m^3/kg} \times 0.80 \times 0.90}{0.75 \times (1710 - 1450)\,\mathrm{kJ/kg}} = 0.144\,\mathrm{m^3/s} = 518\,\mathrm{m^3/h}$$

(答 518 m³/h)

■ 演習問題 2-3 の解答 ■

(1) 実際の圧縮機の駆動軸動力 $P(\mathrm{kW})$

式 (2.4a) に式 (2.3a) を変形して得られる $q_{\mathrm{mr}} = \varPhi_{\mathrm{o}}/(h_1 - h_3)$ を代入して求める。

$$P = \frac{q_{\mathrm{mr}}(h_2 - h_1)}{\eta_{\mathrm{c}} \eta_{\mathrm{m}}} = \frac{\varPhi_{\mathrm{o}}(h_2 - h_1)}{(h_1 - h_3)\eta_{\mathrm{c}} \eta_{\mathrm{m}}} = \frac{120\,\mathrm{kW} \times (476 - 419)\,\mathrm{kJ/kg}}{(419 - 266)\,\mathrm{kJ/kg} \times 0.8 \times 0.9}$$
$$= 62.1\,\mathrm{kW}$$

(答 62.1 kW)

(2) 成績係数 $(COP)_{\mathrm{R}}$

式 (2.4e) を使う

$$(COP)_{\mathrm{R}} = \frac{\varPhi_{\mathrm{o}}}{P} = \frac{120\,\mathrm{kW}}{62.1\,\mathrm{kW}} = 1.93$$

(答 1.93)

■ 演習問題 2-4 の解答 ■

理論冷凍サイクルを次頁のように図にするとイメージしやすい。

実際の軸動力を P、冷凍能力を $\varPhi_{\mathrm{o}}$、冷媒循環量を q_{mr} とすると、式 (2.2b)、(2.3a) から

$$P = \frac{q_{\mathrm{mr}}(h_2 - h_1)}{\eta_{\mathrm{c}} \eta_{\mathrm{m}}} \quad \cdots\cdots\cdots\cdots\cdots\cdots\cdots\cdots\cdots\cdots\cdots\cdots ①$$

$$\Phi_\mathrm{o} = q_\mathrm{mr}(h_1 - h_4) \quad \cdots\cdots\cdots\cdots\cdots\cdots ②$$

式①、②から q_mr を消去して

$$\Phi_\mathrm{o} = \frac{P(h_1 - h_4)\eta_\mathrm{c}\eta_\mathrm{m}}{h_2 - h_1} \quad \cdots\cdots\cdots\cdots ③$$

$h_3 = h_4$ として、示されている値を式③に代入する。

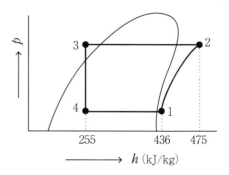

$$\Phi_\mathrm{o} = \frac{48\,\mathrm{kJ/s} \times (436 - 255)\,\mathrm{kJ/kg} \times 0.85 \times 0.90}{(475 - 436)\,\mathrm{kJ/kg}} = 170\,\mathrm{kJ/s} = 170\,\mathrm{kW}$$

（答　170 kW）

■ 演習問題 2-5 の解答

(1)　冷媒循環量 q_mr

冷凍能力 Φ_o は q_mr を用いて式(2.3a)のとおり

$$\Phi_\mathrm{o} = q_\mathrm{mr}(h_1 - h_4)$$

$$\therefore \quad q_\mathrm{mr} = \frac{\Phi_\mathrm{o}}{h_1 - h_4} \quad \cdots\cdots\cdots\cdots\cdots\cdots\cdots\cdots\cdots\cdots\cdots\cdots\cdots\cdots\cdots\cdots\cdots\cdots\cdots\cdots\cdots ①$$

式①に示された値を代入して

$$q_\mathrm{mr} = \frac{119\,\mathrm{kJ/s}}{(410 - 240)\,\mathrm{kJ/kg}} = 0.70\,\mathrm{kg/s}$$

（答　0.70 kg/s）

(2)　実際の成績係数 $(COP)_\mathrm{R}$

$(COP)_\mathrm{R}$ は Φ_o と軸動力 P の比であるから

$$(COP)_\mathrm{R} = \frac{\Phi_\mathrm{o}}{P} = \frac{\Phi_\mathrm{o}\eta_\mathrm{c}\eta_\mathrm{m}}{q_\mathrm{mr}(h_2 - h_1)} \quad \cdots\cdots\cdots\cdots\cdots\cdots\cdots\cdots\cdots\cdots\cdots\cdots\cdots\cdots\cdots ②$$

式②にそれぞれの値を代入して

$$(COP)_\mathrm{R} = \frac{119\,\mathrm{kJ/s} \times 0.70 \times 0.85}{0.70\,\mathrm{kg/s} \times (450 - 410)\,\mathrm{kJ/kg}} = 2.53$$

（答　2.53）

(3)　実際の吐出しガスのエンタルピー h_2'

機械的摩擦損失仕事の熱は冷媒に加えられるので、式(2.4c)より

$$h_2' = h_1 + \frac{h_2 - h_1}{\eta_\mathrm{c}\eta_\mathrm{m}}$$

である。各数値を代入して

$$h_2' = 410\,\mathrm{kJ/kg} + \frac{(450 - 410)\,\mathrm{kJ/kg}}{0.70 \times 0.85} = 477\,\mathrm{kJ/kg}$$

（答　477 kJ/kg）

■ 演習問題 2-6 の解答

軸動力 P、冷媒循環量 q_{mr} およびピストン押しのけ量 V の関係式を導く。

式 (2.4a) 前段より

$$P = \frac{q_{mr}(h_2 - h_1)}{\eta_c \eta_m} \quad \text{...} \quad ①$$

式 (2.1b) より

$$q_{mr} = \frac{V \eta_v}{v_1} \quad \text{...} \quad ②$$

式②を式①の q_{mr} に代入して V について解くと

$$V = \frac{P v_1 \eta_c \eta_m}{\eta_v (h_2 - h_1)} \quad \text{...} \quad ③$$

式③に値を代入して

$$V = \frac{20\,\text{kJ/s} \times 0.07\,\text{m}^3/\text{kg} \times 0.8 \times 0.9}{0.7 \times (468 - 420)\,\text{kJ/kg}} = 0.03\,\text{m}^3/\text{s}$$

(答　$0.03\,\text{m}^3/\text{s}$)

■ 演習問題 2-7 の解答

(1) 冷媒循環量 q_{mr}

　　冷凍能力 Φ_o と q_{mr} の関係は式 (2.3a) のとおりである。

$$\Phi_o = q_{mr}(h_1 - h_4)$$

$$\therefore \quad q_{mr} = \frac{\Phi_o}{h_1 - h_4} = \frac{57.2\,\text{kJ/s}}{(1460 - 316)\,\text{kJ/kg}} = 0.05\,\text{kg/s}$$

(答　$0.05\,\text{kg/s}$)

(2) 理論圧縮動力 P_{th}

　　式 (2.3b) を用いて

$$P_{th} = q_{mr}(h_2 - h_1) = 0.05\,\text{kg/s} \times (1746 - 1460)\,\text{kJ/kg} = 14.3\,\text{kW}$$

(答　$14.3\,\text{kW}$)

(3) 理論成績係数 $(COP)_{th,R}$

　　$(COP)_{th,R}$ は Φ_o と P_{th} の比であるから (式 (2.3d))

$$(COP)_{th,R} = \frac{\Phi_o}{P_{th}} = \frac{57.2\,\text{kW}}{14.3\,\text{kW}} = 4.0$$

　　または

$$(COP)_{th,R} = \frac{h_1 - h_4}{h_2 - h_1} = \frac{(1460 - 316)\,\text{kJ/kg}}{(1746 - 1460)\,\text{kJ/kg}} = 4.0$$

(答　4.0)

(4) 理論凝縮負荷 $\Phi_{th,k}$

式(2.3c)から

$$\varPhi_{\mathrm{th,k}} = q_{\mathrm{mr}}(h_2 - h_3) = 0.05\,\mathrm{kg/s} \times (1746 - 316)\mathrm{kJ/kg} = 71.5\,\mathrm{kW}$$

または、式(1.5)を用いて

$$\varPhi_{\mathrm{th,k}} = \varPhi_{\mathrm{o}} + P_{\mathrm{th}} = (57.2 + 14.3)\mathrm{kW} = 71.5\,\mathrm{kW}$$

（答　71.5 kW）

■ 演習問題 2-8 の解答

(1) 冷凍能力

式(2.3a)から

$$\varPhi_{\mathrm{o}} = q_{\mathrm{mr}}(h_1 - h_4) = 0.92\,\mathrm{kg/s} \times 3600\,\mathrm{kg/h} \times (370 - 240)\mathrm{kJ/kg} = 430560\,\mathrm{kJ/h}$$
$$(\,= 119.6\,\mathrm{kW})$$

1 日本冷凍トン（JRt）$= 13900\,\mathrm{kJ/h}$ であるから

$$\varPhi_{\mathrm{o}} = \frac{430560\,\mathrm{kJ/h}}{13900\,\mathrm{kJ/(h \cdot JRt)}} = 31.0\,\mathrm{JRt}$$

（答　31.0 JRt）

(2) 凝縮器放熱量

式(2.3c)を用いて

$$\varPhi_{\mathrm{th,k}} = q_{\mathrm{mr}}(h_2 - h_3) = 0.92\,\mathrm{kg/s} \times (420 - 240)\mathrm{kJ/kg} = 166\,\mathrm{kJ/s}$$
$$= 166\,\mathrm{kW}$$

（答　166 kW）

(3) 理論成績係数

式(2.3d)のとおり

$$(COP)_{\mathrm{th,R}} = \frac{h_1 - h_4}{h_2 - h_1} = \frac{(370 - 240)\mathrm{kJ/kg}}{(420 - 370)\mathrm{kJ/kg}} = 2.60$$

または、式(1.5)の関係である　$\varPhi_{\mathrm{th,k}} = \varPhi_{\mathrm{o}} + P_{\mathrm{th}}$　を利用して

$$(COP)_{\mathrm{th,R}} = \frac{\varPhi_{\mathrm{o}}}{P_{\mathrm{th}}} = \frac{\varPhi_{\mathrm{o}}}{\varPhi_{\mathrm{th,k}} - \varPhi_{\mathrm{o}}} = \frac{119.6\,\mathrm{kW}}{(166 - 119.6)\mathrm{kW}} = 2.58$$

（答　2.60）

(4) 蒸発器入口の冷媒の乾き度

点 4 の乾き度 x_4 は、式(1.4)から求められる。

乾き飽和蒸気の比エンタルピー（点 A の値）を h_{A}、飽和液のそれ（点 B の値）を h_{B} として式(1.4)を表すと

$$x_4 = \frac{h_4 - h_{\mathrm{A}}}{h_{\mathrm{B}} - h_{\mathrm{A}}} = \frac{(240 - 160)\mathrm{kJ/kg}}{(350 - 160)\mathrm{kJ/kg}} = 0.421$$

（答　0.421）

■ 演習問題 2-9 の解答

(1) 冷凍能力 Φ_{o}

　　冷媒循環量を q_{mr} として

$$\Phi_{\mathrm{o}} = q_{\mathrm{mr}}(h_1 - h_4) \quad \cdots\cdots\cdots\cdots\cdots\cdots\cdots\cdots\cdots ①$$

$$q_{\mathrm{mr}} = \frac{V\eta_{\mathrm{v}}}{v_1} \quad \cdots\cdots\cdots\cdots\cdots\cdots\cdots\cdots\cdots ②$$

　　式①、②から

$$\Phi_{\mathrm{o}} = \frac{V\eta_{\mathrm{v}}(h_1 - h_4)}{v_1} = \frac{250\ \mathrm{m^3/h} \times 0.75 \times (1450 - 340)\,\mathrm{kJ/kg}}{3600\ \mathrm{s/h} \times 0.43\ \mathrm{m^3/kg}} = 134\ \mathrm{kW}$$

$$（答\quad 134\ \mathrm{kW}）$$

(2) 成績係数 $(COP)_{\mathrm{R}}$

　　実際の軸動力 P は式(2.2b)から

$$P = \frac{q_{\mathrm{mr}}(h_2 - h_1)}{\eta_{\mathrm{c}}\eta_{\mathrm{m}}} \quad \cdots\cdots\cdots\cdots\cdots\cdots\cdots\cdots\cdots ③$$

　　$(COP)_{\mathrm{R}}$ は式(2.4e)のとおり

$$(COP)_{\mathrm{R}} = \frac{\Phi_{\mathrm{o}}}{P} = \frac{q_{\mathrm{mr}}(h_1 - h_4)}{\dfrac{q_{\mathrm{mr}}(h_2 - h_1)}{\eta_{\mathrm{c}}\eta_{\mathrm{m}}}} = \frac{h_1 - h_4}{h_2 - h_1}\cdot\eta_{\mathrm{c}}\eta_{\mathrm{m}} \quad \cdots\cdots\cdots\cdots ④$$

　　値を代入して

$$(COP)_{\mathrm{R}} = \frac{(1450 - 340)\,\mathrm{kJ/kg}}{(1670 - 1450)\,\mathrm{kJ/kg}} \times 0.80 \times 0.90 = 3.63$$

　　別の方法として、実際の吐出しガスの比エンタルピーを $h_2{}'$ として

$$(COP)_{\mathrm{R}} = \frac{\Phi_{\mathrm{o}}}{\Phi_{\mathrm{k}} - \Phi_{\mathrm{o}}} = \frac{q_{\mathrm{mr}}(h_1 - h_4)}{q_{\mathrm{mr}}\{(h_2{}' - h_3) - (h_1 - h_4)\}} = \frac{h_1 - h_4}{h_2{}' - h_1}$$

$$= \frac{h_1 - h_4}{h_2 - h_1}\cdot\eta_{\mathrm{c}}\eta_{\mathrm{m}}$$

となり、式④と同じ式が得られる。

$$（答\quad 3.63）$$

■ 演習問題 2-10 の解答

　　Bサイクルを '（ダッシュ）記号で表す（Aサイクルはそのままの記号）。

(1) 冷凍能力 Φ_{o} の比

　　ピストン押しのけ量を V、冷媒循環量を q_{mr} として

$$q_{\mathrm{mr}} = \frac{V\eta_{\mathrm{v}}}{v_1} = \frac{0.014\ \mathrm{m^3/s} \times 0.75}{0.065\ \mathrm{m^3/kg}} = 0.1615\ \mathrm{kg/s}$$

$$q_{\mathrm{mr}}{}' = \frac{V\eta_{\mathrm{v}}{}'}{v_1{}'} = \frac{0.014\ \mathrm{m^3/s} \times 0.63}{0.12\ \mathrm{m^3/kg}} = 0.07350\ \mathrm{kg/s}$$

　　求める値は $\Phi_{\mathrm{o}}{}'/\Phi_{\mathrm{o}}$ であるから、$h_3 = h_4 = h_4{}'$ として

$$\frac{\Phi_{\mathrm{o}}{}'}{\Phi_{\mathrm{o}}} = \frac{q_{\mathrm{mr}}{}'(h_1{}' - h_4)}{q_{\mathrm{mr}}(h_1 - h_4)} = \frac{0.07350\ \mathrm{kg/s} \times (400.8 - 243.6)\,\mathrm{kJ/kg}}{0.1615\ \mathrm{kg/s} \times (405.8 - 243.6)\,\mathrm{kJ/kg}} = 0.441$$

なお、q_{mr} を求めずに、次の式を導いて一気に計算することもできる。

$$\frac{\Phi_o{}'}{\Phi_o} = \frac{\eta_v{}'}{\eta_v} \cdot \frac{v_1}{v_1{}'} \cdot \frac{h_1{}' - h_4}{h_1 - h_4}$$

（答　44.1 %）

(2) 軸動力 P の比

$$P = \frac{q_{mr}(h_2 - h_1)}{\eta_c \eta_m}$$

$$P' = \frac{q_{mr}{}'(h_2 - h_1{}')}{\eta_c{}' \eta_m{}'}$$

求める値は P'/P であるから

$$\begin{aligned}
\frac{P'}{P} &= \frac{q_{mr}{}'}{q_{mr}} \cdot \frac{\eta_c \eta_m}{\eta_c{}' \eta_m{}'} \cdot \frac{h_2 - h_1{}'}{h_2 - h_1} \\
&= \frac{0.07350 \,\text{kg/s}}{0.1615 \,\text{kg/s}} \times \frac{0.77 \times 0.81}{0.66 \times 0.76} \times \frac{(455.2 - 400.8) \,\text{kJ/kg}}{(455.2 - 405.8) \,\text{kJ/kg}} = 0.623
\end{aligned}$$

なお、次の式を導いて一気に計算することもできる。

$$\frac{P'}{P} = \frac{\eta_v{}'}{\eta_v} \cdot \frac{v_1}{v_1{}'} \cdot \frac{\eta_c \eta_m}{\eta_c{}' \eta_m{}'} \cdot \frac{h_2 - h_1{}'}{h_2 - h_1}$$

（答　62.3 %）

■ 演習問題 2-11 の解答

ヒートポンプサイクルの理論成績係数 $(COP)_{\text{th,H}}$ は、理論凝縮負荷 $\Phi_{\text{th,k}}$ と理論動力 P_{th} の比である（式(2.5a)）。

$$(COP)_{\text{th,H}} = \frac{\Phi_{\text{th,k}}}{P_{\text{th}}} = \frac{q_{mr}(h_2 - h_3)}{q_{mr}(h_2 - h_1)} = \frac{h_2 - h_3}{h_2 - h_1} = \frac{(415 - 175)\,\text{kJ/kg}}{(415 - 370)\,\text{kJ/kg}} = 5.33$$

（答　5.33）

（別解）

式(2.5a) の後段のとおり、冷凍サイクルの理論成績係数 $(COP)_{\text{th,R}}$ に 1 を加えると $(COP)_{\text{th,H}}$ が得られるので

$$\begin{aligned}
(COP)_{\text{th,H}} &= (COP)_{\text{th,R}} + 1 = \frac{h_1 - h_4}{h_2 - h_1} + 1 \\
&= \frac{(370 - 175)\,\text{kJ/kg}}{(415 - 370)\,\text{kJ/kg}} + 1 = 4.33 + 1 = 5.33
\end{aligned}$$

■ 演習問題 2-12 の解答

(1) $(COP)_{\text{th,R}}$

冷凍能力を Φ_o、理論圧縮動力を P_{th} とすると、式(2.3d)から

$$(COP)_{\text{th,R}} = \frac{\Phi_o}{P_{\text{th}}} = \frac{h_1 - h_4}{h_2 - h_1} \quad \cdots\cdots\cdots\cdots\cdots\cdots\cdots\cdots\cdots\cdots ①$$

図から比エンタルピーの値を読み取り、式①に代入する。

$$(COP)_{\text{th.R}} = \frac{(400 - 220)\ \text{kJ/kg}}{(445 - 400)\ \text{kJ/kg}} = 4.0$$

（答　4.0）

(2)　$(COP)_{\text{th.H}}$

式(2.5a)のとおり

$$(COP)_{\text{th.H}} = (COP)_{\text{th.R}} + 1 = 4.0 + 1 = 5.0$$

念のために凝縮負荷 $\varPhi_{\text{th.k}}$ を用いて計算すると

$$(COP)_{\text{th.H}} = \frac{\varPhi_{\text{th.k}}}{P_{\text{th}}} = \frac{h_2 - h_3}{h_2 - h_1} = \frac{(445 - 220)\ \text{kJ/kg}}{(445 - 400)\ \text{kJ/kg}} = 5.0$$

（答　5.0）

■ 演習問題 2-13 の解答

圧縮後のガスの比エンタルピー h_2' を求め、凝縮負荷 $\varPhi_{\text{k}}$ から冷媒循環量 q_{mr} を計算する。

式(2.4c)から

$$h_2' - h_1 = \frac{h_2 - h_1}{\eta_{\text{c}}\eta_{\text{m}}} = \frac{(460.5 - 429.3)\ \text{kJ/kg}}{0.75 \times 0.85} = 48.94\ \text{kJ/kg}$$

$$\therefore\quad h_2' = 478.2\ \text{kJ/kg}$$

式(2.4b)の関係から

$$q_{\text{mr}} = \frac{\varPhi_{\text{k}}}{h_2' - h_3} = \frac{32.0\ \text{kJ/s}}{(478.2 - 250.8)\ \text{kJ/kg}} = 0.1407\ \text{kg/s}$$

軸動力 P は、式(2.2b)より

$$P = \frac{q_{\text{mr}}(h_2 - h_1)}{\eta_{\text{c}}\eta_{\text{m}}} = q_{\text{mr}} \times \frac{h_2 - h_1}{\eta_{\text{c}}\eta_{\text{m}}} \quad\cdots\cdots\cdots\cdots\cdots\cdots\cdots\cdots\cdots\text{①}$$

式①に値を代入して

$$P = 0.1407\ \text{kg/s} \times 48.94\ \text{kJ/kg} = 6.89\ \text{kW}$$

（答　6.89 kW）

■ 演習問題 2-14 の解答

(1)　p–h 線図

　設問の液ガス熱交換器付き冷凍サイクルの p–h 線図は次のように表される。

　すなわち、点3の液が過冷却されて点4になり、点6の蒸気が過熱されて点1になる。

　説明の便宜上、各点の比エンタルピ

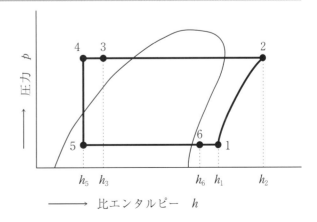

— $h_1 \sim h_6$ を図中に示す。

(2) 熱交換量 Φ_h

液ガス熱交換器の熱交換量 Φ_h は、冷媒循環量を q_{mr} として

$$\Phi_h = q_{mr}(h_3 - h_4) = q_{mr}(h_1 - h_6) \quad\cdots\cdots\cdots\cdots\cdots\cdots\cdots\cdots\cdots\cdots ①$$

また、q_{mr} は

$$q_{mr} = \frac{V\eta_v}{v_1}$$

であり、h_1 と h_6 が既知であるから

$$\Phi_h = \frac{V\eta_v}{v_1}(h_1 - h_6) = \frac{0.01\,\mathrm{m^3/s} \times 0.8}{0.0699\,\mathrm{m^3/kg}} \times (410 - 390)\mathrm{kJ/kg} = 2.29\,\mathrm{kW}$$

(答 2.29 kW)

(3) 冷凍能力 Φ_o

式①の関係から導かれる式(2.6a)のとおり

$$\Phi_o = q_{mr}(h_6 - h_5) = \frac{V\eta_v}{v_1}(h_1 - h_3)$$

$$= \frac{0.01\,\mathrm{m^3/s} \times 0.8}{0.0699\,\mathrm{m^3/kg}} \times (410 - 239)\mathrm{kJ/kg} = 19.6\,\mathrm{kW}$$

(答 19.6 kW)

■ 演習問題 2-15 の解答 ■

示された状態（サイクル）を記号で表すと次の $p\text{-}h$ 線図のようになる。

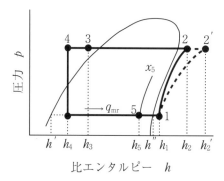

$$\Phi_h = q_{mr}(h_3 - h_4) = q_{mr}(h_1 - h_5)$$

(1) 交換熱量 Φ_h

熱交換器の図の中に示したように、熱バランスから

$$\Phi_h = q_{mr}(h_3 - h_4) = q_{mr}(h_1 - h_5) \quad\cdots\cdots\cdots\cdots\cdots\cdots\cdots\cdots ①$$

ここで、h_3、h_4 および q_{mr} が既知であるので、式①は

$$\Phi_h = q_{mr}(h_3 - h_4) = 0.0556\,\mathrm{kg/s} \times (241.8 - 226.5)\,\mathrm{kJ/kg} = 0.851\,\mathrm{kW}$$

(答 0.851 kW)

(2) 乾き度 x_5

式(1.4)から

$$x_5 = \frac{h_5 - h'}{h'' - h'} \qquad \cdots\cdots\cdots\cdots\cdots\cdots\cdots\cdots\cdots\cdots\cdots\cdots\cdots\cdots ②$$

h_5 は未知数であるので、(1)の式①から計算する。

$$h_3 - h_4 = h_1 - h_5$$

$$\therefore \quad h_5 = h_1 + h_4 - h_3 = (398.7 + 226.5 - 241.8)\,\mathrm{kJ/kg} = 383.4\,\mathrm{kJ/kg}$$

式②に h_5 の値を代入して

$$x_5 = \frac{(383.4 - 171.1)\,\mathrm{kJ/kg}}{(394.6 - 171.1)\,\mathrm{kJ/kg}} = 0.950$$

(答　0.950)

(3)　成績係数 $(COP)_\mathrm{R}$

冷凍能力を Φ_o、軸動力を P とすると

$$\Phi_\mathrm{o} = q_\mathrm{mr}(h_1 - h_3) \qquad \cdots\cdots\cdots\cdots\cdots\cdots\cdots\cdots\cdots\cdots\cdots\cdots ③$$

$$P = \frac{q_\mathrm{mr}\,(h_2 - h_1)}{\eta_\mathrm{c}\eta_\mathrm{m}} \qquad \cdots\cdots\cdots\cdots\cdots\cdots\cdots\cdots\cdots\cdots\cdots ④$$

したがって、$(COP)_\mathrm{R}$ は、③/④から

$$(COP)_\mathrm{R} = \frac{\Phi_\mathrm{o}}{P} = \frac{(h_1 - h_3)\eta_\mathrm{c}\eta_\mathrm{m}}{h_2 - h_1} = \frac{(398.7 - 241.8)\,\mathrm{kJ/kg} \times 0.75 \times 0.85}{(451.0 - 398.7)\,\mathrm{kJ/kg}}$$

$$= 1.91$$

なお、式③の比エンタルピー差 $(h_1 - h_3)$ の代わりに $(h_5 - h_4)$ を用いても同じ結果が得られる。

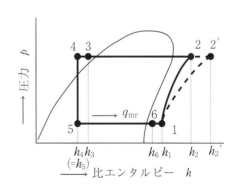

(答　1.91)

■ 演習問題 2-16 の解答 ■

右図は示された状態（サイクル）の p–h 線図を記号で表したものである。

(1)　冷凍能力 Φ_o

Φ_o は式(2.6a)のとおり

$$\Phi_\mathrm{o} = q_\mathrm{mr}\,(h_6 - h_5) = q_\mathrm{mr}\,(h_1 - h_3)$$

$$\cdots\cdots\cdots\cdots\cdots\cdots\cdots\cdots\cdots\cdots\cdots ①$$

値が示されている凝縮負荷 Φ_k を用いて冷媒循環量 q_mr を計算する。

$$q_\mathrm{mr} = \frac{\Phi_\mathrm{k}}{(h_2' - h_3)}$$

機械的摩擦損失仕事は冷媒に加えられるので

$$h_2{'} = h_1 + \frac{h_2 - h_1}{\eta_c \eta_m}$$

である。したがって、q_{mr} は

$$q_{mr} = \cfrac{\Phi_k}{(h_1 - h_3) + \cfrac{h_2 - h_1}{\eta_c \eta_m}}$$

$$= \cfrac{180\,\text{kJ/s}}{(376 - 240)\,\text{kJ/kg} + \cfrac{(420 - 376)\,\text{kJ/kg}}{0.70 \times 0.85}} = 0.8573\,\text{kg/s}$$

式①に q_{mr} の値を代入して

$$\Phi_o = 0.8573\,\text{kg/s} \times (376 - 240)\,\text{kJ/kg} = 116.6\,\text{kW} \fallingdotseq 117\,\text{kW}$$

（答　117 kW）

(2)　熱交換量 Φ_h

熱バランスから液ガス熱交換器の図中の
式のとおり

$$\Phi_h = q_{mr}(h_3 - h_4)$$

$$= q_{mr}(h_1 - h_6) \quad \cdots\cdots ②$$

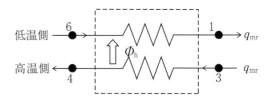

液ガス熱交換器

$$\Phi_h = q_{mr}(h_3 - h_4) = q_{mr}(h_1 - h_6)$$

既知の比エンタルピーの値を式②に代入する。

$$\Phi_h = q_{mr}(h_3 - h_4) = 0.8573\,\text{kg/s} \times (240 - 217)\,\text{kJ/kg} = 19.7\,\text{kW}$$

（答　19.7 kW）

(3)　成績係数 $(COP)_R$

式(2.6d)を応用する。

$$(COP)_R = \frac{h_1 - h_3}{h_2 - h_1} \times \eta_c \eta_m = \frac{(376 - 240)\,\text{kJ/kg}}{(420 - 376)\,\text{kJ/kg}} \times 0.70 \times 0.85 = 1.84$$

（答　1.84）

（別解）

軸動力 P を計算してから計算する。

$$(COP)_R = \frac{\Phi_o}{P} \quad \cdots\cdots\cdots\cdots\cdots\cdots\cdots\cdots\cdots\cdots\cdots\cdots\cdots\cdots\cdots\cdots ③$$

$$P = \frac{q_{mr}(h_2 - h_1)}{\eta_c \eta_m} = \frac{0.8573\,\text{kg/s} \times (420 - 376)\,\text{kJ/kg}}{0.70 \times 0.85} = 63.40\,\text{kW}$$

式③から

$$(COP)_R = \frac{116.6\,\text{kW}}{63.40\,\text{kW}} = 1.84$$

(4)　液ガス熱交換器の使用目的

①　蒸発器を出た冷媒蒸気を適度に過熱させ、圧縮機が湿り蒸気を吸い込み、湿り圧縮や
液圧縮をしないようにする。

② 凝縮器を出た冷媒液の過冷却度を大きくして、液管でのフラッシュガスの発生を防止する。

演習問題 2-17 の解答

示された状態（サイクル）を p-h 線図に表すと右のようになる。

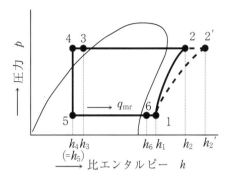

(1) 冷媒循環量 q_{mr}

式(2.6c)を応用して

$$\varPhi_k = q_{mr}(h_{2'} - h_3) = q_{mW} \cdot c_W \cdot \varDelta t_W$$

圧縮機の機械的摩擦損失仕事の熱は冷媒に加えられるので、$h_{2'}$ は

$$h_{2'} = h_1 + \frac{h_2 - h_1}{\eta_c \eta_m}$$

$$\therefore \quad q_{mr} = \frac{q_{mW} \cdot c_W \cdot \varDelta t_W}{(h_1 - h_3) + \dfrac{h_2 - h_1}{\eta_c \eta_m}} = \frac{6\,\mathrm{kg/s} \times 4.18\,\mathrm{kJ/(kg \cdot K)} \times 5\,\mathrm{K}}{(411 - 237)\,\mathrm{kJ/kg} + \dfrac{(466 - 411)\,\mathrm{kJ/kg}}{0.70 \times 0.80}}$$

$$= 0.461\,\mathrm{kg/s}$$

（答　$0.461\,\mathrm{kg/s}$）

(2) 交換熱量 $\varPhi_h$

高温流体と低温流体が授受する熱量は等しいので

$$\varPhi_h = q_{mr}(h_3 - h_4) = q_{mr}(h_1 - h_6)$$
$$= 0.461\,\mathrm{kg/s} \times (237 - 214)\,\mathrm{kJ/kg} = 10.6\,\mathrm{kW}$$

（答　$10.6\,\mathrm{kW}$）

(3) 成績係数 $(COP)_R$

式(2.6a)、(2.6b)を応用して

$$(COP)_R = \frac{\varPhi_o}{P}$$

$$= \frac{q_{mr}(h_1 - h_3)\eta_c \eta_m}{q_{mr}(h_2 - h_1)} = \frac{(h_1 - h_3)\eta_c \eta_m}{h_2 - h_1}$$

$$= \frac{(411 - 237)\,\mathrm{kJ/kg} \times 0.70 \times 0.80}{(466 - 411)\mathrm{kJ/kg}} = 1.77$$

（答　1.77）

演習問題 2-18 の解答

フロー図の絞り弁の位置から蒸発器Ⅰが高温（高い圧力）側の蒸発器であることが理解できる。

(1) p-h 線図

229

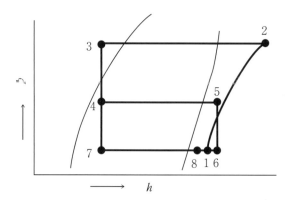

(2) 冷凍能力 Φ_{I}、Φ_{II}

$h_3 = h_4 = h_7$ であるから

$$\Phi_{\mathrm{I}} = q_{\mathrm{mrI}}(h_5 - h_4) = 0.2\,\mathrm{kg/s} \times (412 - 243)\,\mathrm{kJ/kg} = 33.8\,\mathrm{kW}$$

$$\Phi_{\mathrm{II}} = q_{\mathrm{mrII}}(h_8 - h_7) = 0.4\,\mathrm{kg/s} \times (406 - 243)\,\mathrm{kJ/kg} = 65.2\,\mathrm{kW}$$

なお、合計の冷凍能力 Φ_o は、式(2.7c)より

$$\Phi_\mathrm{o} = \Phi_{\mathrm{I}} + \Phi_{\mathrm{II}} = (33.8 + 65.2)\,\mathrm{kW} = 99.0\,\mathrm{kW}$$

（答　$\Phi_{\mathrm{I}} = 33.8\,\mathrm{kW}$、$\Phi_{\mathrm{II}} = 65.2\,\mathrm{kW}$）

(3) 比エンタルピー h_1

点1、6、8のエネルギーバランスから、$h_6 = h_5$ として

$$q_{\mathrm{mr}}h_1 = q_{\mathrm{mrI}}h_5 + q_{\mathrm{mrII}}h_8$$

$$\therefore\quad h_1 = \frac{q_{\mathrm{mrI}}h_5 + q_{\mathrm{mrII}}h_8}{q_{\mathrm{mr}}} = \frac{0.2\,\mathrm{kg/s} \times 412\,\mathrm{kJ/kg} + 0.4\,\mathrm{kg/s} \times 406\,\mathrm{kJ/kg}}{(0.2 + 0.4)\,\mathrm{kg/s}}$$

$$= 408\,\mathrm{kJ/kg}$$

（答　$408\,\mathrm{kJ/kg}$）

(4) 理論圧縮動力 P_{th}

理論凝縮負荷 $\Phi_{\mathrm{th,k}}$ は

$$\Phi_{\mathrm{th,k}} = q_{\mathrm{mW}} \cdot c_{\mathrm{W}} \cdot \Delta t_{\mathrm{W}} = 6.6\,\mathrm{kg/s} \times 4.18\,\mathrm{kJ/(kg \cdot K)} \times 5\,\mathrm{K} = 137.9\,\mathrm{kW}$$

式(1.5)を変形して

$$P_{\mathrm{th}} = \Phi_{\mathrm{th,k}} - \Phi_\mathrm{o} = (137.9 - 99.0)\,\mathrm{kW} = 38.9\,\mathrm{kW}$$

（答　$38.9\,\mathrm{kW}$）

（別解）

$\Phi_{\mathrm{th,k}} = q_{\mathrm{mr}}(h_2 - h_3)$ であるから

$$h_2 = \frac{\Phi_{\mathrm{th,k}}}{q_{\mathrm{mr}}} + h_3 = \frac{137.9\,\mathrm{kJ/s}}{0.6\,\mathrm{kg/s}} + 243\,\mathrm{kJ/kg} = 472.8\,\mathrm{kJ/kg}$$

$$\therefore\quad P_{\mathrm{th}} = q_{\mathrm{mr}}(h_2 - h_1) = 0.6\,\mathrm{kg/s} \times (472.8 - 408)\,\mathrm{kJ/kg} = 38.9\,\mathrm{kW}$$

この冷凍サイクルの p–h 線図は図のように描くことができる。

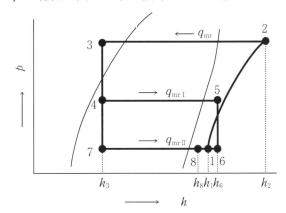

(1) 冷媒循環量 q_{mr}

式 $(2.1b)$ から

$$q_{mr} = \frac{V\eta_v}{v_1} = \frac{360 \text{ m}^3/\text{h}}{3600 \text{ s/h}} \times \frac{0.8}{0.4 \text{ m}^3/\text{kg}} = 0.20 \text{ kg/s}$$

(答　0.20 kg/s)

(2) 冷凍能力 Φ_o

各蒸発器の冷凍能力 $(\Phi_{oI}、\Phi_{oII})$ の合計の値である。すなわち

$$\Phi_o = \Phi_{oI} + \Phi_{oII} \quad\cdots\cdots\cdots\cdots\cdots\cdots\cdots\cdots\cdots\cdots\cdots\cdots\cdots\cdots\cdots\cdots\cdots ①$$

また、各蒸発器を流れる冷媒量は題意により $q_{mrI} : q_{mrII} = 1 : 1$ であるから

$$q_{mrI} = 0.10 \text{ kg/s}$$

$$q_{mrII} = 0.10 \text{ kg/s}$$

$h_3 = h_4 = h_7$ であるから

$$\Phi_{oI} = q_{mrI}(h_5 - h_3) = 0.10 \text{ kg/s} \times (1610 - 510)\text{kJ/kg} = 110 \text{ kW}$$

$$\Phi_{oII} = q_{mrII}(h_8 - h_3) = 0.10 \text{ kg/s} \times (1590 - 510)\text{kJ/kg} = 108 \text{ kW}$$

式①より

$$\Phi_o = (110 + 108)\text{kW} = 218 \text{ kW}$$

(答　218 kW)

(3) 圧縮機軸動力 P

圧縮機吸込み蒸気の比エンタルピーを h_1 として、点1、6、8のエネルギーバランスから h_1 を求める。

$$q_{mrI}(h_6 - h_1) = q_{mrII}(h_1 - h_8) \quad\cdots\cdots\cdots\cdots\cdots\cdots\cdots\cdots\cdots\cdots\cdots ②$$

$h_5 = h_6$ であるから、式②を変形して

$$h_1 = \frac{q_{mrI} h_5 + q_{mrII} h_8}{q_{mrI} + q_{mrII}} = \frac{0.10 \text{ kg/s} \times 1610 \text{ kJ/kg} + 0.10 \text{ kg/s} \times 1590 \text{ kJ/kg}}{(0.10 + 0.10)\text{kg/s}}$$

$$= 1600 \text{ kJ/kg}$$

式(2.4a)から

$$P = \frac{q_{mr}(h_2 - h_1)}{\eta_c \eta_m} = \frac{0.20 \,\text{kg/s} \times (1830 - 1600)\,\text{kJ/kg}}{0.7 \times 0.9} = 73.0 \,\text{kW}$$

（答　73.0 kW）

(4)　成績係数 $(COP)_R$

$(COP)_R$ は式(2.4e)のとおり、Φ_o と P の比であるから

$$(COP)_R = \frac{\Phi_o}{P} = \frac{218 \,\text{kW}}{73.0 \,\text{kW}} = 2.99$$

（答　2.99）

■ 演習問題 2-20 の解答

　ホットガスバイパス方式の出題としては、吐出しガスを蒸発器入口にバイパスさせるものが多いが、この問題は吐出しガスを圧縮機吸込み側に戻す方式を採用している。

　全負荷時および部分負荷時の p–h 線図は以下のとおりとなる。

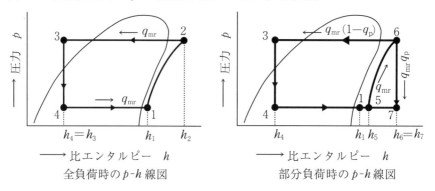

全負荷時の p–h 線図　　　　　部分負荷時の p–h 線図

　ここで、両ケースの吸込み蒸気および吐出しガスの状態点の番号が異なることに注意する。

　また、圧縮機冷媒循環量 q_{mr} は両ケースとも同じ値であり、q_p は q_{mr} 1 kg 当たりのバイパス量(kg)の質量割合を表し、全負荷時は F、部分負荷時は p の添字で表す。

(1)　部分負荷時の q_p の計算

　点1、5、7の熱 (エネルギー) バランスから、$h_6 = h_7$ として

$$h_5 = (1 - q_p)h_1 + q_p h_6$$

$$\therefore \quad q_p = \frac{h_5 - h_1}{h_6 - h_1} = \frac{(405.0 - 392.5)\,\text{kJ/kg}}{(455.2 - 392.5)\,\text{kJ/kg}} = 0.1994$$

すなわち、全循環量の約 20 ％がバイパスされていることになる。

(2)　q_p の値を用いて $(COP)_p$ の計算

　部分負荷時の蒸発器出入口の比エンタルピー差は $h_1 - h_4 = h_1 - h_3$ であるから

$$(COP)_p = \frac{\Phi_{op}}{P_p} = \frac{(h_1 - h_3)(1 - q_p)}{(h_6 - h_5)} = \frac{(392.5 - 229.3)\,\text{kJ/kg} \times (1 - 0.1994)}{(455.2 - 405.0)\,\text{kJ/kg}}$$

演習問題の解答

$$= 2.60$$

(3) $(COP)_F$ の計算

同様に

$$(COP)_F = \frac{\Phi_{oF}}{P_F} = \frac{(h_1 - h_4)}{(h_2 - h_1)} = \frac{(392.5 - 229.3)\,\text{kJ/kg}}{(442.7 - 392.5)\,\text{kJ/kg}} = 3.25$$

（答　$(COP)_F = 3.25$、$(COP)_p = 2.60$）

(1) 全負荷時の冷媒循環量 q_{mr}(kg/s)

全負荷時の蒸発器入口の冷媒の比エンタルピーは $h_4 = h_3$、蒸発器出口の冷媒の比エンタルピーは h_1 であるから

$$q_{mr} = \frac{\Phi_o}{h_1 - h_4} = \frac{\Phi_o}{h_1 - h_3} = \frac{80\,\text{kJ/s}}{(419 - 257)\,\text{kJ/kg}} = 0.494\,\text{kg/s}$$

（答　0.494 kg/s）

(2) 容量制御時の蒸発器入口の冷媒の比エンタルピー h_6(kJ/kg)

容量制御時の蒸発器入口の冷媒の比エンタルピーは h_6、蒸発器出口の冷媒の比エンタルピーは h_1 である。また、容量制御時の理論冷凍能力 $\Phi_{o,p} = 0.80\,\Phi_o$ であるから

$$\Phi_{o,p} = 0.80\,\Phi_o = q_{mr}(h_1 - h_6)$$

$$\therefore \quad h_6 = h_1 - \frac{0.80\,\Phi_o}{q_{mr}} = 419\,\text{kJ/kg} - \frac{0.80 \times 80\,\text{kJ/s}}{0.494\,\text{kg/s}} = 289\,\text{kJ/kg}$$

（答　289 kJ/kg）

(3) 容量制御時のホットガスバイパス量 q_p(kg/s)

q_p はホットガスの合流点におけるエネルギーバランス式(2.8e)で計算できるが、この式中の q_p は q_{mr} に対する割合（無単位）である。q_p を質量流量 kg/s で表す場合のエネルギーバランス式は

$$q_{mr}h_6 = (q_{mr} - q_p)h_4 + q_p h_5 = (q_{mr} - q_p)h_3 + q_p h_2 = q_{mr}h_3 + q_p(h_2 - h_3)$$

$$\therefore \quad q_p = \frac{q_{mr}(h_6 - h_3)}{h_2 - h_3} = \frac{0.494\,\text{kg/s} \times (289 - 257)\,\text{kJ/kg}}{(472 - 257)\,\text{kJ/kg}} = 0.0735\,\text{kg/s}$$

（答　0.0735 kg/s）

(4) 容量制御時の理論成績係数 $(COP)_{th,Rp}$

$$(COP)_{th,Rp} = \frac{\Phi_{o,p}}{P_{th}} = \frac{0.8\,\Phi_o}{q_{mr}(h_2 - h_1)} = \frac{0.8 \times 80\,\text{kJ/s}}{0.494\,\text{kg/s} \times (472 - 419)\,\text{kJ/kg}}$$

$$= 2.44$$

（答　2.44）

実際の圧縮機の吐出しガスの状態点を 2′ として p-h 線図を描くと右のようになる。

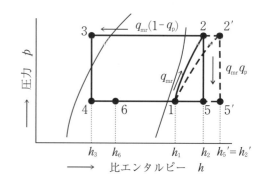

(1) 容量制御時の冷凍能力 Φ_{op}

蒸発器入口の位置は点 6 であるから、Φ_{op} は次の式で表すことができる。

$$\Phi_{\mathrm{op}} = q_{\mathrm{mr}}(h_1 - h_6) \quad \cdots\cdots\cdots\cdots ①$$

h_6 の値を算出するために、$h_2{}'(= h_5{}')$ の値を求める。

式(2.4c)のとおり

$$h_2{}' = h_5{}' = h_1 + \frac{h_2 - h_1}{\eta_{\mathrm{c}}\eta_{\mathrm{m}}} = 400\,\mathrm{kJ/kg} + \frac{(440 - 400)\,\mathrm{kJ/kg}}{0.75 \times 0.85} = 462.7\,\mathrm{kJ/kg}$$

冷媒循環量 1 kg 当たりのバイパス量 (kg) の割合を q_{p} とすると、題意から $q_{\mathrm{p}} = 0.15$ である。

点 4、5′、6 の熱 (エネルギー) バランスから

$$h_6 = q_{\mathrm{p}}h_5{}' + (1 - q_{\mathrm{p}})h_4 = 0.15 \times 462.7\,\mathrm{kJ/kg} + (1 - 0.15) \times 236\,\mathrm{kJ/kg}$$
$$= 270.0\,\mathrm{kJ/kg}$$

式①に h_6 の値を代入して

$$\Phi_{\mathrm{op}} = 0.7\,\mathrm{kg/s} \times (400 - 270.0)\,\mathrm{kJ/kg} = 91.0\,\mathrm{kW}$$

(答 91.0 kW)

(2) 容量制御時と全負荷時の成績係数の比

全負荷時の成績係数を $(COP)_{\mathrm{R}}$、容量制御時のそれを $(COP)_{\mathrm{Rp}}$、軸動力を P とすると、両ケースとも q_{mr}、h_1、$h_2{}'$ は等しく、したがって軸動力 P も等しいから

$$(COR)_{\mathrm{R}} = \frac{q_{\mathrm{mr}}(h_1 - h_4)}{P} \quad \cdots\cdots\cdots\cdots\cdots\cdots\cdots\cdots\cdots\cdots\cdots\cdots ②$$

$$(COP)_{\mathrm{Rp}} = \frac{q_{\mathrm{mr}}(h_1 - h_6)}{P} \quad \cdots\cdots\cdots\cdots\cdots\cdots\cdots\cdots\cdots\cdots\cdots\cdots ③$$

③/②として、比エンタルピーの値を代入する。

$$\frac{(COP)_{\mathrm{Rp}}}{(COP)_{\mathrm{R}}} = \frac{h_1 - h_6}{h_1 - h_4} = \frac{(400 - 270.0)\,\mathrm{kJ/kg}}{(400 - 236)\,\mathrm{kJ/kg}} = 0.793$$

(答 79.3 %)

(別解)

Φ_{o} の値を計算して $\Phi_{\mathrm{op}}/\Phi_{\mathrm{o}}$ を計算する。$P = P_{\mathrm{p}}$ であるので

$$\Phi_{\mathrm{o}} = q_{\mathrm{mr}}(h_1 - h_4) = 0.7\,\mathrm{kg/s} \times (400 - 236)\,\mathrm{kJ/kg} = 114.8\,\mathrm{kW}$$

$$\therefore \quad \frac{(COP)_{\mathrm{Rp}}}{(COP)_{\mathrm{R}}} = \frac{\Phi_{\mathrm{op}}}{\Phi_{\mathrm{o}}} = \frac{91.0\,\mathrm{kW}}{114.8\,\mathrm{kW}} = 0.793$$

■ 演習問題 2-23 の解答

(1) 吸込み蒸気の比エンタルピー h_1

冷媒循環量を q_{mr}、冷媒循環量 1 kg 当たりの液噴射量 (kg) の割合を q_p とすると、点 1、5、6 における q_{mr} 1 kg 当たりのエネルギーバランスから（図参照）

$$h_1 = q_p h_6 + (1 - q_p) h_5 \quad \cdots\cdots\cdots\cdots ①$$

ここで、$h_6 = h_3$、$q_p = 0.15$ であるから、式①は

$$h_1 = 0.15 \times 240 \text{ kJ/kg} + (1 - 0.15) \times 430 \text{ kJ/kg} = 402 \text{ kJ/kg}$$

（答　402 kJ/kg）

(2) 理論成績係数 $(COP)_{th.R}$

理論動力を P_{th}、(理論) 冷凍能力を Φ_o とすると

$$(COP)_{th.R} = \frac{\Phi_o}{P_{th}} \quad \cdots\cdots\cdots\cdots\cdots\cdots\cdots\cdots\cdots\cdots\cdots\cdots\cdots\cdots ②$$

蒸発器を通る冷媒量は $q_{mr}(1 - q_p)$ であり、比エンタルピー差は $h_5 - h_4 = h_5 - h_3$ であるから

$$\Phi_o = q_{mr}(1 - q_p)(h_5 - h_3) \quad \cdots\cdots\cdots\cdots\cdots\cdots\cdots\cdots\cdots\cdots ③$$

また

$$P_{th} = q_{mr}(h_2 - h_1) \quad \cdots\cdots\cdots\cdots\cdots\cdots\cdots\cdots\cdots\cdots\cdots\cdots ④$$

式②、③、④から

$$(COP)_{th.R} = \frac{q_{mr}(1 - q_p)(h_5 - h_3)}{q_{mr}(h_2 - h_1)} = \frac{(1 - q_p)(h_5 - h_3)}{h_2 - h_1}$$

$$= \frac{(1 - 0.15) \times (430 - 240) \text{kJ/kg}}{(440 - 402) \text{kJ/kg}} = 4.25$$

（答　4.25）

■ 演習問題 2-24 の解答

(1) 冷凍能力 Φ_o (kW)

式(2.9a) から

$$\Phi_o = (0.90 \, q_{mr})(h_5 - h_4) = 0.90 \, q_{mr}(h_5 - h_3)$$

$$= 0.90 \times 0.50 \text{ kg/s} \times (440 - 242) \text{kJ/kg} = 89.1 \text{ kW}$$

（答　89.1 kW）

(2) 圧縮機吸込み蒸気の比エンタルピー h_1 (kJ/kg)

式(2.9e)から

$$h_1 = 0.10 \, h_6 + 0.90 \, h_5 = 0.10 \, h_3 + 0.90 \, h_5$$

$$= 0.10 \times 242 \text{ kJ/kg} + 0.90 \times 440 \text{ kJ/kg} = 420 \text{ kJ/kg}$$

(3)　成績係数 $(COP)_R$

式(2.9d)を基に、断熱効率、機械効率を考慮して求める。

$$(COP)_R = \frac{\Phi_o \eta_c \eta_m}{q_{mr}(h_2 - h_1)} = \frac{89.1\,\text{kW} \times 0.70 \times 0.85}{0.50\,\text{kg/s} \times (470 - 420)\,\text{kJ/kg}} = 2.12$$

（答　2.12）

■ 演習問題 2-25 の解答

右に $p\text{-}h$ 線図を示す。

(1)　冷凍能力 Φ_o

式(2.10a)により、$h_3 = h_4$ として

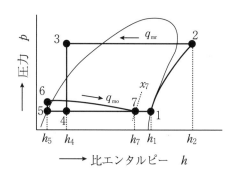

$$\Phi_o = q_{mo}(h_7 - h_6) = q_{mr}(h_1 - h_4)$$
$$= 0.23\,\text{kg/s} \times (397 - 240)\,\text{kJ/kg}$$
$$= 36.1\,\text{kW}$$

（答　36.1 kW）

(2)　蒸発器の冷媒流量 q_{mo}

(1)の式から

$$\Phi_o = q_{mo}(h_7 - h_6)$$

$$\therefore\quad q_{mo} = \frac{\Phi_o}{h_7 - h_6} = \frac{36.1\,\text{kJ/s}}{(380 - 177)\,\text{kJ/kg}} = 0.178\,\text{kg/s}$$

（答　0.178 kg/s）

(3)　乾き度 x_7

乾き飽和蒸気と飽和液の比エンタルピーはそれぞれ h_1、h_5 であるから

$$x_7 = \frac{h_7 - h_5}{h_1 - h_5} = \frac{(380 - 177)\,\text{kJ/kg}}{(397 - 177)\,\text{kJ/kg}} = 0.923$$

（答　0.923）

■ 演習問題 2-26 の解答

(1)　$p\text{-}h$ 線図

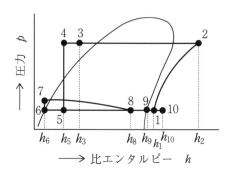

演習問題の解答

(2)　理論成績係数 $(COP)_{\text{th,R}}$

冷凍能力 Φ_{o} に関係する液集中器廻りの冷媒流量と各点における比エンタルピーは、次のように表すことができる。

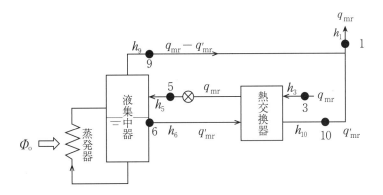

冷凍能力 Φ_{o} によって気化する冷媒液量は $q_{\text{mr}}(1 - x_5) - q'_{\text{mr}}$ であるから、冷凍能力 Φ_{o} は次のように表すことができる。

$$\begin{aligned}
\Phi_{\text{o}} &= \left\{ q_{\text{mr}}(1 - x_5) - q'_{\text{mr}} \right\}(h_9 - h_6) \\
&= \left\{ q_{\text{mr}}\left(1 - \frac{h_5 - h_6}{h_9 - h_6}\right) - q'_{\text{mr}} \right\}(h_9 - h_6) \\
&= q_{\text{mr}}(h_9 - h_5) - q'_{\text{mr}}(h_9 - h_6) \quad \cdots\cdots\cdots\cdots\cdots\cdots\cdots\cdots\cdots\cdots ①
\end{aligned}$$

また、熱交換器の熱（エネルギー）バランスおよび点 1、9、10 の熱（エネルギー）バランスから、それぞれ次の関係が得られる。

$$q'_{\text{mr}}(h_{10} - h_6) = q_{\text{mr}}(h_3 - h_5) \quad \cdots\cdots\cdots\cdots\cdots\cdots\cdots\cdots\cdots\cdots ②$$

$$(q_{\text{mr}} - q'_{\text{mr}})h_9 + q'_{\text{mr}}h_{10} = q_{\text{mr}}h_1 \quad \cdots\cdots\cdots\cdots\cdots\cdots\cdots\cdots\cdots\cdots ③$$

式②、③を展開して、②－③より、$q'_{\text{mr}}(h_9 - h_6)$ を q_{mr} を用いた項で表す。

$$q'_{\text{mr}}(h_9 - h_6) = q_{\text{mr}}\left\{(h_3 - h_5) - (h_1 - h_9)\right\} \quad \cdots\cdots\cdots\cdots\cdots\cdots\cdots\cdots ④$$

式④を式①に代入して

$$\begin{aligned}
\Phi_{\text{o}} &= q_{\text{mr}}(h_9 - h_5) - q_{\text{mr}}\left\{(h_3 - h_5) - (h_1 - h_9)\right\} \\
&= q_{\text{mr}}(h_9 - h_5 - h_3 + h_5 + h_1 - h_9) = q_{\text{mr}}(h_1 - h_3)
\end{aligned}$$

冷凍能力 Φ_{o} を $(h_1 - h_3)$ を用いて表すことができたので、理論成績係数 $(COP)_{\text{th,R}}$ は

$$(COP)_{\text{th,R}} = \frac{\Phi_{\text{o}}}{P_{\text{th}}} = \frac{q_{\text{mr}}(h_1 - h_3)}{q_{\text{mr}}(h_2 - h_1)} = \frac{h_1 - h_3}{h_2 - h_1}$$

$$\left(\text{答}\quad (COP)_{\text{th,R}} = \frac{h_1 - h_3}{h_2 - h_1}\right)$$

（別解）

下図の二点鎖線で囲んだ部分を系と考えると、この系には蒸発器以外に熱の出入りはないから、出入りするエンタルピーの差は蒸発器で受け入れた熱量、すなわち、冷凍能力 Φ_{o} に等しい。

式で表すと

$$q_{mr}(h_1 - h_3) = \Phi_o$$

$$\therefore \quad (COP)_{th,R} = \frac{\Phi_o}{F_{th}} = \frac{q_{mr}(h_1 - h_3)}{q_{mr}(h_2 - h_1)} = \frac{h_1 - h_3}{h_2 - h_1}$$

凝縮器　油分離器

受液器

膨張弁

蒸発器　液集中器　熱交換器

圧縮機

演習問題 2-27 の解答

(1)　低段側冷媒循環量 $q_{mro}(kg/s)$

式(2.11a)から

$$q_{mro} = \frac{\Phi_o}{h_1 - h_8} = \frac{\Phi_o}{h_1 - h_7} = \frac{80\,kJ/s}{(424 - 225)\,kJ/kg} = 0.402\,kg/s$$

（答　0.402 kg/s）

(2)　低段圧縮機吐出しガスの実際の比エンタルピー $h_2{}'(kJ/kg)$

式(2.4c)から

$$h_2{}' = h_1 + \frac{h_2 - h_1}{\eta_{cL}\eta_{mL}} = 424\,kJ/kg + \frac{(450 - 424)\,kJ/kg}{0.70 \times 0.90} = 465\,kJ/kg$$

（答　465 kJ/kg）

(3)　中間冷却器へのバイパス冷媒流量 $q'_{mro}(kg/s)$

参考欄の式①から

$$q'_{mro} = \frac{q_{mro}(h_2{}' - h_3 + h_5 - h_7)}{h_3 - h_5}$$

$$= \frac{0.402\,kg/s \times (465 - 432 + 257 - 225)\,kJ/kg}{(432 - 257)\,kJ/kg} = 0.149\,kg/s$$

（答　0.149 kg/s）

(4) 実際の凝縮負荷 Φ_k (kW)

式(2.11e)を使う。式(2.11e)中の h_4 を h_4' に置き換えて計算する。

$$\Phi_k = q_{mrk}(h_4' - h_5) = (q_{mro} + q'_{mro})\left(h_3 + \frac{h_4 - h_3}{\eta_{cH}\eta_{mH}} - h_5\right)$$

$$= (0.402 + 0.149)\,\text{kg/s} \times \left(432 + \frac{457 - 432}{0.75 \times 0.90} - 257\right)\text{kJ/kg} = 117\,\text{kW}$$

(答 117 kW)

(5) 圧縮機の実際の総駆動軸動力 P (kW)

式(2.11b)〜式(2.11d)を基に、断熱効率、機械効率を考慮して計算する。

$$P = \frac{q_{mro}(h_2 - h_1)}{\eta_{cL}\eta_{mL}} + \frac{q_{mrk}(h_4 - h_3)}{\eta_{cH}\eta_{mH}}$$

$$= \frac{0.402\,\text{kg/s} \times (450 - 424)\,\text{kJ/kg}}{0.70 \times 0.90} + \frac{(0.402 + 0.149)\,\text{kg/s} \times (457 - 432)\,\text{kJ/kg}}{0.75 \times 0.90}$$

$$= 37.0\,\text{kW}$$

(答 37.0 kW)

■ 演習問題 2-28 の解答 ■

(1) 凝縮器の冷媒循環量 q_{mrk}

高段側について、ピストン押しのけ量 V_H、体積効率 η_v および吸込み蒸気の比体積 v_3 が既知であるので、式(2.1b)により q_{mrk} は計算できる。

$$q_{mrk} = \frac{V_H \eta_v}{v_3} = \frac{30\,\text{m}^3/\text{h} \times 0.75}{0.050\,\text{m}^3/\text{kg} \times 3600\,\text{s/h}} = 0.125\,\text{kg/s}$$

(答 0.125 kg/s)

(2) q'_{mro}/q_{mro}

中間冷却器の冷媒流のエネルギーバランスから

$$q_{mro}(h_5 - h_7) + q_{mro}(h_2' - h_3) = q'_{mro}(h_3 - h_6) \quad\cdots\cdots\cdots\cdots\cdots\cdots\cdots ①$$

ここで、h_2' は実際の低段側吐出しガスの比エンタルピーであり、式(2.4c)から

$$h_2' = h_1 + \frac{(h_2 - h_1)}{\eta_c \eta_m} = 422\,\text{kJ/kg} + \frac{(458 - 422)\,\text{kJ/kg}}{0.70 \times 0.85} = 482.5\,\text{kJ/kg}$$

式①より、$h_6 = h_5$ として

$$\frac{q'_{mro}}{q_{mro}} = \frac{h_5 - h_7 + h_2' - h_3}{h_3 - h_5} = \frac{(240 - 220 + 482.5 - 436)\,\text{kJ/kg}}{(436 - 240)\,\text{kJ/kg}} = 0.339$$

(答 0.339)

なお、この結果より q_{mro} も求められる。すなわち

$$q_{mrk} = q'_{mro} + q_{mro} = 1.339\,q_{mro}$$

$$\therefore \quad q_{mro} = \frac{q_{mrk}}{1.339} = \frac{0.125\,\text{kg/s}}{1.339} = 0.09335\,\text{kg/s}$$

（別解 −1）

低段側においてもピストン押しのけ量 V_L、体積効率 η_v および吸込み蒸気の比体積 v_1 が与えられており、また、$q'_{mro} = q_{mrk} - q_{mro}$ であるので

$$\frac{q'_{mro}}{q_{mro}} = \frac{q_{mrk} - q_{mro}}{q_{mro}} = \frac{q_{mrk}}{q_{mro}} - 1 = \frac{V_H \eta_v}{v_3} \times \frac{v_1}{V_L \eta_v} - 1$$

$$= \frac{V_H}{v_3} \times \frac{v_1}{V_L} - 1 = \frac{30\,\text{m}^3/\text{h}}{0.050\,\text{m}^3/\text{kg}} \times \frac{0.143\,\text{m}^3/\text{kg}}{64\,\text{m}^3/\text{h}} - 1 = 0.341$$

（別解 −2）

(1)と同様に q_{mro} の値を計算して数値計算する。

$$q_{mro} = \frac{V_L \eta_v}{v_1} = \frac{64\,\text{m}^3/\text{h} \times 0.75}{0.143\,\text{m}^3/\text{kg} \times 3600\,\text{s/h}} = 0.09324\,\text{kg/s}$$

$$\therefore \quad \frac{q'_{mro}}{q_{mro}} = \frac{q_{mrk} - q_{mro}}{q_{mro}} = \frac{(0.125 - 0.09335)\,\text{kg/s}}{0.09335\,\text{kg/s}} = 0.339$$

(3) 成績係数 $(COP)_R$

総軸動力 P は低段側と高段側軸動力の合計であり、$(COP)_R$ は冷凍能力 Φ_o と P の比である。また、q_{mro} と q_{mrk} の関係は $q_{mrk} = 1.339\,q_{mro}$ であるから

$$(COP)_R = \frac{\Phi_o}{P} = \frac{q_{mro}(h_1 - h_7)}{q_{mro} \cdot \dfrac{h_2 - h_1}{\eta_c \eta_m} + q_{mrk} \cdot \dfrac{h_4 - h_3}{\eta_c \eta_m}}$$

$$= \frac{q_{mro}(h_1 - h_7)\,\eta_c \eta_m}{q_{mro}(h_2 - h_1) + 1.339\,q_{mro}(h_4 - h_3)}$$

$$= \frac{(h_1 - h_7)\,\eta_c \eta_m}{(h_2 - h_1) + 1.339 \times (h_4 - h_3)}$$

$$= \frac{(422 - 220)\,\text{kJ/kg} \times 0.70 \times 0.85}{(458 - 422)\,\text{kJ/kg} + 1.339 \times (477 - 436)\,\text{kJ/kg}} = 1.32$$

（答　1.32）

■ 演習問題 2-29 の解答

(1) 中間圧力 p_m(MPa)

式(2.11b)を変形して求める。

$$p_m = \sqrt{p_o \cdot p_k} = \sqrt{0.20\,\text{MPa} \times 1.80\,\text{MPa}} = 0.60\,\text{MPa}$$

（答　$p_m = 0.60\,\text{MPa}$）

(2) バイパス冷媒循環量と低段側冷媒循環量の比 q'_{mro}/q_{mro}

中間冷却器でのエネルギーバランスの式① (参考欄) から q'_{mro}/q_{mro} を求める。

$$\frac{q'_{mro}}{q_{mro}} = \frac{(h_5 - h_7) + (h_2 - h_3)}{h_3 - h_5} = \frac{(240 - 205)\,\text{kJ/kg} + (378 - 366)\,\text{kJ/kg}}{(366 - 240)\,\text{kJ/kg}}$$

$$= 0.373$$

（答　0.373）

(3) 高段側冷媒循環量 q_{mrk}(kg/s)

式(2.11a)と(2)の値を使う。

$$q_{mro} = \frac{\Phi_o}{h_1 - h_7} = \frac{150\,\text{kW}}{(358 - 205)\,\text{kJ/kg}} = 0.9804\,\text{kg/s}$$

$$q_{mrk} = q_{mro} + q'_{mro} = q_{mro} + 0.373\,q_{mro} = 1.373\,q_{mro} = 1.373 \times 0.9804\,\text{kg/s}$$

$$= 1.346\,\text{kg/s} \fallingdotseq 1.35\,\text{kg/s}$$

（答　1.35 kg/s）

(4) 成績係数 $(COP)_{th,R}$

$$(COP)_{th,R} = \frac{\Phi_o}{P_{th}} = \frac{\Phi_o}{q_{mro}(h_2 - h_1) + q_{mrk}(h_4 - h_3)}$$

$$= \frac{150\,\text{kW}}{0.9804\,\text{kg/s} \times (378 - 358)\,\text{kJ/kg} + 1.346\,\text{kg/s} \times (390 - 366)\,\text{kJ/kg}} = 2.89$$

（答　2.89）

■ **演習問題 2-30 の解答** ■

　念のために、冷媒循環量と実際の低段吐出しガスの比エンタルピー h_2' および高段吐出しガスの比エンタルピー h_4' を示した p-h 線図を描くと右のようになる。

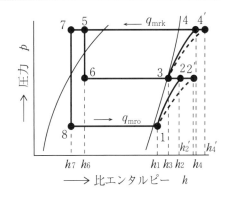

(1) 気筒数比 a

　中間冷却器の熱（エネルギー）バランスから、$h_6 = h_5$ として

$$\frac{q_{mro}}{q_{mrk}} = \frac{h_3 - h_5}{h_2' - h_7} \quad \cdots\cdots\cdots\cdots\cdots ①$$

h_2' を式(2.4d)から求める。機械的摩擦損失仕事は冷媒に熱として加わらないので

$$h_2' = h_1 + \frac{h_2 - h_1}{\eta_c} = 352\,\text{kJ/kg} + \frac{(381 - 352)\,\text{kJ/kg}}{0.73} = 391.7\,\text{kJ/kg}$$

式①に代入して

$$\frac{q_{mro}}{q_{mrk}} = \frac{(369 - 268)\,\text{kJ/kg}}{(391.7 - 248)\,\text{kJ/kg}} = 0.7029$$

ピストン押しのけ量（低段 V_o、高段 V_k）の比を求める。体積効率は同じであるから

$$V_o = \frac{q_{mro}v_1}{\eta_v} \qquad V_k = \frac{q_{mk}v_3}{\eta_v}$$

$$\therefore \quad \frac{V_o}{V_k} = \frac{\dfrac{q_{mro}v_1}{\eta_v}}{\dfrac{q_{mrk}v_3}{\eta_v}} = \frac{q_{mro}}{q_{mrk}} \cdot \frac{v_1}{v_3} = 0.7029 \times \frac{0.19\,\text{m}^3/\text{kg}}{0.045\,\text{m}^3/\text{kg}} = 2.97 \fallingdotseq 3$$

コンパウンド圧縮機の気筒数比 a はピストン押しのけ量の比に相当するので

$$\frac{低段側気筒数}{高段側気筒数} = a = 3$$

（答　3）

(2)　実際の成績係数 $(COP)_R$

　冷凍能力を $\varPhi_o$、低段および高段の軸動力を合計した軸動力を P として、$(COP)_R$ は

$$(COP)_R = \frac{\varPhi_o}{P} = \frac{q_{mro}(h_1 - h_8)}{q_{mro}\cdot\dfrac{h_2 - h_1}{\eta_c\eta_m} + q_{mrk}\cdot\dfrac{h_4 - h_3}{\eta_c\eta_m}}$$

$$= \frac{q_{mro}(h_1 - h_8)\eta_c\eta_m}{q_{mro}(h_2 - h_1) + q_{mrk}(h_4 - h_3)} \quad\text{\dotfill ②}$$

式①を用い、また、$h_8 = h_7$ として整理すると、式(2.11f)に相当する次の式が得られる。

$$(COP)_R = \frac{(h_1 - h_7)\eta_c\eta_m}{(h_2 - h_1) + \dfrac{q_{mrk}}{q_{mro}}\cdot(h_4 - h_3)}$$

値を代入すると

$$(COP)_R = \frac{(352 - 248)\,\text{J/kg} \times 0.73 \times 0.90}{(381 - 352)\,\text{J/kg} + \dfrac{1}{0.7029} \times (404 - 369)\,\text{J/kg}} = 0.867$$

$q_{mrk} = \dfrac{q_{mro}}{0.7029}$ の関係を式②に代入して計算することもできる。

（答　0.867）

242

■ 演習問題 2-31 の解答

(1)　低段側冷媒循環量 q_{mro}

　冷凍能力 $\varPhi_o$ が与えられているので、$h_8 = h_7$ として

$$q_{mro} = \frac{\varPhi_o}{h_1 - h_7} = \frac{90\,\text{kW}}{(358 - 220)\,\text{kJ/kg}} = 0.652\,\text{kg/s}$$

（答　0.652 kg/s）

(2)　中間冷却器の必要冷却能力 $\varPhi_m$

　実際の低段吐出しガスの比エンタルピーを $h_2{}'$ として、$\varPhi_m$ は q_{mro} を過冷却 $(h_5 \to h_7)$ する熱量と低段吐出しガス q_{mro} を冷却 $(h_2{}' \to h_3)$ する熱量の合計であるから

$$\varPhi_m = q_{mro}(h_5 - h_7) + q_{mro}(h_2{}' - h_3) = q_{mro}\{(h_5 - h_7) + (h_2{}' - h_3)\} \quad\text{……①}$$

機械的摩擦損失仕事は熱として冷媒に加えられるので

$$h_2{}' = h_1 + \frac{h_2 - h_1}{\eta_{cL}\eta_{mL}} = 358\,\text{kJ/kg} + \frac{(384 - 358)\,\text{kJ/kg}}{0.70 \times 0.85} = 401.7\,\text{kJ/kg}$$

式①に代入して

$$\varPhi_m = 0.652\,\text{kg/s} \times \{(240 - 220) + (401.7 - 361)\}\,\text{kJ/kg} = 39.6\,\text{kW}$$

（答　39.6 kW）

なお、q_{mrk} を算出して、$(q_{mrk} - q_{mro})$ が h_6 から h_3 まで加熱される熱量として Φ_m を求めてもよい。

(3) 実際の総軸動力 P

低段軸動力 P_L、高段軸動力 P_H の合計が総軸動力 P である。

$$P = P_L + P_H \quad\cdots\cdots\cdots\cdots\cdots\cdots\cdots\cdots\cdots\cdots\cdots\cdots ②$$

高段側冷媒循環量を q_{mrk} とし、中間冷却器の熱 (エネルギー) バランスから

$$q_{mrk} = q_{mro} \cdot \frac{h_2{}' - h_7}{h_3 - h_5} = 0.652\,\text{kg/s} \times \frac{(401.7 - 220)\,\text{kJ/kg}}{(361 - 240)\,\text{kJ/kg}} = 0.9791\,\text{kg/s}$$

また、$\quad P_L = q_{mro} \cdot \dfrac{h_2 - h_1}{\eta_{cL}\eta_{mL}} \qquad\qquad P_H = q_{mrk} \cdot \dfrac{h_4 - h_3}{\eta_{cH}\eta_{mH}}$

であるから、式②は

$$\begin{aligned}
P &= q_{mro} \cdot \frac{h_2 - h_1}{\eta_{cL}\eta_{mL}} + q_{mrk} \cdot \frac{h_4 - h_3}{\eta_{cH}\eta_{mH}} \\
&= 0.652\,\text{kg/s} \times \frac{(384 - 358)\,\text{kJ/kg}}{0.70 \times 0.85} + 0.9791\,\text{kg/s} \times \frac{(390 - 361)\,\text{kJ/kg}}{0.75 \times 0.85} \\
&= 73.0\,\text{kW}
\end{aligned}$$

(答　73.0 kW)

なお、凝縮負荷 Φ_k を求めて、式(1.5)から P を計算する方法もある。

■ 演習問題 2-32 の解答 ■

p-h 線図を右に示す。

(1) 蒸発器の冷媒循環量 q_{mro}

冷凍能力 Φ_o が示されているので、$h_8 = h_7$ として

$$\Phi_o = q_{mro}(h_1 - h_8)$$

$$\begin{aligned}
\therefore\quad q_{mro} &= \frac{\Phi_o}{(h_1 - h_7)} \\
&= \frac{100\,\text{kJ/s}}{(360 - 200)\,\text{kJ/kg}} \\
&= 0.625\,\text{kg/s}
\end{aligned}$$

(答　0.625 kg/s)

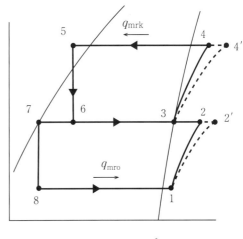

(2) 凝縮器の冷媒循環量 q_{mrk}

q_{mro} と q_{mrk} の関係は、式(2.11g)を応用し、$h_5 = h_6$ として

$$\frac{q_{mrk}}{q_{mro}} = \frac{h_2{}' - h_7}{h_3 - h_6}$$

$$\therefore\quad q_{mrk} = q_{mro} \cdot \frac{h_2{}' - h_7}{h_3 - h_5} = q_{mro} \cdot \frac{h_1 + \dfrac{h_2 - h_1}{\eta_c\eta_m} - h_7}{h_3 - h_5}$$

$$= 0.625 \text{ kg/s} \times \left(\frac{360 + \dfrac{385 - 360}{0.70 \times 0.90} - 200}{365 - 240} \right) = 0.998 \text{ kg/s}$$

（答　0.998 kg/s）

(3)　成績係数 $(COP)_\text{R}$

$$P = \frac{q_\text{mro}(h_2 - h_1)}{\eta_\text{c}\eta_\text{m}} + \frac{q_\text{mrk}(h_4 - h_3)}{\eta_\text{c}\eta_\text{m}}$$

$$= \frac{0.625 \text{ kg/s} \times (385 - 360) \text{kJ/kg}}{0.70 \times 0.90} + \frac{0.998 \text{ kg/s} \times (390 - 365) \text{kJ/kg}}{0.70 \times 0.90}$$

$$= 64.40 \text{ kW}$$

$$\therefore \quad (COP)_\text{R} = \frac{\varPhi_\text{o}}{P} = \frac{100 \text{ kW}}{64.40 \text{ kW}} = 1.55$$

（答　1.55）

■ 演習問題 2-33 の解答

(1)　低温側冷凍能力 $\varPhi_\text{o}$ (kW)

$$\varPhi_\text{o} = q_\text{mro}(h_1 - h_4) = q_\text{mro}(h_1 - h_3) = 0.501 \text{ kg/s} \times (328 - 160) \text{kJ/kg}$$

$$= 84.2 \text{ kW}$$

（答　84.2 kW）

(2)　高温側冷媒循環量 q_mrk (kg/s)

$$q_\text{mrk} = \frac{q_\text{mro}(h_2 - h_3)}{h_5 - h_8} = \frac{q_\text{mro}(h_2 - h_3)}{h_5 - h_7} = \frac{0.501 \text{ kg/s} \times (398 - 160) \text{kJ/kg}}{(396 - 229) \text{kJ/kg}}$$

$$= 0.714 \text{ kg/s}$$

（答　0.714 kg/s）

(3)　総理論圧縮動力 P_th (kW)

$$P_\text{th} = q_\text{mro}(h_2 - h_1) + q_\text{mrk}(h_6 - h_5)$$

$$= 0.501 \text{ kg/s} \times (398 - 328) \text{kJ/kg} + 0.714 \text{ kg/s} \times (447 - 396) \text{kJ/kg}$$

$$= 71.5 \text{ kW}$$

（答　71.5 kW）

(4)　理論成績係数 $(COP)_\text{th,R}$

$$(COP)_\text{th,R} = \frac{\varPhi_\text{o}}{P_\text{th}} = \frac{84.2 \text{ kW}}{71.5 \text{ kW}} = 1.18$$

（答　1.18）

■ 演習問題 3-1 の解答

コンクリート、発泡スチロールおよび内張り板の厚さをそれぞれ δ_1、δ_2、δ_3、また、熱伝導率をそれぞれ λ_1、λ_2、λ_3 とすると、熱抵抗の合計値 R は

$$R = \frac{\delta_1}{\lambda_1 A} + \frac{\delta_2}{\lambda_2 A} + \frac{\delta_3}{\lambda_3 A}$$

$$= \frac{0.20\,\text{m}}{0.0010\,\text{kW/(m·K)} \times 1\,\text{m}^2} + \frac{0.15\,\text{m}}{0.000047\,\text{kW/(m·K)} \times 1\,\text{m}^2}$$

$$+ \frac{0.01\,\text{m}}{0.00017\,\text{kW/(m·K)} \times 1\,\text{m}^2}$$

$$= 3450\,\text{K/kW}$$

温度差 Δt は、防熱壁の外表面温度と内表面温度の差、すなわち、$\Delta t = \{30 - (-18)\}$ ℃ = 48 K であるので、侵入熱量 Φ は

$$\Phi = \frac{\Delta t}{R} = \frac{48\,\text{K}}{3450\,\text{K/kW}} = 0.014\,\text{kW} = 0.014 \times 10^3\,\text{W} = 14\,\text{W}$$

(答　14 W)

■ 演習問題 3-2 の解答

$$\Phi = \frac{\lambda(2\pi L)(t_{w2} - t_{w1})}{\ln\dfrac{r_2}{r_1}}$$

$$= \frac{0.035\,\text{W/(m·K)} \times 2 \times 3.14 \times 2\,\text{m} \times \{30\,℃ - (-15\,℃)\}}{\ln\dfrac{60\,\text{mm}}{30\,\text{mm}}}$$

$$= \frac{0.035\,\text{W/(m·K)} \times 2 \times 3.14 \times 2\,\text{m} \times 45\,\text{K}}{0.69} = 29\,\text{W}$$

(答　29 W)

■ 演習問題 3-3 の解答

熱伝達の伝熱量の式 (3.6a) を使って解く。

$$\Phi = \alpha A(t_w - t_f)$$

$$\therefore \quad t_w = \frac{\Phi}{\alpha A} + t_f = \frac{5.4\,\text{kW}}{1.2\,\text{kW/(m}^2\text{·K)} \times 0.9\,\text{m}^2} + 22\,℃ = 27\,℃$$

(答　27 ℃)

■ 演習問題 3-4 の解答

$$K = \cfrac{1}{\dfrac{1}{\alpha_a} + \dfrac{\delta_1}{\lambda_1} + \dfrac{\delta_2}{\lambda_2} + \dfrac{\delta_3}{\lambda_3} + \dfrac{\delta_4}{\lambda_4} + \dfrac{1}{\alpha_R}}$$

$$= \cfrac{1}{\dfrac{1}{0.021\,\text{kW/(m}^2\text{·K)}} + \dfrac{0.015\,\text{m}}{0.0015\,\text{kW/(m·K)}} + \dfrac{0.20\,\text{m}}{0.0016\,\text{kW/(m·K)}} + \dfrac{0.07\,\text{m}}{0.000046\,\text{kW/(m·K)}} + \dfrac{0.01\,\text{m}}{0.00017\,\text{kW/(m·K)}} + \dfrac{1}{0.007\,\text{kW/(m}^2\text{·K)}}}$$

$$= 0.000525 \, \text{kW/(m}^2\cdot\text{K)}$$

以下、伝熱面積 $A = 1 \, \text{m}^2$ として単位面積当たりの伝熱量 ϕ（$= \Phi/A$）について考えることとすると

$$\phi = K\Delta t = 0.000525 \, \text{kW/(m}^2\cdot\text{K)} \times \left\{ 35 \, ℃ - (-25 \, ℃) \right\} = 0.0315 \, \text{kW/m}^2$$

この熱通過による伝熱量 ϕ は、外気から防熱壁外表面への熱伝達による伝熱量 ϕ に等しいから

$$\phi = \alpha_\text{a}(t_\text{a} - t_\text{Sa})$$

$$\therefore \quad t_\text{Sa} = t_\text{a} - \frac{\phi}{\alpha_\text{a}} = 35 \, ℃ - \frac{0.0315 \, \text{kW/m}^2}{0.021 \, \text{kW/(m}^2\cdot\text{K)}} = 33.5 \, ℃$$

同様に熱通過による伝熱量 ϕ は、防熱壁内表面から庫内流体への熱伝達による伝熱量 ϕ に等しいから

$$\phi = \alpha_\text{R}(t_\text{SR} - t_\text{R})$$

$$\therefore \quad t_\text{SR} = t_\text{R} + \frac{\phi}{\alpha_\text{R}} = -25 \, ℃ + \frac{0.0315 \, \text{kW/m}^2}{0.007 \, \text{kW/(m}^2\cdot\text{K)}} = -20.5 \, ℃$$

なお、防熱壁の外表面温度が露点（31.2 ℃）まで下がると空気中の水蒸気が結露することになるが、この問題の場合は防熱壁の外表面温度は 33.5 ℃（> 31.2 ℃）であるから、結露はしない。

（答　$t_\text{Sa} = 33.5 \, ℃$、$t_\text{SR} = -20.5 \, ℃$、外壁の表面には結露しない）

■ 演習問題 3-5 の解答

外気と冷蔵庫内流体間の熱通過による伝熱量と、外気とパネル外表面間の熱伝達による伝熱量は等しいから

$$\Phi = \frac{1}{\dfrac{1}{\alpha_\text{a}} + \dfrac{\delta_1}{\lambda_1} + \dfrac{\delta_2}{\lambda_2} + \dfrac{\delta_3}{\lambda_3} + \dfrac{1}{\alpha_\text{r}}} \; A(t_\text{a} - t_\text{r}) = \alpha_\text{a} A(t_\text{a} - t_\text{a3})$$

両辺から A を消去し、$t_\text{a3} = 34.5 \, ℃$ その他既知の数値を代入して δ_2 について解く。

$$\delta_2 = \lambda_2 \left\{ \frac{t_\text{a} - t_\text{r}}{\alpha_\text{a}(t_\text{a} - t_\text{a3})} - \frac{1}{\alpha_\text{a}} - \frac{\delta_1}{\lambda_1} - \frac{\delta_3}{\lambda_3} - \frac{1}{\alpha_\text{r}} \right\}$$

$$= 0.030 \, \text{W/(m}\cdot\text{K)} \times \left[\frac{\{35 - (-25)\} \, \text{K}}{30 \, \text{W/(m}^2\cdot\text{K)} \times (35 - 34.5) \, \text{K}} - \frac{1}{30 \, \text{W/(m}^2\cdot\text{K)}} \right.$$

$$\left. - \frac{0.0005 \, \text{m}}{40 \, \text{W/(m}\cdot\text{K)}} - \frac{0.0005 \, \text{m}}{40 \, \text{W/(m}\cdot\text{K)}} - \frac{1}{5.0 \, \text{W/(m}^2\cdot\text{K)}} \right] = 0.113 \, \text{m} = 113 \, \text{mm}$$

これ以上の厚みがあればよいので、選択肢より、答は 120 mm である。

（答　120 mm）

■ 演習問題 4-1 の解答

式(4.2e)を使って熱通過率 K を計算する。

$$K = \cfrac{1}{\cfrac{1}{\alpha_a} + \cfrac{m}{\alpha_r}} = \cfrac{1}{\cfrac{1}{0.05 \text{ kW/(m}^2\cdot\text{K)}} + \cfrac{22}{2.5 \text{ kW/(m}^2\cdot\text{K)}}} = 0.0347 \text{ kW/(m}^2\cdot\text{K)}$$

式(4.2c)を使って空気側有効伝熱面積 A を計算する。

$$A = \frac{\Phi_k}{K\Delta t_m} = \frac{60 \text{ kW}}{0.0347 \text{ kW/(m}^2\cdot\text{K)} \times 9 \text{ K}} = 192 \text{ m}^2 \fallingdotseq 190 \text{ m}^2$$

(答 190 m^2)

■ 演習問題 4-2 の解答

熱通過の式(4.2c) $\Phi_k = KA\Delta t_m$ を使って算術平均温度差 Δt_m を計算する。

$$\Delta t_m = \frac{\Phi_k}{KA} = \frac{30 \text{ kW}}{0.036 \text{ kW/(m}^2\cdot\text{K)} \times 100 \text{ m}^2} = 8.33 \text{ K}$$

式(4.2d)を変形して凝縮温度 t_k を計算する。

$$t_k = \Delta t_m + \frac{t_{a1} + t_{a2}}{2} = 8.33 \text{ ℃} + \frac{32 \text{ ℃} + 42 \text{ ℃}}{2} = 45.33 \text{ ℃} \fallingdotseq 45.3 \text{ ℃}$$

(答 45.3 ℃)

■ 演習問題 4-3 の解答

(1) 凝縮負荷 $\Phi_k(\text{kW})$

式(4.1b)を使う。

$$\Phi_k = c_a q_{va} \rho_a (t_{a2} - t_{a1})$$
$$= 1.0 \text{ kJ/(kg}\cdot\text{K)} \times 5 \text{ m}^3/\text{s} \times 1.2 \text{ kg/m}^3 \times (42 \text{ ℃} - 30 \text{ ℃}) = 72.0 \text{ kJ/s} = 72.0 \text{ kW}$$

(答 72.0 kW)

(2) 外表面積基準の平均熱通過率 $K\,[\text{kW/(m}^2\cdot\text{K)}]$

式(4.2e)を使う。

$$K = \cfrac{1}{\cfrac{1}{\alpha_a} + \cfrac{m}{\alpha_r}} = \cfrac{1}{\cfrac{1}{0.05 \text{ kW/(m}^2\cdot\text{K)}} + \cfrac{21}{2.44 \text{ kW/(m}^2\cdot\text{K)}}} = 0.0350 \text{ kW/(m}^2\cdot\text{K)}$$

(答 $0.0350 \text{ kW/(m}^2\cdot\text{K)}$)

(3) 外表面有効伝熱面積 $A(\text{m}^2)$

式(4.2d)より算術平均温度差 Δt_m は

$$\Delta t_m = t_k - \frac{t_{a1} + t_{a2}}{2} = 45 \text{ ℃} - \frac{30 \text{ ℃} + 42 \text{ ℃}}{2} = 9 \text{ K}$$

式(4.2c)より外表面有効伝熱面積 A は

$$A = \frac{\Phi_k}{K\Delta t_m} = \frac{72.0 \text{ kW}}{0.0350 \text{ kW/(m}^2\cdot\text{K)} \times 9 \text{ K}} = 229 \text{ m}^2$$

■ 演習問題 4-4 の解答 ■

(1) 凝縮器出口の冷却空気温度 t_{a2}（℃）

$$\Phi_k = c_a q_{va} \rho_a (t_{a2} - t_{a1})$$

$$\therefore \quad t_{a2} = \frac{\Phi_k}{c_a q_{va} \rho_a} + t_{a1} = \frac{13\,\mathrm{kJ/s}}{1.0\,\mathrm{kJ/(kg \cdot K)} \times (72/60)\,\mathrm{m^3/s} \times 1.2\,\mathrm{kg/m^3}} + 32.0\,\text{℃}$$

$$= 41.0\,\text{℃}$$

（答　41.0 ℃）

(2) 凝縮温度と冷却空気温度との算術平均温度差 Δt_m（K）

$$\Delta t_m = \frac{\Phi_k}{KA} = \frac{13\,\mathrm{kW}}{0.05\,\mathrm{kW/(m^2 \cdot K)} \times 24\,\mathrm{m^2}} = 10.8\,\mathrm{K}$$

（答　10.8 K）

(3) 凝縮温度 t_k（℃）

$$t_k = \Delta t_m + \frac{t_{a1} + t_{a2}}{2} = 10.8\,\text{℃} + \frac{32.0\,\text{℃} + 41.0\,\text{℃}}{2} = 47.3\,\text{℃}$$

（答　47.3 ℃）

(4) 送風機の送風量が減少したときの凝縮器の平均熱通過率、冷却空気の出口温度、算術平均温度差および凝縮温度の変化

① 平均熱通過率

平均熱通過率 K は次式で表される。

$$K = \frac{1}{\dfrac{1}{\alpha_a} + \dfrac{m}{\alpha_r}}$$

送風量が減少すると空気側熱伝達率 α_a は小さく（$1/\alpha_a$ は大きく）なるので、平均熱通過率 K は小さくなる。

② 冷却空気の出口温度

(1)で示したように

$$t_{a2} = \frac{\Phi_k}{c_a q_{va} \rho_a} + t_{a1}$$

この式において、題意により Φ_k、t_{a1} は一定であり、また、c_a、ρ_a も一定とみなしてよいから、送風量 q_{va} が減少すると冷却空気の出口温度 t_{a2} は高くなる。

③ 算術平均温度差

(2)で示したように

$$\Delta t_m = \frac{\Phi_k}{KA}$$

この式において、題意により Φ_k と A は一定であり、一方、①で示したように送風量

q_{va} が減少すると K は小さくなるから、算術平均温度差 $\varDelta t_m$ は大きくなる。

④ 凝縮温度

(3)で示したように

$$t_k = \varDelta t_m + \frac{t_{a1} + t_{a2}}{2}$$

この式において、題意により t_{a1} は一定であり、また、②、③で示したように送風量 q_{va} が減少すると t_{a2} と $\varDelta t_m$ は大きくなるから、凝縮温度 t_k は高くなる。

■ 演習問題 4-5 の解答

(1) 空気の質量流量 $q_{ma}(\mathrm{kg/s})$

$$q_{ma} = q_{va}\rho_a = 5\,\mathrm{m^3/s} \times 1.20\,\mathrm{kg/m^3} = 6.00\,\mathrm{kg/s}$$

(答　6.00 kg/s)

(2) 凝縮負荷 $\varPhi_k(\mathrm{kW})$

$$\varPhi_k = c_a q_{ma}(t_{a2} - t_{a1}) = 1.00\,\mathrm{kJ/(kg \cdot K)} \times 6.00\,\mathrm{kg/s} \times (40\,^\circ\mathrm{C} - 30\,^\circ\mathrm{C})$$
$$= 60.0\,\mathrm{kJ/s} = 60.0\,\mathrm{kW}$$

(答　60.0 kW)

(3) 冷却管の外表面基準の平均熱通過率 $K\,[\mathrm{kW/(m^2 \cdot K)}]$

$$K = \cfrac{1}{\cfrac{1}{\alpha_a} + \cfrac{m}{\alpha_r}} = \cfrac{1}{\cfrac{1}{0.0523\,\mathrm{kW/(m^2 \cdot K)}} + \cfrac{20}{2.32\,\mathrm{kW/(m^2 \cdot K)}}} = 0.0360\,\mathrm{kW/(m^2 \cdot K)}$$

(答　0.0360 kW/(m²·K))

(4) 凝縮温度 $t_k(^\circ\mathrm{C})$

$$\varDelta t_m = \frac{\varPhi_k}{KA} = \frac{60.0\,\mathrm{kW}}{0.0360\,\mathrm{kW/(m^2 \cdot K)} \times 180\,\mathrm{m^2}} = 9.26\,\mathrm{K}$$

$$\therefore\quad t_k = \varDelta t_m + \frac{t_{a1} + t_{a2}}{2} = 9.26\,^\circ\mathrm{C} + \frac{30\,^\circ\mathrm{C} + 40\,^\circ\mathrm{C}}{2} = 44.3\,^\circ\mathrm{C}$$

(答　44.3 ℃)

■ 演習問題 4-6 の解答

以下、汚れ係数が3倍になったときの量記号を「′」を付けて表す。

凝縮負荷 $\varPhi_k$ および伝熱面積 A は不変として

$$\varPhi_k = KA\varDelta t_m \quad\cdots\cdots\cdots\cdots\cdots\cdots\cdots\cdots\cdots\cdots\cdots\cdots\cdots\cdots ①$$

$$\varPhi_k = K'A\varDelta t_m{}' \quad\cdots\cdots\cdots\cdots\cdots\cdots\cdots\cdots\cdots\cdots\cdots\cdots\cdots ②$$

式①、式②から $\varDelta t_m{}'/\varDelta t_m$ を求めると

$$\frac{\varDelta t_m{}'}{\varDelta t_m} = \frac{\varPhi_k}{K'A} \times \frac{KA}{\varPhi_k} = \frac{K}{K'} \quad\cdots\cdots\cdots\cdots\cdots\cdots\cdots\cdots\cdots\cdots\cdots ③$$

汚れ係数が $f = 0.086\ \mathrm{m^2 \cdot K/kW}$ のときの熱通過率 K は

$$K = \cfrac{1}{\cfrac{1}{\alpha_\mathrm{r}} + m\left(\cfrac{1}{\alpha_\mathrm{w}} + f\right)}$$

$$= \cfrac{1}{\cfrac{1}{3.7\ \mathrm{kW/(m^2 \cdot K)}} + 4.2 \times \left(\cfrac{1}{9.3\ \mathrm{kW/(m^2 \cdot K)}} + 0.086\ \mathrm{m^2 \cdot K/kW}\right)}$$

$$= 0.923\ \mathrm{kW/(m^2 \cdot K)}$$

汚れ係数が上記の 3 倍になったときの熱通過率 K' は

$$K' = \cfrac{1}{\cfrac{1}{\alpha_\mathrm{r}} + m\left(\cfrac{1}{\alpha_\mathrm{w}} + f'\right)}$$

$$= \cfrac{1}{\cfrac{1}{3.7\ \mathrm{kW/(m^2 \cdot K)}} + 4.2 \times \left(\cfrac{1}{9.3\ \mathrm{kW/(m^2 \cdot K)}} + 0.086\ \mathrm{m^2 \cdot K/kW} \times 3\right)}$$

$$= 0.554\ \mathrm{kW/(m^2 \cdot K)}$$

これらの熱通過率の値を式③に代入すると

$$\frac{\Delta t_\mathrm{m}'}{\Delta t_\mathrm{m}} = \frac{0.923\ \mathrm{kW/(m^2 \cdot K)}}{0.554\ \mathrm{kW/(m^2 \cdot K)}} = 1.7$$

（答　1.7 倍）

■ **演習問題 4-7 の解答**

題意により、圧縮機の軸動力はすべて冷媒に加えられるので、1 章の式(1.5)を使って凝縮負荷 Φ_k を求める。

$$\Phi_\mathrm{k} = \Phi_\mathrm{o} + P = 58\ \mathrm{kW} + 22\ \mathrm{kW} = 80\ \mathrm{kW}$$

次に、算術平均温度差 Δt_m を求める。

$$\Delta t_\mathrm{m} = t_\mathrm{k} - \frac{t_\mathrm{w1} + t_\mathrm{w2}}{2} = 30\ \mathrm{{}^\circ C} - \frac{22\ \mathrm{{}^\circ C} + 28\ \mathrm{{}^\circ C}}{2} = 5\ \mathrm{K}$$

$$\therefore \quad A = \frac{\Phi_\mathrm{k}}{K \Delta t_\mathrm{m}} = \frac{80\ \mathrm{kW}}{1.0\ \mathrm{kW/(m^2 \cdot K)} \times 5\ \mathrm{K}} = 16\ \mathrm{m^2}$$

（答　16 m²）

■ **演習問題 4-8 の解答**

凝縮負荷 Φ_k を求める。

$$\Phi_\mathrm{k} = \Phi_\mathrm{o} + P = 40\ \mathrm{kW} + 15\ \mathrm{kW} = 55\ \mathrm{kW}$$

算術平均温度差 Δt_m を求める。

$$\Delta t_\mathrm{m} = \frac{\Phi_\mathrm{k}}{KA} = \frac{55\ \mathrm{kW}}{1.0\ \mathrm{kW/(m^2 \cdot K)} \times 10\ \mathrm{m^2}} = 5.5\ \mathrm{K}$$

$$\therefore \quad t_\mathrm{k} = \Delta t_\mathrm{m} + \frac{t_\mathrm{w1} + t_\mathrm{w2}}{2} = 5.5\ \mathrm{{}^\circ C} + \frac{32\ \mathrm{{}^\circ C} + 37\ \mathrm{{}^\circ C}}{2} = 40\ \mathrm{{}^\circ C}$$

■ 演習問題 4-9 の解答

(1) 外表面積基準の熱通過率 $K\,[\mathrm{kW/(m^2\cdot K)}]$

$$K = \cfrac{1}{\cfrac{1}{\alpha_r} + m\left(\cfrac{1}{\alpha_w} + f\right)}$$

$$= \cfrac{1}{\cfrac{1}{2.3\,\mathrm{kW/(m^2\cdot K)}} + 3.6 \times \left(\cfrac{1}{8.9\,\mathrm{kW/(m^2\cdot K)}} + 0.091\,\mathrm{m^2\cdot K/kW}\right)}$$

$$= 0.857\,\mathrm{kW/(m^2\cdot K)}$$

（答 $0.857\,\mathrm{kW/(m^2\cdot K)}$）

(2) 総冷却管長 $L\,(\mathrm{m})$

$$\Phi_k = c_w q_{mw}(t_{w2} - t_{w1}) = 4.2\,\mathrm{kJ/(kg\cdot K)} \times (60/60)\,\mathrm{kg/s} \times (34\,℃ - 28\,℃)$$

$$= 25.2\,\mathrm{kJ/s} = 25.2\,\mathrm{kW}$$

$$A = \frac{\Phi_k}{K\Delta t_m} = \frac{25.2\,\mathrm{kW}}{0.857\,\mathrm{kW/(m^2\cdot K)} \times 8\,\mathrm{K}} = 3.676\,\mathrm{m^2}\ (外表面積)$$

内表面積 (πdL) は外表面積 A の $1/m$ であるから

$$\pi dL = \frac{A}{m}$$

$$\therefore\quad L = \frac{A}{\pi dm} = \frac{3.676\,\mathrm{m^2}}{3.14 \times 0.0127\,\mathrm{m} \times 3.6} = 25.6\,\mathrm{m}$$

（答 25.6 m）

■ 演習問題 4-10 の解答

(1) 凝縮負荷 $\Phi_k\,(\mathrm{kW})$

$$\Phi_k = c_w q_{mw}(t_{w2} - t_{w1}) = 4.2\,\mathrm{kJ/(kg\cdot K)} \times 1\,\mathrm{kg/s} \times (36\,℃ - 30\,℃)$$

$$= 25.2\,\mathrm{kJ/s} = 25.2\,\mathrm{kW}$$

（答 25.2 kW）

(2) 外表面積基準の平均熱通過率 $K\,[\mathrm{kW/(m^2\cdot K)}]$

$$K = \cfrac{1}{\cfrac{1}{\alpha_r} + m\left(\cfrac{1}{\alpha_w} + f\right)}$$

$$= \cfrac{1}{\cfrac{1}{2.5\,\mathrm{kW/(m^2\cdot K)}} + 4.2 \times \left(\cfrac{1}{9.0\,\mathrm{kW/(m^2\cdot K)}} + 0.09\,\mathrm{m^2\cdot K/kW}\right)}$$

$$= 0.803\,\mathrm{kW/(m^2\cdot K)}$$

（答 $0.803\,\mathrm{kW/(m^2\cdot K)}$）

(3) 汚れ係数が3倍に増大したときの凝縮温度 $t_k'(℃)$

冷媒側有効伝熱面積 A を汚れ係数が3倍になる前の条件から求める。

$$\Delta t_m = t_k - \frac{t_{w1} + t_{w2}}{2} = 39\,℃ - \frac{30\,℃ + 36\,℃}{2} = 6\,K$$

$$A = \frac{\Phi_k}{K\Delta t_m} = \frac{25.2\,kW}{0.803\,kW/(m^2 \cdot K) \times 6\,K} = 5.230\,m^2$$

以下、汚れ係数が3倍になったときの量記号を「′」を付けて表すと

$$K' = \frac{1}{\dfrac{1}{\alpha_r} + m\left(\dfrac{1}{\alpha_w} + f'\right)}$$

$$= \frac{1}{\dfrac{1}{2.5\,kW/(m^2 \cdot K)} + 4.2 \times \left(\dfrac{1}{9.0\,kW/(m^2 \cdot K)} + 0.09\,m^2 \cdot K/kW \times 3\right)}$$

$$= 0.4998\,kW/(m^2 \cdot K)$$

$$\Delta t_m' = \frac{\Phi_k}{K'A} = \frac{25.2\,kW}{0.4998\,kW/(m^2 \cdot K) \times 5.230\,m^2} = 9.641\,K$$

$$\therefore \quad t_k' = \Delta t_m' + \frac{t_{w1} + t_{w2}}{2} = 9.641\,℃ + \frac{30\,℃ + 36\,℃}{2} \fallingdotseq 42.6\,℃$$

なお、凝縮負荷 Φ_k および伝熱面積 A は不変であるから、伝熱面積を計算せずに

$$\frac{\Delta t_m'}{\Delta t_m} = \frac{K}{K'}$$

の関係を用いて、$\Delta t_m'$ を求め t_k' を計算することもできる。

(答　42.6 ℃)

■ 演習問題 4-11 の解答

(1) 凝縮負荷 $\Phi_k(kW)$

式(4.3)を使う。

$$\Phi_k = c_w q_{mw}(t_{w2} - t_{w1}) = 4.2\,kJ/(kg \cdot K) \times 1.5\,kg/s \times (36 - 30)\,K = 37.8\,kW$$

(答　37.8 kW)

(2) 外表面積基準の平均熱通過率 $K[kW/(m^2 \cdot K)]$

式(4.4e)を使う。

$$K = \frac{1}{\dfrac{1}{\alpha_r} + m\left(\dfrac{1}{\alpha_w} + f\right)} = \frac{1}{\dfrac{1}{2.9\,kW/(m^2 \cdot K)} + 4.2 \times \left(\dfrac{1}{9.3\,kW/(m^2 \cdot K)} + 0.1\,m^2 \cdot K/kW\right)}$$

$$= 0.822\,kW/(m^2 \cdot K)$$

(答　0.822 kW/(m²・K))

(3) 冷媒側有効伝熱面積 $A_r(m^2)$

式 (4.4c)、式 (4.4d) を使う。

$$A_r = \frac{\varPhi_k}{K\varDelta t_m} = \frac{\varPhi_k}{K\left(t_k - \dfrac{t_{w1} + t_{w2}}{2}\right)} = \frac{37.8 \text{ kW}}{0.822 \text{ kW/(m}^2\text{·K)} \times \left(40 - \dfrac{30 + 36}{2}\right) \text{K}}$$

$$- 6.57 \text{ m}^2$$

（答　6.57 m²）

(4)　不凝縮ガス侵入後の冷媒側熱伝達率 α'_r [kW/(m²·K)]

不凝縮ガス侵入後の諸量を「′」で表すと

$$K' = \frac{\varPhi_k}{A_r \varDelta t_m{}'} = \frac{37.8 \text{ kW}}{6.57 \text{ m}^2 \times \left(45 - \dfrac{30 + 36}{2}\right) \text{K}} = 0.4795 \text{ kW/(m}^2\text{·K)}$$

また

$$K' = \frac{1}{\dfrac{1}{\alpha'_r} + m\left(\dfrac{1}{\alpha_w} + f\right)}$$

$$\frac{1}{\alpha'_r} = \frac{1}{K'} - m\left(\frac{1}{\alpha_w} + f\right)$$

$$= \frac{1}{0.4795 \text{ kW/(m}^2\text{·K)}} - 4.2 \times \left(\frac{1}{9.3 \text{ kW/(m}^2\text{·K)}} + 0.1 \text{ m}^2\text{·K/kW}\right)$$

$$= 1.214 \text{ m}^2\text{·K/kW}$$

$$\therefore \quad \alpha'_r = 0.824 \text{ kW/(m}^2\text{·K)}$$

（答　0.824 kW/(m²·K)）

■ **演習問題 5-1 の解答** ■

平均熱通過率 K を、題意により式(5.2e)中の霜の伝熱抵抗に相当する部分 (δ/λ) を除外して計算する。

$$K = \cfrac{1}{\cfrac{1}{\alpha_a} + \cfrac{m}{\alpha_r}} = \cfrac{1}{\cfrac{1}{0.047\,\text{kW/(m}^2\text{·K)}} + \cfrac{7.5}{0.58\,\text{kW/(m}^2\text{·K)}}} = 0.0292\,\text{kW/(m}^2\text{·K)}$$

次に、式(5.2c)を使って外表面（空気側）伝熱面積 A を求める。

$$A = \frac{\Phi_o}{K\Delta t_m} = \frac{5.8\,\text{kW}}{0.0292\,\text{kW/(m}^2\text{·K)} \times 8\,\text{K}} = 25\,\text{m}^2$$

（答　25 m²）

■ **演習問題 5-2 の解答** ■

式(5.2e)で計算する。

$$K = \cfrac{1}{\cfrac{1}{\alpha_a} + \cfrac{\delta}{\lambda} + \cfrac{m}{\alpha_r}}$$

$$= \cfrac{1}{\cfrac{1}{0.05\,\text{kW/(m}^2\text{·K)}} + \cfrac{0.0012\,\text{m}}{0.00020\,\text{kW/(m·K)}} + \cfrac{7.5}{1.5\,\text{kW/(m}^2\text{·K)}}}$$

$$= 0.032\,\text{kW/(m}^2\text{·K)}$$

（答　0.032 kW/(m²·K)）

■ **演習問題 5-3 の解答** ■

(1)　冷媒流量(kg/s)

蒸発器入口の比エンタルピーを h_x とすると

$$h_x = h''x + h'(1-x) = 406.7\,\text{kJ/kg} \times 0.23 + 207.0\,\text{kJ/kg} \times (1-0.23)$$

$$= 252.9\,\text{kJ/kg}$$

冷媒流量を q_{mr} とすると

$$q_{mr} = \frac{\Phi_o}{h'' - h_x} = \frac{6.5\,\text{kJ/s}}{406.7\,\text{kJ/kg} - 252.9\,\text{kJ/kg}} = 0.0423\,\text{kg/s}$$

（答　0.0423 kg/s）

(2)　空気の風量(kg/s)

空気の風量を q_{ma} とすると

$$q_{ma} = \frac{\Phi_o}{c_a(t_{a1} - t_{a2})} = \frac{6.5\,\text{kJ/s}}{1.0\,\text{kJ/(kg·K)} \times (28\,°\text{C} - 16\,°\text{C})} = 0.542\,\text{kg/s}$$

（答　0.542 kg/s）

(3)　外表面伝熱面積(m²)

平均熱通過率 K、算術平均温度差 $\varDelta t_{\mathrm{m}}$ を求める。

$$K = \cfrac{1}{\cfrac{1}{\alpha_{\mathrm{a}}} + \cfrac{m}{\alpha_{\mathrm{i}}}} = \cfrac{1}{\cfrac{1}{0.07\,\mathrm{kW/(m^2 \cdot K)}} + \cfrac{20}{5.8\,\mathrm{kW/(m^2 \cdot K)}}} = 0.05639\,\mathrm{kW/(m^2 \cdot K)}$$

$$\varDelta t_{\mathrm{m}} = \frac{t_{\mathrm{a1}} + t_{\mathrm{a2}}}{2} - t_{\mathrm{o}} = \frac{28\,^{\circ}\mathrm{C} + 16\,^{\circ}\mathrm{C}}{2} - 6.0\,^{\circ}\mathrm{C} = 16.0\,^{\circ}\mathrm{C} = 16.0\,\mathrm{K}$$

式(5.2c)を使って

$$A = \frac{\varPhi_{\mathrm{o}}}{K\varDelta t_{\mathrm{m}}} = \frac{6.5\,\mathrm{kW}}{0.05639\,\mathrm{kW/(m^2 \cdot K)} \times 16.0\,\mathrm{K}} = 7.20\,\mathrm{m^2}$$

（答　$7.20\,\mathrm{m^2}$）

（注）　空調用蒸発器の場合は霜の影響は一般に無視してよい。

■ 演習問題 5-4 の解答

(1)　冷凍能力 $\varPhi_{\mathrm{o}}$ (kW)

式(2.3a)、式(1.4)より得られる蒸発器入口の比エンタルピー $h_4 = h_{\mathrm{D}}x + h_{\mathrm{B}}(1-x)$ を使う。$h_1 = h_{\mathrm{D}}$ であるから

$$\varPhi_{\mathrm{o}} = q_{\mathrm{mr}}(h_1 - h_4) = q_{\mathrm{mr}}\{h_{\mathrm{D}} - h_{\mathrm{D}}x - h_{\mathrm{B}}(1-x)\} = q_{\mathrm{mr}}(h_{\mathrm{D}} - h_{\mathrm{B}})(1-x)$$
$$= 0.11\,\mathrm{kg/s} \times (358 - 180)\,\mathrm{kJ/kg} \times (1 - 0.42) = 11.4\,\mathrm{kW}$$

（答　$11.4\,\mathrm{kW}$）

(2)　着霜のない状態における外表面積基準の平均熱通過率 $K\,[\mathrm{kW/(m^2 \cdot K)}]$

式(5.2e)を使う。

$$K = \cfrac{1}{\cfrac{1}{\alpha_{\mathrm{a}}} + \cfrac{m}{\alpha_{\mathrm{r}}}} = \cfrac{1}{\cfrac{1}{0.045\,\mathrm{kW/(m^2 \cdot K)}} + \cfrac{20}{3.6\,\mathrm{kW/(m^2 \cdot K)}}} = 0.0360\,\mathrm{kW/(m^2 \cdot K)}$$

（答　$0.0360\,\mathrm{kW/(m^2 \cdot K)}$）

(3)　着霜のない状態における空気側伝熱面積 $A\,(\mathrm{m^2})$

式(5.2c)、式(5.2 d)を使う。

$$A = \frac{\varPhi_{\mathrm{o}}}{K\varDelta t_{\mathrm{m}}} = \cfrac{\varPhi_{\mathrm{o}}}{K\left(\cfrac{t_{\mathrm{a1}} + t_{\mathrm{a2}}}{2} - t_{\mathrm{o}}\right)}$$

$$= \cfrac{11.4\,\mathrm{kW}}{0.0360\,\mathrm{kW/(m^2 \cdot K)} \times \left\{\cfrac{(-5) + (-10)}{2} - (-15)\right\}K} = 42.2\,\mathrm{m^2}$$

（答　$A = 42.2\,\mathrm{m^2}$）

(4)　着霜した場合の外表面積基準の平均熱通過率 $K'\,[\mathrm{kW/(m^2 \cdot K)}]$

式(5.2e)を使う。

$$K' = \cfrac{1}{\cfrac{1}{\alpha_{\mathrm{a}}} + \cfrac{\delta}{\lambda} + \cfrac{m}{\alpha_{\mathrm{r}}}}$$

$$
= \cfrac{1}{\cfrac{1}{0.045\ \mathrm{kW/(m^2 \cdot K)}} + \cfrac{0.0030\ \mathrm{m}}{0.00018\ \mathrm{kW/(m \cdot K)}} + \cfrac{20}{3.6\ \mathrm{kW/(m^2 \cdot K)}}}
$$

$$
- 0.0225\ \mathrm{kW/(m^2 \cdot K)}
$$

（答　$0.0225\ \mathrm{kW/(m^2 \cdot K)}$）

■ 演習問題 5-5 の解答

冷却熱量 $\varPhi_\mathrm{o}$ を式(5.3b)で計算する。

$$
\begin{aligned}
\varPhi_\mathrm{o} &= c_\mathrm{B} q_\mathrm{B} \rho_\mathrm{B} (t_\mathrm{B1} - t_\mathrm{B2}) \\
&= 2.93\ \mathrm{kJ/(kg \cdot K)} \times 10.8\ \mathrm{L/s} \times 1.2\ \mathrm{kg/L} \times \left\{ -9\,{}^\circ\!\mathrm{C} - (-13\,{}^\circ\!\mathrm{C}) \right\} \\
&= 151.9\ \mathrm{kJ/s} = 151.9\ \mathrm{kW}
\end{aligned}
$$

算術平均温度差 Δt_m を式(5.4d)で計算する。

$$
\Delta t_\mathrm{m} = \frac{t_\mathrm{B1} + t_\mathrm{B2}}{2} - t_\mathrm{o} = \frac{-9\,{}^\circ\!\mathrm{C} + (-13\,{}^\circ\!\mathrm{C})}{2} - (-16\,{}^\circ\!\mathrm{C}) = 5\ \mathrm{K}
$$

平均熱通過率 K を(5.4c)を使って計算する。

$$
K = \frac{\varPhi_\mathrm{o}}{A \Delta t_\mathrm{m}} = \frac{151.9\ \mathrm{kW}}{95\ \mathrm{m^2} \times 5\ \mathrm{K}} = 0.320\ \mathrm{kW/(m^2 \cdot K)} = 320\ \mathrm{W/(m^2 \cdot K)}
$$

（答　$320\ \mathrm{W/(m^2 \cdot K)}$）

演習問題の解答

■ **演習問題 6-1 の解答**

直径としては内径 D_i（＝ 外径 － 2 × 板厚）を用いることに留意して、薄肉円筒胴の式 (6.4a) を使って計算する。

$$P = (2.18 - 0.1)\,\mathrm{MPa(g)} = 2.08\,\mathrm{MPa(g)}$$

$$D_i = (432 - 2 \times 9)\,\mathrm{mm} = 414\,\mathrm{mm}$$

$$\therefore\quad \sigma_t = \frac{PD_i}{2\,t} = \frac{2.08\,\mathrm{MPa} \times 414\,\mathrm{mm}}{2 \times 9\,\mathrm{mm}} = 47.8\,\mathrm{MPa} = 47.8\,\mathrm{N/mm^2}$$

（答　47.8 N/mm²）

■ **演習問題 6-2 の解答**

(1) 胴板の必要厚さ

設計圧力を求めるために、4章の式 (4.2d) を使って凝縮温度 t_k を求める。

$$t_k = \Delta t_m + \frac{t_{a1} + t_{a2}}{2} = 13\,{}^\circ\!\mathrm{C} + \frac{35\,{}^\circ\!\mathrm{C} + 45\,{}^\circ\!\mathrm{C}}{2} = 53\,{}^\circ\!\mathrm{C}$$

したがって、基準凝縮温度は表の「53 ℃ に最も近い上位の温度」である 55 ℃、また、設計圧力はその下の欄の 2.2 MPa である。

また、材料の SM 400B（溶接構造用圧延鋼材）の許容応力 σ_a は 100 N/mm² である。

これらの数値を式 (6.5a) に代入すると胴板の必要厚さ t_a は

$$t_a = \frac{PD_i}{2\,\sigma_a\eta - 1.2\,P} + \alpha = \frac{2.2\,\mathrm{MPa} \times 414\,\mathrm{mm}}{2 \times 100\,\mathrm{N/mm^2} \times 0.6 - 1.2 \times 2.2\,\mathrm{MPa}} + 1\,\mathrm{mm}$$

$$= 8.76\,\mathrm{mm} \fallingdotseq 8.8\,\mathrm{mm}\,（切り上げ）$$

（答　8.8 mm）

(2) 胴板に誘起される最大引張応力

耐圧試験時の内圧 P は

$$P = 2.2\,\mathrm{MPa} \times 1.5 = 3.3\,\mathrm{MPa}$$

よって、胴板に生じる最大の引張応力である円周応力 σ_t は、式 (6.4a) を使って

$$\sigma_t = \frac{PD_i}{2\,t} = \frac{3.3\,\mathrm{MPa} \times 414\,\mathrm{mm}}{2 \times 8.8\,\mathrm{mm}} = 77.6\,\mathrm{MPa} = 77.6\,\mathrm{N/mm^2}$$

（答　77.6 N/mm²）

■ **演習問題 6-3 の解答**

(1) 最大の円筒胴の外径 D_o (mm)

$$D_i = \frac{(t_a - \alpha)\,(2\,\sigma_a\eta - 1.2\,P)}{P}$$

$$= \frac{(8\,\mathrm{mm} - 1\,\mathrm{mm}) \times (2 \times 100\,\mathrm{N/mm^2} \times 0.7 - 1.2 \times 2.96\,\mathrm{MPa})}{2.96\,\mathrm{MPa}}$$

$$= 322.7\,\mathrm{mm} \fallingdotseq 322\,\mathrm{mm}\,（小数点以下切り捨て）$$

$$\therefore \quad D_o = (322 + 8 \times 2)\,\mathrm{mm} = 338\,\mathrm{mm}$$

（答　338 mm）

(2)　円筒胴の接線方向に生じる引張応力 $\sigma_t\,(\mathrm{N/mm^2})$

$$\sigma_t = \frac{PD_i}{2\,t_a} = \frac{2.96\,\mathrm{MPa} \times 322\,\mathrm{mm}}{2 \times 8\,\mathrm{mm}} = 59.6\,\mathrm{MPa} = 59.6\,\mathrm{N/mm^2}$$

（答　59.6 N/mm²）

(3)　円筒胴外表面に深さ 1 mm の腐食が生じたときの限界圧力 $P_a\,(\mathrm{MPa})$

$t_a = 8\,\mathrm{mm} - 1\,\mathrm{mm} = 7\,\mathrm{mm}$ として計算する。

$$P_a = \frac{2\,\sigma_a \eta\,(t_a - \alpha)}{D_i + 1.2\,(t_a - \alpha)} = \frac{2 \times 100\,\mathrm{N/mm^2} \times 0.7 \times (7\,\mathrm{mm} - 1\,\mathrm{mm})}{322\,\mathrm{mm} + 1.2 \times (7\,\mathrm{mm} - 1\,\mathrm{mm})}$$
$$= 2.55\,\mathrm{N/mm^2} \fallingdotseq 2.5\,\mathrm{MPa}\,（切り捨て）$$

（答　2.5 MPa）

■ 演習問題 6-4 の解答

(1)　使用の可否

胴板の必要厚さ t_a を、次の式（6.5a）で計算すると

$$t_a = \frac{PD_i}{2\,\sigma_a \eta - 1.2\,P} + \alpha = \frac{P(D_o - 2\,t)}{2\,\sigma_a \eta - 1.2\,P} + \alpha$$
$$= \frac{2.21\,\mathrm{MPa} \times (500\,\mathrm{mm} - 2 \times 9\,\mathrm{mm})}{2 \times 100\,\mathrm{N/mm^2} \times 0.7 - 1.2 \times 2.21\,\mathrm{MPa}} + 1\,\mathrm{mm} = 8.76\,\mathrm{mm} \leqq t$$

（答　使用可能）

(2)　許容応力に対する最大引張応力の割合（%）

耐圧試験圧力を設計圧力の 1.5 倍として、最大引張応力である円周応力 σ_t を式（6.4a）で計算すると

$$\sigma_t = \frac{1.5\,PD_i}{2\,t} = \frac{1.5 \times 2.21\,\mathrm{MPa} \times 482\,\mathrm{mm}}{2 \times 9\,\mathrm{mm}} = 88.77\,\mathrm{MPa} = 88.77\,\mathrm{N/mm^2}$$

したがって、使用板材の許容応力 σ_a に対する割合は

$$\frac{\sigma_t}{\sigma_a} \times 100\,\% = \frac{88.77\,\mathrm{N/mm^2}}{100\,\mathrm{N/mm^2}} \times 100\,\% = 88.8\,\%$$

（答　88.8 %）

■ 演習問題 6-5 の解答

(1)　円筒胴接線方向の引張応力 $\sigma_t\,(\mathrm{N/mm^2})$

$$\sigma_t = \frac{PD_i}{2\,t} = \frac{1.40\,\mathrm{MPa} \times (700\,\mathrm{mm} - 2 \times 9.0\,\mathrm{mm})}{2 \times 9.0\,\mathrm{mm}} = 53.0\,\mathrm{MPa} = 53.0\,\mathrm{N/mm^2}$$

（答　53.0 N/mm²）

(2) 設計できる円筒胴の内径 D_i (mm) の最大値

$$D_i = \frac{(t - \alpha)(2\,\sigma_a\eta - 1.2\,P)}{P}$$

$$= \frac{(90\,\text{mm} - 1\,\text{mm}) \times (2 \times 100\,\text{N/mm}^2 \times 0.9 - 1.2 \times 1.40\,\text{MPa})}{1.40\,\text{MPa}}$$

$$= 1018.97\,\text{mm} \fallingdotseq 1018\,\text{mm}\,(小数点以下切り捨て)$$

(答　1018 mm)

■ 演習問題 6-6 の解答

(1) 限界圧力 P_a (MPa)

$$P_a = \frac{2\,\sigma_a\eta\,(t - \alpha)}{D_i + 1.2(t - \alpha)} = \frac{2 \times 100\,\text{N/mm}^2 \times 0.7 \times (9\,\text{mm} - 1\,\text{mm})}{(580\,\text{mm} - 2 \times 9\,\text{mm}) + 1.2 \times (9\,\text{mm} - 1\,\text{mm})}$$

$$= 1.959\,\text{N/mm}^2 = 1.95\,\text{MPa}\,(小数第 3 位切り捨て)$$

(答　1.95 MPa)

(2) 基準凝縮温度 (℃) および設計圧力 P (MPa)

　表から、設計圧力 P は $P < P_a$ の値のうちの最大値を読み取り 1.86 MPa、また、基準凝縮温度は 43 ℃ である。

(答　P = 1.86 MPa、基準凝縮温度 = 43 ℃)

(3) 円筒胴板の接線方向に誘起される引張応力 σ_t (N/mm²)

$$\sigma_t = \frac{PD_i}{2\,t} = \frac{1.86\,\text{MPa} \times (580\,\text{mm} - 2 \times 9\,\text{mm})}{2 \times 9\,\text{mm}} = 58.1\,\text{MPa} = 58.1\,\text{N/mm}^2$$

(答　58.1 N/mm²)

■ 演習問題 6-7 の解答

(1) 基準凝縮温度 50 ℃ での使用の可否

　必要厚さ t_a を計算する。表から、設計圧力 P は 2.96 MPa であるから

$$t_a = \frac{PD_i}{2\,\sigma_a\eta - 1.2\,P} + \alpha = \frac{2.96\,\text{MPa} \times (340\,\text{mm} - 2 \times 9\,\text{mm})}{2 \times 100\,\text{N/mm}^2 \times 0.7 - 1.2 \times 2.96\,\text{MPa}} + 1\,\text{mm}$$

$$= 7.99\,\text{mm}\,(切り上げ)$$

　板厚 t は 9 mm であり、必要厚さ t_a より大きいから、使用可能である。

(答　使用可能)

(2) 設計圧力が作用した場合の円筒胴板の接線方向に誘起される引張応力 σ_t (N/mm²)

$$\sigma_t = \frac{PD_i}{2\,t} = \frac{2.96\,\text{MPa} \times (340\,\text{mm} - 2 \times 9\,\text{mm})}{2 \times 9\,\text{mm}} = 53.0\,\text{MPa} = 53.0\,\text{N/mm}^2$$

(答　53.0 N/mm²)

(1) 腐れしろを考慮した実際の最小必要厚さ t_a(mm)

$$t_a = \frac{PRW}{2\,\sigma_a\eta - 0.2P} + \alpha = \frac{2.67\,\text{MPa} \times 300\,\text{mm} \times 1.54}{2 \times 100\,\text{N/mm}^2 \times 1.00 - 0.2 \times 2.67\,\text{MPa}} + 1\,\text{mm}$$

$$= 7.18\,\text{mm} \fallingdotseq 7.2\,\text{mm}\,(切り上げ)$$

(答 7.2 mm)

(2) 皿形鏡板の隅の丸みの内面の半径 r(mm)

$$W = \frac{1}{4}\left(3 + \sqrt{\frac{R}{r}}\right) \;\rightarrow\; 4W - 3 = \sqrt{\frac{R}{r}} \;\rightarrow\; (4W - 3)^2 = \frac{R}{r}$$

$$\therefore\quad r = \frac{R}{(4W - 3)^2} = \frac{300\,\text{mm}}{(4 \times 1.54 - 3)^2} = 30.0\,\text{mm}$$

(答 30.0 mm)

付録

1　四則計算

① $a + b = b + a$　　　$ab = ba$　（交換の法則）

② $(ab)\,c = a\,(bc)$　（結合の法則）

③ $(a + b)\,c = ac + bc$　（分配の法則）

④ $a + b = c$　→　$a = c - b$、$b = c - a$、$a + b - c = 0$　（移項）

⑤ $ab = c$　→　$a = \dfrac{c}{b}$、$b = \dfrac{c}{a}$

2　方程式の解

① 一次方程式　$ax + b = 0$

$$x = -\dfrac{b}{a}$$

② 二次方程式　$ax^2 + bx + c = 0$

$$x = \dfrac{-b \pm \sqrt{b^2 - 4ac}}{2a}$$

3　平方根

① $(\sqrt{a}\,)^2 = \sqrt{a^2} = a$

② $\sqrt{a} \times \sqrt{b} = \sqrt{ab}$、$\dfrac{\sqrt{a}}{\sqrt{b}} = \sqrt{\dfrac{a}{b}}$

③ $\dfrac{\sqrt{a}}{\sqrt{b}} = \dfrac{\sqrt{a} \times \sqrt{b}}{\sqrt{b} \times \sqrt{b}} = \dfrac{\sqrt{ab}}{b}$　（分母の有理化）

4　指数　（a、b は定数）

① $a \times a \times a \times \cdots \times a\,(n\,個のa) = a^n$

② $a^x a^y = a^{x+y}$

③ $\dfrac{a^x}{a^y} = a^{x-y}$

④ $a^0 = 1$

⑤ $\dfrac{1}{a^x} = a^{-x}$

⑥ $(a^x)^y = a^{xy}$

⑦ $(ab)^x = a^x \cdot b^x$

⑧ $a^{\frac{1}{2}} = \sqrt{a}$、$a^{\frac{1}{3}} = \sqrt[3]{a}$、$a^{\frac{x}{y}} = \sqrt[y]{a^x}$

5 対数 （a、b は定数）

① $\log_a x = y \longleftrightarrow x = a^y$

（y を対数、x を真数、a を底という）

② $\log_{10} x$ （単に $\log x$ と書く場合がある）を常用対数という。

③ $\log_e x = \ln x$ を自然対数という。底の e は 2.718…の値。

④ $\log xy = \log x + \log y$

⑤ $\log \dfrac{x}{y} = \log x - \log y$

⑥ $\log x^a = a \log x$

⑦ $\log_e x = \ln x - 2.303 \log_{10} x$ （自然対数から常用対数に変換）

⑧ $\log_a a = 1$

⑨ $\log_a 1 = 0$

⑩ $\log_a x = \dfrac{\log_b x}{\log_b a}$ （底の変換）

6 微分 （a は定数、f、g は x の関数）

① $\dfrac{d(a + f)}{dx} = \dfrac{df}{dx}$

② $\dfrac{d(af)}{dx} = a\dfrac{df}{dx}$

③ $\dfrac{d(f + g)}{dx} = \dfrac{df}{dx} + \dfrac{dg}{dx}$

④ $\dfrac{dx^a}{dx} = a\,x^{a-1}$

⑤ $\dfrac{d \ln x}{dx} = \dfrac{1}{x}$

7 積分 （a は定数、f、g は x の関数）

① $\displaystyle\int af dx = a\int f dx$

② $\displaystyle\int (f + g)\,dx = \int f dx + \int g dx$

③ $\displaystyle\int x^a dx = \dfrac{x^{a+1}}{a + 1}(a \neq -1)$

④ $\displaystyle\int \dfrac{dx}{x} = \ln x$

8 図形の周囲、面積、体積

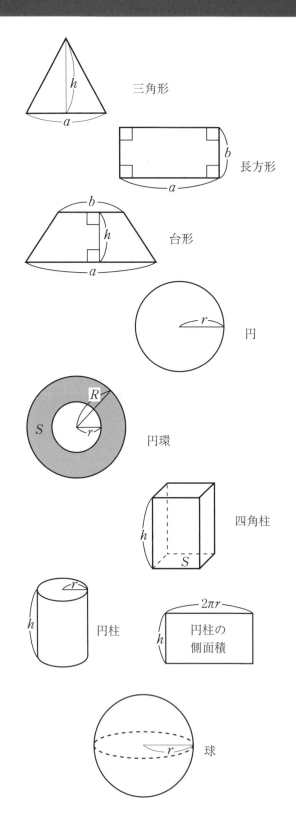

① 三角形

面積　$S = \dfrac{1}{2}ah$

三角形

② 長方形

面積　$S = ab$

長方形

③ 台形

面積　$S = \dfrac{1}{2}(a + b)h$

台形

④ 円 （半径 r、直径 d）

円周　$l = 2\pi r = \pi d$

面積　$S = \pi r^2 = \dfrac{\pi}{4}d^2$

円

⑤ 円環 （内半径 r、外半径 R、

$d = 2r$、$D = 2R$）

環周　　$l = \pi(d + D)$

環面積　$S = \dfrac{\pi}{4}(D^2 - d^2)$

円環

⑥ 直角四角柱 （底面積 S）

体積　$V = Sh$

四角柱

⑦ 円柱 （半径 r、直径 d）

側面積　$S' = 2\pi rh = \pi dh$

体積　　$V = \pi r^2 h = \dfrac{\pi}{4}d^2 h$

円柱

円柱の
側面積

⑧ 球 （半径 r、直径 d）

表面積　$S' = 4\pi r^2 = \pi d^2$

体積　　$\dfrac{4}{3}\pi r^3 = \dfrac{1}{6}\pi d^3$

球

BK408022

よくわかる計算問題の解き方
第一種冷凍機械及び第二種冷凍機械資格取得への近道

2011年 9月9日　初版発行
2014年12月1日　改訂版発行
2018年 2月1日　第2次改訂版発行
2022年 2月17日　第3次改訂版発行

著　者――田中　豊

発行者――近藤賢二

検印省略

発行者――高圧ガス保安協会

〒105-8447　東京都港区虎ノ門4丁目3番13号　ヒューリック神谷町ビル
電　話　03(3436)6102　FAX　03(3459)6613
https://www.khk.or.jp/

印刷・製本　新日本印刷(株)

ISBN 978-4-906542-36-9